JN202118

自動車システムの
モデルベース開発入門

サプライヤーとOEMとの協調を加速する
国際標準記述言語（VHDL-AMS）によるモデル構築技法

国際標準記述によるモデル開発・流通検討委員会 編著

公益社団法人自動車技術会
Society of Automotive Engineers of Japan, Inc.

序　文

モデルに基づくシミュレーションによる開発は，設計や開発の上流工程における時間短縮，コスト削減に有効な方法であり，近年，車両運動制御，エネルギーマネージメントを始めとするさまざまな分野で導入が図られている．システムシミュレータは，基本的にソルバーを担うコアプログラムのみから構成されているが，これに要素や部品レベルの挙動を記述するモデル情報を与えることにより，柔軟かつ汎用的な定式化が可能となる．

自動車は多くの要素やシステムから成り立っていることから，個社で作成されたモデルを記述するための言語を統一しておかないと，使い勝手の良さに問題を残すことになる．

本書は，国際標準化された汎用モデル記述言語に対する理解を深めることを目的としてまとめられた書籍である．

今後の展開が期待されるモデルに基づくシミュレーションに向けての大規模連携開発には，本書の中で解説されている事項への理解は必須であり，時宜を得た企画である．自動車技術会会員はもとより自動車に関連した技術開発に携わっておられる方々が本書により最新の動向を学習されることを期待する．

2017 年 5 月

公益社団法人自動車技術会

教育図書編集委員会

委員長　金子　成彦

発刊にあたり

自動車システムは複雑化の傾向にあり，設計や開発段階におけるシミュレーション技術が必要不可欠になっている．例えばパワーエレクトロニクス技術等の先端技術の導入と進歩が著しく，車両システムと電気的なシステムとの協調設計が求められている．また，アイドリングストップやHEV, PHEV車におけるエネルギー回生制御等に車両全体を考えたエネルギーマネジメント技術の開発と普及が急務となる．いかに短期間に効率的に付加価値をつけたものづくりが出来るか，ものづくりのプロセスの改革が求められている．このようななかで上記課題に対応できる一つの手段として，シミュレーション技術を活用してモデルベース設計・開発(MBD)を行い，最適化されたモデルを流通させることは，互いの強みを生かした共同開発が効率的に実践でき，ものづくりの活性化と自動車業界の開発効率の向上に大きく貢献できると考えられる．

自動車システムにMBDを適用するためには，シミュレータ(もしくはツール)に様々な部品モデルが用意されていることを前提としている．そのため，機械系や電気系等のマルチドメインにわたる部品モデル，さらには制御信号やデジタル部品等の様々なモデルが必要となる．これを実現するためのシミュレータ側の対応には２つの方法がある．その１つはシミュレータ自身で対象モデルの範囲を拡張化，すなわち組み込めるモデルの種類をどんどん増やしていく方法である．この場合，組み込まれているモデルを使うには便利であるが，組み込まれていないもしくは組み込みモデルの組み合わせで表現できない対象はどうすることもできない．これに対して，部品のモデリングにモデル記述言語を用いれば，たとえ対象モデルが用意されていなくても，ユーザー自身で簡便に必要な新しいモデルが柔軟かつ汎用的に作成可能である．シミュレータ本体はソルバーとしての機能のみをもち，モデル言語により記述されたモデルをライブラリとしてシミュレータに受け渡すようにするものである．これによれば，モデルは言語記述の組み合わせでカバーできる範囲まで汎用化が可能であるばかりでなく，同記述言語に対応したシミュレータ間でモデル交換が可能となる．このような背景の下で，VHDL-AMS(Very-High Speed IC Hardware Description Language - Analog Mixed Signals)と呼ばれる汎用的なモデル記述言語が開発されて，IEC 61691-6として国際標準化された．

VHDL-AMSを用いたモデリングによるMBD活用は主に次の５つの利点がある．まず第１に言語のカバーする範囲が広いため，多様な混在性を持つ自動車システムを柔軟かつ汎用的にモデル記述することができる．第２にアナログとデジタルの連携すなわちイベントによるシミュレーション時間ステップの制御に対応した言語である．第３にモデル記述に関して，あいまいさがないように厳密に解析検証されている言語である．第４として，IEEE規格1076.1であって，同時に国際標準規格IEC 61691-6であるため，これらの規格をみたすツール間で暗号化仕様をも含めてモデルの移植性がある．さらに第５に，モデルにより記述される微分代数方程式が陰的(implicit)な関係を有してもそのまま数値的に解くことが可能である．また運動方程式，回路方程式，各種方程式を信号フローの形でなく，そのまま直接記述可能である．しかも，シミュレータのソルバーに様々な数値的技法の組み込みが可能であるため，パラメータ値の変化が大きい場合にも，数値安定性に対して有利である．

自動車シミュレーションのためのモデルは，様々な物理系にまたがるマルチドメインであるほか，モデルの詳細度も多様であるマルチレベルであることもよく知られている．さらにこれらを用いた大規模連携作業，共同作業への対応をマルチオーガニゼーションと呼ぶことにする．マルチオーガニゼーションにより，例えば車両モデルを共有化した並行開発により互いに相手の技術を活用すれば，飛躍的なシミュレーション精度の向上やシステム開発の効率化も大幅に期待できる可能性がある．さらに開発ロケーションの制約も大幅に軽減出来る可能性がある．そのために，大規模連携の為の要件としては装備の抜き挿し(追加と除去)により全体の議論ができること，言い換えれば先に述べたマルチドメインの要件を満足していることが必要である．これと同時に重要となるのが，内部情報を秘匿化できることである．この秘匿化は複数のサプライヤとOEMが情報を共有することなるため，双方のノウハウに関する部分の保護の上で必要となる．VHDL-AMSはこれらの要件を満足している．

本書は，以上の様々な特長にふれながら，VHDL-AMSによるモデリングの基本的概念およびモデリング例を通して，モデル開発活用法についてまとめたものである．そのため，VHDL-AMSを利用した例題を多く記載してはいるが，詳細な文法説明は避けており，またIEEEの規格に準拠した和訳解説書でもない．これらは他書に譲りたい．しかし，規格に対応した様々なシミュレータ間の移植性や流通性に着目し，4社の協力を得て具体的な執筆だけではなく，ケイデンス・デザイン・システムズ社「Virtuoso® AMS Designer」の基本モデルを記載し，アンシス社「Simplorer」，シノプシス社「SaberRD」，メンター・グラフィックス社「SystemVision」の3ツールにおいては，掲載している要素モデルや実用モデルについて流通の可能性を検証している．また，各モデルは自動車技術会の本書に関するWebサイトよりダウンロード可能であり，そこに記載されている各社URLからも入手可能である．

以上のように，本書は特に自動車システムのシミュレーションに関して，シミュレーションの原理を意識しつつ，標準モデル言語によるモデル作成法を基礎から応用にかけて，実践的な例を通して学ぼうとする読者に最適である．また，VHDL-AMSは国際標準言語であり，そのモデリングの考え方は体系的であって，幅広い適用性を持っている．そのため今後のモデリング学習のための基礎となり，モデリングの導入教育にも最適である．

2017年5月

公益社団法人 自動車技術会
国際標準記述によるモデル開発・流通検討委員会
委員長　加藤 利次

自動車システムのモデルベース開発入門　執筆者

章	氏名	所属
第1章	阿部　貴志	長崎大学
第2章	阿部　貴志	長崎大学
	上田　雅生	メンター・グラフィックス・ジャパン株式会社
	佐藤　伸久	日本ケイデンス・デザイン・システムズ社
	関末　崇行	アンシス・ジャパン株式会社
	松本　比呂志	日本シノプシス合同会社
第3章	阿部　貴志	長崎大学
	上田　雅生	メンター・グラフィックス・ジャパン株式会社
	関末　崇行	アンシス・ジャパン株式会社
第4章	上田　雅生	メンター・グラフィックス・ジャパン株式会社
	関末　崇行	アンシス・ジャパン株式会社
第5章	加藤　利次	同志社大学
付　録	上田　雅生	メンター・グラフィックス・ジャパン株式会社
	関末　崇行	アンシス・ジャパン株式会社
	松本　比呂志	日本シノプシス合同会社

（五十音順）

目　次

第1章　モデリングの基本概念

第2章　基本モデル

第3章　要素モデル

第4章 実用モデル

第5章 記述モデルのシミュレーション処理

付　録

第１章　モデリングの基本概念

1.1　はじめに

本章では，自動車システムの各構成要素のモデリングが柔軟かつ汎用的に対応可能であり，国際標準化された記述言語であるVHDL-AMSの必要性を述べ，モデリングのための基本概念および詳細度について説明し，VHDL-AMSの基本文法と構成に関して解説する．特に1.4節は，後述する２章「基本モデル」，３章「要素モデル」におけるVHDL-AMSによるモデルを作成し，理解するための基礎知識となる文法解説である．

1.2　汎用言語の必要性

自動車を取り巻く要素技術は，機械系，電気系，熱系そして流体系といったマルチドメインであるため，一つの物理領域の詳細な解析だけにとどまらず，製品の相互作用を考慮した最適解を求める連成解析やシステムシミュレーションへと移行している．さらに，要素技術の詳細度や深化を示すマルチレベル，開発に携わる組織の分業化や専業化のマルチオーガニゼーションへの対応も重要であり，システム設計技術者が容易にモデル式中の定数や構成を決定し，変更できる汎用モデルが必要とされている．

モデリングにおいて，上記の三つの視点を満足することは，汎用的なモデル記述言語を利用することにより解決できる．シミュレータ本体は解析機能のみを持ち，記述言語のコンパイラがコンポーネントモデルを解釈し展開の後，ライブラリ化してシミュレータにモデルデータを受け渡すようにするものである．これにより記述言語がカバーする範囲でモデルの汎用化が可能となる．このような考えに基づく本格的なモデル記述言語も存在するが，それらは１シミュレータのみに有効な独自言語として開発されており，モデルに互換性がない．そこで，使用するユーザに定式化を意識させることなく，モデリングが柔軟かつ汎用的に対応可能な回路記述言語（HDL：Hardware Description Language）として，VHDL（Very high speed integrated circuits HDL）がIEEE 規格1076にて規定され，その拡張として，VHDL-AMS（VHDL-Analog Mixed Signals）がIEEE 規格1076.1-1999として規定された．また，モデル交換のためにモデル内部を隠蔽する暗号化技術が必須であるが，IEEE 1076.1-2007 にて検討が開始されて最低限の仕様が確定し，より高度な運用がIEEE P1735にて検討され，ツール間の相互接続性とセキュリティの向上について議論されている．また，2009年にはIEC（International Electrotechnical Commission：国際電気標準会議）にて規格IEC 61691-6が定められ，多くのシミュレータがこの言語に対応するようになり，結果として，多数のシミュレータ上でモデル交換が可能となっている．

1.3　モデリングの基本概念および詳細度

1.3.1　物理モデルとブラックボックスモデル

対象とする部品や装置をモデリングする際のベースになる考え方は主に２種類ある．その１つは，その対象の動作原理が物理的に明らかになっており，それが式で記述できる場合にその原理式を基にモデルを作成する方法で，物理モデルと呼ばれる．特に半導体物性の分野では，さまざまなスイッチングデバイスの物理モデルが開発されており，例えば，ダイオードはpn接合を非線形の抵抗およびキャパシタにより表現し，それらのパラメータは物理的構造により決定される．

これに対して，対象部品の動作を式ではなく，入出力間の変数の関係をテーブルなどで表現してモデリングする方法であり，これはブラックボックスモデルと呼ばれる．この表現法は，入出力間の変数の関係が測定により得られる場合に便利であり，特に与えられた動作点での振る舞いを合わせ込むことができるため有用である．例えば，オルタネータを軸の回転数に応じた電流源としてマップデータによる簡易なモデルにて表現できる．またエンジンも回転数とトルクの２次元マップとしてブラックボックスモデルが作成可能である．

物理モデルとブラックボックスモデルはモデリング法に関して対となる考え方であるが，両者の利点を組み合わせてもモデルを作成することができる．例えば，電池モデルにおいて，物理動作をベースにしてRC回路と電圧源などによりモデル構造を表現し，それらのパラメータを測定により得られるマップデータで与えることができる．さらに測定を細かく実施して，マップデータを改善していけば，より詳細なモデルが作成できる．

1.3.2　簡易モデルと詳細モデル

モデルの詳細度に関して，簡易なものから詳細なものまで，それぞれの必要に応じて作成可能である．例えば，回路部品であるコンデンサは，回路の原理的な動作を考えるならば，最も単純な静電容量のみで表現可能であるが，その損失も考える場合には直列抵抗を考慮してモデリングされる．また電力変換器の設計などに用いられる場合には，スイッチング周波数以上の周波数特性を考慮するために，LCR の素子を組み合わせた等価回路が構成される．

また，オルタネータに関して，先に説明したマップデータによる簡易なモデルだけでなく，詳細なモデルとしては，軸の回転に基づく鎖交磁束による発電電圧をスイッチングデバイスにて整流する構成として表現することも可能である．さらに，そのスイッチング動作を平均化したモデルは，詳細度ではそれらの中間に位置づけされる．一般に簡易なモデルほど高速な計算処理が可能であるが，精度はあまり期待できない．逆に詳細なモデルは，精度を上げることができるが，計算時間がかかる場合が多く，両者はトレードオフの関係にある．そのため設計段階などの目的に応じて，計算時間と精度のバランスを考えて，モデルの詳細度が選択される．

1.3.3　トップダウン設計

モデルベース開発(MBD)は，一般的にトップダウン式にモデルが利用されて進められていく場合が多い．**図 1.1** に MBD の概要を示すが，設計段階の初期である左上部では，概念的なアイデアの設計が行われる場合が多く，抽象度の高いモデルが使われる．そして設計のアイデアが次第に固められて，図のように下部になるほど，より詳細な部品の構成が吟味され，より具体的で詳細なモデルに置き換えられ，最下部では熱や部品特有の諸効果を考慮した設計が遂行される．

例えば，サーボ制御系の設計においては，各要素の制御系のブロック特性のみで概念設計される．その後，各ブロックは具体的な部品に置き換えられる．そのうち電力変換器は，平均化モデル，PWM モデル，スイッチングデバイスを用いたモデルなどの順に次第に詳細なモデルに置き換えられる．その際，コイル(インダクタ)やコンデンサ(キャパシタ)は吟味する周波数帯域に応じてモデルの詳細度が調整される．また制御系のモデルでは，最初の原理的なブロックモデルより出発して，制御遅れやギアのバックラッシュなどの非線形効果が必要に応じて考慮される．すなわち，設計段階の進展に基づいて，トップダウン式に抽象度の高い簡易なモデルから，より詳細で具体的なモデルに置き換えられて，必要な諸効果を考慮した設計が遂行される．

その際に，VHDL-AMS を利用する利点として，先の物理モデルとブラックボックスモデルや簡易モデルと詳細モデルが，1つのモデルの中に混在可能である．詳しくは次節もしくは次章以降に記載するが，一つのエンティティ句により外部インターフェイスを定義し，それに対してさまざまな詳細度で表現された複数のアーキテクチャ句を持つモデルを作成可能で，実行時に必要に応じてそれらを選択可能である．

その後，右側の試作検証行程に移るが，その際にも設計や変更が生じた場合には，モデル内容の変更が実施され，モデルという設計図が繰り返し再設計，検討されるだけであり，全体として開発時間やコストの削減につながる．この MBD において，モデリングの上記三つの視点を満足する汎用的なモデル記述言語が重要となる．

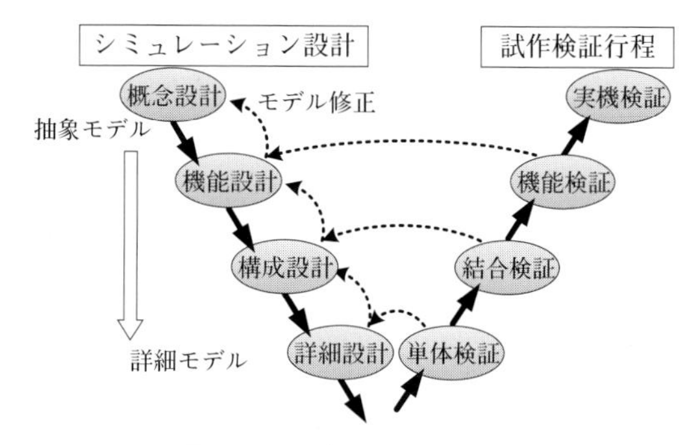

図 1.1　モデルベース開発概要

1.4　基本文法と構成

VHDL-AMS にて取り扱うことのできる信号は，

・デジタル信号(離散ドメイン)

・アナログ信号(連続ドメイン)

・それらの混在信号

の3つがあり，それぞれの信号に対して，

・ビヘイビアモデル(物理モデル)

・構造モデル(ブラックボックスモデル)

が記述可能である．ここで，ビヘイビアモデルとは，**図 1.2**(a)に示すように，モデル内部において論理代数式や微分方程式などにてブロックの動作を表現するモデルであり，高速シミュレーションが可能となり，設計段階にて使用される．

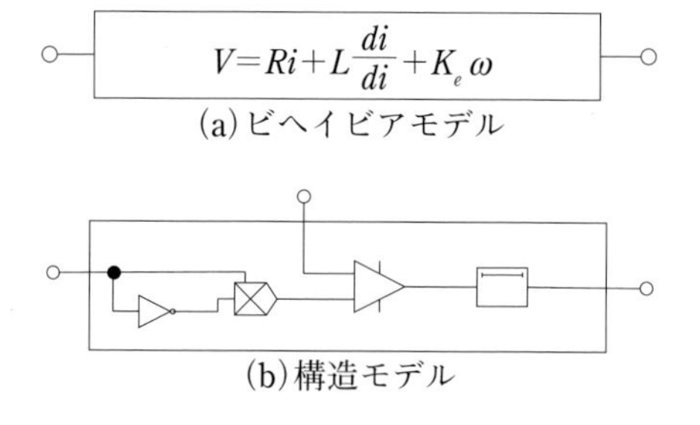

図 1.2　モデル記述

一方で同図(b)に示す構造モデルは，個々のサブモデルを用意し，それらをつなぎ合わせるように構成す

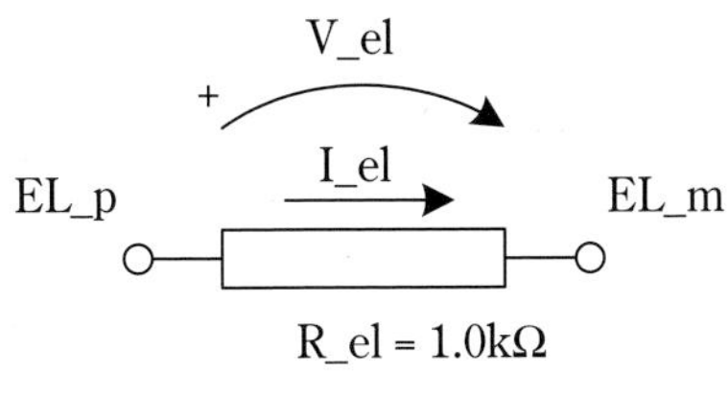

図 1.3　電気抵抗モデル

```
 1: library IEEE;
 2: use IEEE.ELECTRICAL_SYSTEMS.all;
 3:
 4: entity res is
 5:   generic ( R_el : REAL := 1.0e+3 ); -- [1.0k Ohm]
 6:   port ( terminal EL_p, EL_m : ELECTRICAL );
 7: end entity res;
 8:
 9: architecture behav of res is
10:   quantity V_el across I_el through EL_p to EL_m;
11: begin
12:   V_el == I_el * R_el;
13: end architecture behav;
```

図 1.4　電気抵抗の記述

るモデルで，より現実的なシミュレーションモデルであり，検証を目的に使用される．また，それらのモデルには，

・保存系モデル
・非保存系モデル

があり，物理的平衡則を満足するよう構成される保存系モデルと，入力と出力の方向を意識した非保存系の信号(シグナル)フローモデルがある．

VHDL-AMSによる基本構成を説明するために，電気抵抗を例に説明する．**図1.3**は電気抵抗R_elのモデル図であり，電気系端子EL_pとEL_mを持ち，端子EL_pからEL_mに流れる電流I_el，さらに両端の電圧V_elを図のように定義している．**図1.4**はVHDL-AMSによる電気抵抗モデル記述例である．ここで**図1.5**にVHDL-AMSによるモデル記述の基本構成を示しており，ライブラリ句，エンティティ句，アーキテクチャ句となっている．

(1)ライブラリ句

最初のlibraryとuse行は，利用するライブラリと

表 1.1　IEEE Analog Mixed Signals パッケージ

IEEE.ELECTRICAL_SYSTEMS	電気系
IEEE.MECHANICAL_SYSTEMS	機械系
IEEE.THERMAL_SYSTEMS	熱系
IEEE.FLUIDIC_SYSTEMS	流体系
IEEE.RADIANT_SYSTEMS	光学系
IEEE.ENERGY_SYSTEMS	エネルギー系
IEEE.FUNDAMENTAL_CONSTANTS	基本定数
IEEE.MATERIAL_CONSTANTS	材料関係定数

```
library [ライブラリ名];
use [ライブラリ名].[パッケージ名].all;
use [ライブラリ名].[パッケージ名].[項目名];

entity [エンティティ名] is
        …
end entity [エンティティ名];

architecture [アーキテクチャ名] of
[エンティティ名] is
        …
begin
        …
end architecture [アーキテクチャ名];
```

図 1.5　VHDL-AMS による基本モデル構成

パッケージを宣言しており，例えば，ライブラリにIEEEを指定すると，**表1.1**および**表1.2**に示すようなさまざまなパッケージをuseにて利用することが可能であり，末尾にallとしてそのパッケージ全てを，もしくは指定の項目名のみを記載することでその項目を参照することも可能である．**図1.4**の電気抵抗の記述では，IEEEライブラリの電気系パッケージを用いたアナログ記述を示している．また，設計グループや設計者にて作成したユーザ定義のライブラリやパッケージも指定可能である．

(2)エンティティ句とアーキテクチャ句

次に，ライブラリ宣言以降は，VHDL-AMSでの基本構成であるentity宣言とarchitecture本体が記述されている．entity宣言では作成するモデル名と外部とのインターフェイスを定義し，architecture本体ではそのモデルの動作を記述する．1つのentity宣言に複数のarchitecture本体を持つことが可能であり，モデル動作の詳細度を変えた動作記述とすることでマルチレベルに対応したモデル作成が可能となる．従って，**図1.5**に示す［エンティティ名］には，作成するモデル名を記載し，［アーキテクチャ名］にはモデルタイプ，例えば，Simple，Behavior，Structureなど，モデルの動作記述レベルに対応したものを記載する．**図1.4**の電気抵抗の記述では，［エンティティ名］を「res」と定義し，［アーキテクチャ名］は「behav」としている．

表 1.2　IEEE デジタル，数学計算パッケージ

IEEE.STD_LOGIC_1164	デジタル基本
IEEE.STD_LOGIC_SIGNED	符号つき演算用
IEEE.STD_LOGIC_UNSIGNED	符号なし演算用
IEEE.STD_LOGIC_ARITH	符号つき，なし演算用
IEEE.STD.TEXTIO	ファイルアクセス用
IEEE.MATH_REAL	数学 (Real)
IEEE.MATH_COMPLEX	数学 (Complex)

(2-1)エンティティ句

図 1.6 に示す entity 宣言の構成のように，インターフェイスとして，

・generic(パラメータ定義)

・port(ポート宣言)

が記載される．generic 文にて定義されるパラメータとはシミュレーション中に値が変化しない定数であり，［パラメータ名］にて定義する．また，［パラメータタイプ］には，

・REAL(実数(浮動小数点))

・INTEGER(整数)

・TIME(時間)

を指定し，パラメータの値が代入文「:=」にて定義可能となる．

port 文にて宣言される［ポートタイプ］には，

・signal(信号，離散値)（省略化)

・terminal(端子)

・quantity(アナログ量)

があり，［ポート名］にて名称を記載し，［モード］において，

・in

・out

・省略ならアナログ

などがあり，次に［タイプ］おいて，

・BIT

・STD_LOGIC

・REAL

［ネイチャ］には，

・ELECTRICAL

・MECHANICAL

など，使用するパッケージよって指定し，初期値を代入文「:=」にて定義可能である．

```
entity ［エンティティ名］ is
  generic（［パラメータ名］:［パラメータタイプ］:= ［値］）;
  port （
  ［signal］［ポート名］:［モード］:［タイプ］:= ［初期値］
  ［terminal］［ポート名］:［ネイチャ］
  ［quantity］［ポート名］:［モード］:［タイプ］:= ［初期値］
）;
end entity ［エンティティ名］;
```

図 1.6　entity 宣言の構成

図 1.4 の電気抵抗の記述では，entity 宣言において，gengeric 文にて，

［パラメータ名］　　「R_el」

［パラメータタイプ］「REAL」

［値］　　　　　　　「1.0e+3」

と定義され，port 文では，

［ポートタイプ］　　「terminal」

［ポート名］　　「EL_p」，「EL_m」

［ネイチャ］　　「ELECTRICAL」

と定義されている．

ここで，電気抵抗のパラメータタイプに REAL(実数)を定義しているため，値には 1.0e+3 もしくは 1000.0 と記載する必要があり，1e+3 もしくは 1000 の記載は許されていない．また，**図 1.4** の 5 行目に記載している

-- ［1.0k Ohm］

は，コメント文であり，「--」を行の初めだけでなく，行の途中に挿入することで，これ以降をコメントとして記載可能である．

(2-2)アーキテクチャ句

図 1.7 に architecture 本体の構成を示す．ここでは，アナログやデジタルの変数などを宣言し，begin より end までの間にモデル動作を記述する．［オブジェクト］には，

・signal(信号)

・constant(定数)

・variable(可変数)

・quantity(アナログ量)

が利用され，［パラメータ名］において，それぞれ信号名，定数名，変数名，物理変数名を指定する．また，［パラメータタイプ］には以下のようなものがある．

・REAL(浮動小数点)

・INTEGER(整数)

・BIT(ロジック)

・BIT_VECTOR(BIT のベクタ)

・BOOLEAN(論理値)

・TIME(時間)

ここで，オブジェクトである quantity は，例えば，

quantity F_ROLLING : REAL;

のように，他のオブジェクトと同様にアナログ量を定義することも可能であるが，VHDL-AMS の特長でもあるアナログ量の保存系モデルにおける across 変数と through 変数を定義できる．**図 1.6** に示す entity 宣言の port 文 terminal にて定義したアナログ端子，もしくは使用するネイチャのグランドを，**図 1.7** に示す［ポート名 1］もしくは［ポート名 2］に記載することで，指定したアナログ端子間もしくはアナログ端子とグランド間に，across 変数［パラメータ名 1］と through 変数［パラメータ名 2］の関係が定義できる．ただし，to 以下がグランドの場合は省略可能である．この across 変数と through 変数が取り得るアナログ量は，各ネイチャによって**表 1.3** のように定められており，マルチドメインに対応したモデリングが可能となる．次に，begin と end の間にモデル動作を連立微分代数方程式などを利用して記述する．

図 1.4 の電気抵抗の記述では，architecture 本体において，電圧 V_el と電流 I_el をポート EL_p とポート EL_m に対して定義し，モデル動作はオーム則の関係式が記載されている．

ここで，代入記号について整理すると，

<= 信号代入

:= 定数および変数代入

== サイマルテニアス代入

などがある．信号代入ではその記号が示す代入方向が決まっており，サイマルテニアス代入はこの記号を利用して方程式を記述可能で単純な等値判別や方向性のある代入ではない．

また，［ポート名］に記載する名称の記号(識別子)に関して，本書では可能な限り表 1.4 や表 1.5 のように記述している．さらに，利用する変数名や単位に関しても代表的な例を表 1.6 に記載する．VHDL-AMS では大文字と小文字の区別は無く，また英文字とアンダースコアのみが利用可能である．

```
architecture［アーキテクチャ名］of［エンティティ名］is
［オブジェクト］［パラメータ名］:［パラメータタイプ］:=［初期値］)；
  quantity［パラメータ名 1］across［パラメータ名 2］through［ポート名 1］to［ポート名 2］)；
begin
［モデル動作］
end architecture［アーキテクチャ名］；
```

図 1.7　architecture 本体の構成

表 1.3　各ネイチャと across 変数，through 変数

ネイチャ	across	through
電気系 ELECTRICAL	電圧 [V]	電流 [A]
並進系（変位） TRANSLATIONAL	変位 [m]	力 [N]
並進系（速度） TRANSLATIONAL_V	速度 [m/s]	力 [N]
回転系（角度） ROTATIONAL	角度 [rad]	トルク [Nm]
回転系（角速度） ROTATIONAL_V	角速度 [rad/s]	トルク [Nm]
磁気系 MAGNETIC	起磁力 [A]	磁束 [wb]
流体系 FLUIDIC	圧力 [Pa]	流量 [m³/s]
熱系 THERMAL	温度 [K]	熱流量 [J/s]

表 1.4　保存系の各ネイチャと記号

記号	ネイチャ
EL_	電気系
MT_	並進系
MTV_	
MR_	回転系
MRV_	
MA_	磁気系
Hyd_	流体系
TH_	熱系

表 1.5　非保存系の記号

記号	ネイチャ
S_IN_	信号
S_OUT_	
Q_IN_	物理量
Q_OUT_	

表 1.6　変数名と単位

ネイチャ	物理量 [単位]	記号
電気系	電圧［V］	V_el
	電流［A］	I_el
	抵抗［Ω］	R_el
	静電容量［F］	C_el
並進系	距離［m］	l, L
	力［N］	F
	速度［m/s］	v
	加速度［m/s²］	a
回転系	角度［rad］	theta
	トルク［Nm］	Trq
	角速度［rad/s］	omg, w
	角加速度［rad/s²］	alpha
磁気系	起磁力 [A]	mmf
	磁束［Wb］	flux
流体系	圧力［Pa］	p
	流量［m³/s］	q
熱系	温度［K］	T_th
	熱流量［J/s］	h

第２章　基本モデル

2.1　はじめに

VHDL-AMSでは，離散的ドメインのデジタル素子，連続的ドメインのアナログ素子を記述することが可能である．また関数表現することができれば機械部品をモデル化することもできる．本章で取り扱う基本モデルのうち，とりわけ基本中の基本である電気系回路構成素子をまず取り上げる．これらとしては，抵抗，キャパシタ，インダクタ，トランスなどの基本電気素子が例示できる．マルチフィジックスモデリング言語として当然，対応する機械系基本素子ももちろん存在するが，ここでは，電気系からのアナロジーとして頭の中で常に整理しつつ理解を進めるものとして，必要に応じて簡単に触れる程度に留める．後半の2.4.6項「バネマス運動系」においてこれら機械系基本素子が組み合わさった一次振動系の例を別途取り上げるので，機械系における基本素子を構成要素とする回路について先に知りたい読者はそちらをまず参照してほしい．本章前半では電気系基本素子を一通り説明したあと，同じ物理ドメイン(電気)の中での異なった種類の信号間の変換についても取り上げる．想像をたくましくする読者諸氏におかれては，信号種間変換と物理ドメイン変換の両方を同時に行う部品モデルとして，電気におけるさまざまなセンサ，および逆に制御系からの電気に対する制御を抽象化モデルで記述したもの(ビヘイビアレベルの駆動系)などがこの延長線上にあることを理解していただきたい．

2.2　アナログモデル

2.2.1　抵抗

最も簡単な2端子素子である抵抗を用いて，VHDL-AMSソースの基本構成を改めて説明する．抵抗モデルの記述例を図2.1に示す．

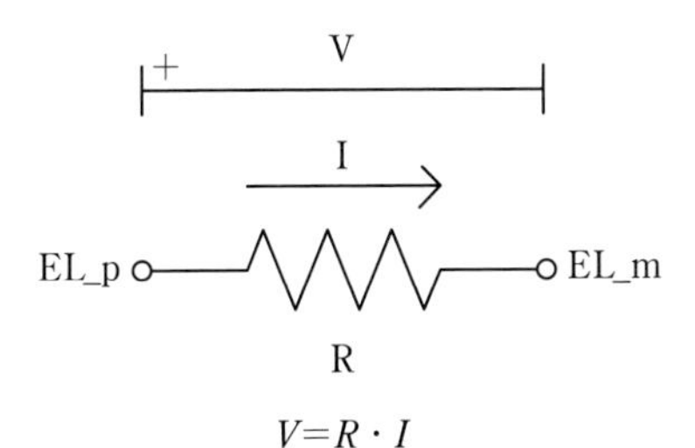

$V = R \cdot I$

図2.1　抵抗のシンボルと方程式記述

```
 1: library IEEE;
 2: use IEEE.ELECTRICAL_SYSTEMS.all;
 3:
 4: entity res is
 5:   generic(R: REAL := 1.0e+2);
 6:   port(terminal EL_p,EL_m: ELECTRICAL);
 7: end entity res;
 8:
 9: architecture behav of res is
10:   quantity V across I through EL_p to EL_m;
11: begin
12:   V == R * I;  -- functional form
13: end architecture behav;
```

図2.2　抵抗モデルの記述例

libraryでモデル定義に必要な関数や演算子が含まれているパッケージを宣言する．抵抗は電気系モデルのため，**表1.1**と**表1.2**に示されているパッケージの中から，IEEE.ELECTRICAL_SYSTEMS.allを指定する．(**図2.2** 1-2行)

entity宣言にてエンティティ名，モデルの入出力端子，端子属性を定義する．ここではエンティティ名をres，抵抗値はRというREAL型の変数(デフォルト値は100Ω)，2つある端子EL_pとEL_mは連続値を示すELECTRICALタイプとして定義している．(**図2.2** 4-7行)

architecture本体にてモデルの動作を表現する．アーキテクチャ名をbehavとして定義する．抵抗は最小単位の電子素子であるため，各端子間の相関関係を関数で定義するビヘイビアモデルとして表現する．**表1.3**にて記載しているように，acrossは電圧を，throughは電流を表すので，端子EL_pとEL_mの間の電圧値をV，電流値をIとして定義する．

抵抗を表す最も単純な関数は，オームの法則から**図2.1**の通り表現される．電圧，抵抗，電流の関係をそれぞれモデル内のパラメータに置き換える．すなわち，VにRとIの積を代入する．(**図2.2** 9-13行)

VHDL-AMSでは -- から改行までをコメントとして扱う．一行すべてをコメント行とする，または文節区切り記号である；の後にコメントを挿入することが一般的である．(**図2.2** 12行)

2.2.2　キャパシタ

キャパシタのモデルも抵抗の場合と構成はよく似ており，電流と電圧との関係を表す方程式が異なっているだけである．

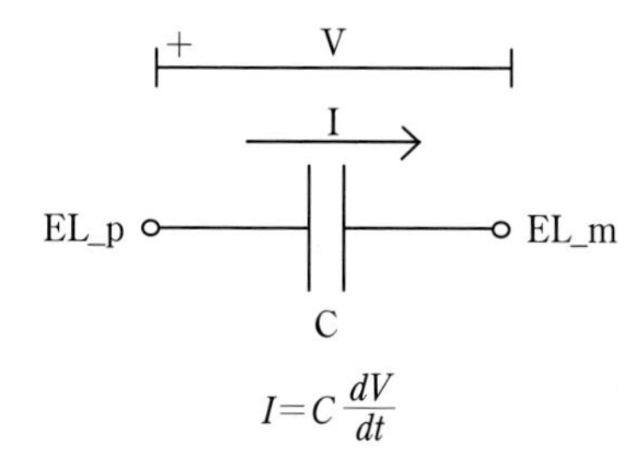

図 2.3　キャパシタのシンボルと方程式記述

```
 1: library IEEE;
 2: use IEEE.ELECTRICAL_SYSTEMS.all;
 3:
 4: entity cap is
 5:   generic(C: REAL := 1.0e-6);
 6:   port(terminal EL_p,EL_m: ELECTRICAL);
 7: end entity cap;
 8:
 9: architecture behav of cap is
10:   quantity V across I through EL_p to EL_m;
11: begin
12:   I == C * V'DOT;
13: end architecture behav;
```

図 2.4　キャパシタモデルの記述例

entity 宣言にて，エンティティ名を cap，キャパシタンス値は C という REAL 型の変数（デフォルト値は 1μF），2 つある端子 EL_p と EL_m は連続値を示す ELECTRICAL タイプとして定義している．（**図 2.4** 4-7 行）

architecture 本体にて，アーキテクチャ名を behav として定義する．電圧，キャパシタンス，電流の関係は**図 2.3** の式で定義されるので，I には V を時間微分した値と C を掛けたものを代入する．V'DOT は V の時間微分を表わす関数である．（**図 2.4** 9-13 行）

2.2.3　インダクタ

entity 宣言にて，エンティティ名を ind，インダクタンス値は L という REAL 型の変数（デフォルト値は 1nH），2 つある端子 EL_p と EL_m は連続値を示す ELECTRICAL タイプとして定義している．（**図 2.6** 4-8 行）

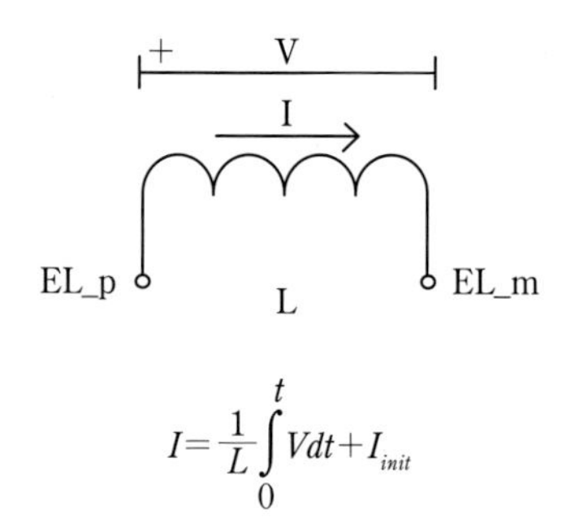

図 2.5　インダクタのシンボルと方程式記述

```
 1: library IEEE;
 2: use IEEE.ELECTRICAL_SYSTEMS.all;
 3:
 4: entity ind is
 5:   generic(L: REAL := 1.0e-9;
 6:           Iinit: REAL := 0.0);
 7:   port(terminal EL_p,EL_m: ELECTRICAL);
 8: end entity ind;
 9:
10: architecture behav of ind is
11:   quantity V across I through EL_p to EL_m;
12: begin
13:   I == (1.0 / L) * V'INTEG + Iinit;
14: end architecture behav;
```

図 2.6　インダクタモデルの記述例

architecture 本体にて，アーキテクチャ名を behav として定義する．インダクタの場合，電流を従属変数，電圧を独立変数のように取り扱って方程式化した場合，電流は電圧の時間積分に依存した量として表現されるので，微分の場合と異なり初期値を加算する必要がある．本例では，時刻ゼロにおける電流の初期値を Iinit として定義している．電圧，インダクタンス，電流の関係は**図 2.5** の式で定義されるので，I には V を時間積分した値を L で割ったものに Iinit を加算したものを代入する．V'INTEG は V の時間積分を表わす関数である．（**図 2.6** 10-14 行）

両辺を微分して微分形式で表現することも可能であるが，その場合でも初期値が必要であることに変わりはなく，省略された場合のデフォルト値の扱いは，処理系に依存するので注意が必要である．微分形で記述する場合は以下の関係式となる．

$$V = L\frac{dI}{dt} \tag{2-1}$$

これを VHDL-AMS のソースコードでは以下のように表現する．

V==L* I'DOT

但し，このままでは，初期値のIinitを用いることができないので，quiescent_domain(DC解析用ドメイン)を使用する．ソースコードは以下のようになる．

```
 1: library IEEE;
 2: use IEEE.ELECTRICAL_SYSTEMS.all;
 3:
 4: entity ind2 is
 5:   generic(L: REAL := 1.0e-9;
 6:           Iinit: real := 0.0);
 7:   port(terminal EL_p,EL_m: ELECTRICAL);
 8: end entity ind2;
 9:
10: architecture behav of ind2 is
11:   quantity V across I through EL_p to EL_m;
12: begin
13:   if domain = quiescent_domain use
14:     I == Iinit;
15:   else
16:     V == L * I'DOT;
17:   end use;
18: end architecture behav;
```

図 2.7　インダクタモデルの記述例

2.2.2項「キャパシタ」の場合でも，電圧を電流の従属変数のように定式化すれば積分形式となり，その際の積分定数は時刻ゼロからの過渡解析を想定した場合，時刻ゼロにおけるキャパシタの両電極間に蓄積された電荷により誘起される電圧の値となる．通常は初期には電荷の蓄積はないとしてゼロをデフォルト値として用いることが一般的である．

トランスはインダクタの応用として構成できる．2つのインダクタ(インダクタンス値をそれぞれL1, L2とする)を用意し，それらが自ら作りだす磁束を介してお互いに他方のインダクタに対して起電力を発生させることを結合係数K(1.0以下の正の数)を用いて記述すれば，それが最も簡単なトランスのモデルとなる．磁束漏れやヒステリシス損，渦電流損などはここでは考慮しない．

相互インダクタンスMはK，L_1，およびL_2を用いて**図 2.8**のように表される．

$$M = K \cdot \sqrt{L_1 \cdot L_2}$$

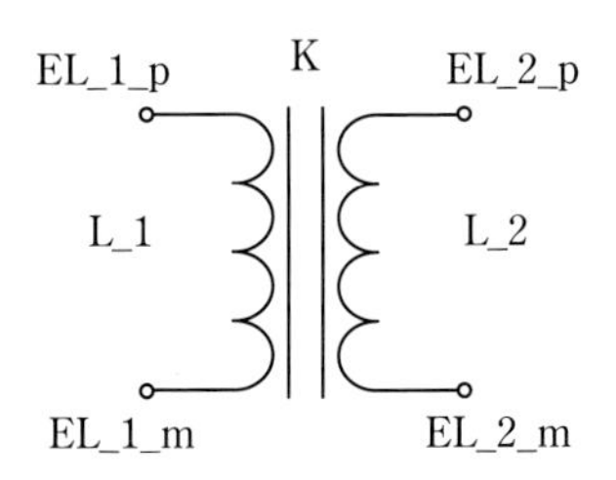

図 2.8　トランスのシンボル

電圧方程式は以下のようになる．

$$V_{el1} = L_1 \frac{dI_{el1}}{dt} + M \frac{dI_{el2}}{dt}$$
$$V_{el2} = M \frac{dI_{el1}}{dt} + L_2 \frac{dI_{el2}}{dt} \quad (2\text{-}2)$$

トランスのVHDL-AMSソースを**図 2.9**に示す．

```
 1: library IEEE;
 2: use IEEE.ELECTRICAL_SYSTEMS.all;
 3: use IEEE.MATH_REAL.all;
 4:
 5: entity trnsfrm is
 6:   generic(L1 : REAL := 1.0e-1;
 7:           L2 : REAL := 4.0e-1;
 8:           K  : REAL := 1.0 );
 9:   port(terminal  EL_1_p  : ELECTRICAL;
10:        terminal  EL_1_m  : ELECTRICAL;
11:        terminal  EL_2_p  : ELECTRICAL;
12:        terminal  EL_2_m  : ELECTRICAL );
13: end entity trnsfrm;
14:
15: architecture behav of trnsfrm is
16:   constant M : REAL := K*SQRT(L1*L2);
17:   quantity V_el_1 across I_el_1 through EL_1_p
     to EL_1_m;
18:   quantity V_el_2 across I_el_2 through EL_2_p
     to EL_2_m;
19: begin
20:   V_el_1 == L1 * I_el_1'DOT + M * I_el_2'DOT;
21:   V_el_2 == M * I_el_1'DOT + L2 * I_el_2'DOT;
22: end architecture behav;
```

図 2.9　トランスモデルの記述例

三角関数，指数関数，対数，平方根等を使用する場合は，数学計算パッケージIEEE.MATH_REAL.allを指定する必要があり(**図 2.9** 3行)，平方根を示す関数はSQRTである．(**図 2.9** 16行)

2.2.4　正弦波電圧源

電圧源の一例として正弦波電圧源のVHDL-AMSでのモデル表現を取り上げる．正弦波電圧源モデルの記述例を**図 2.10**に示す．

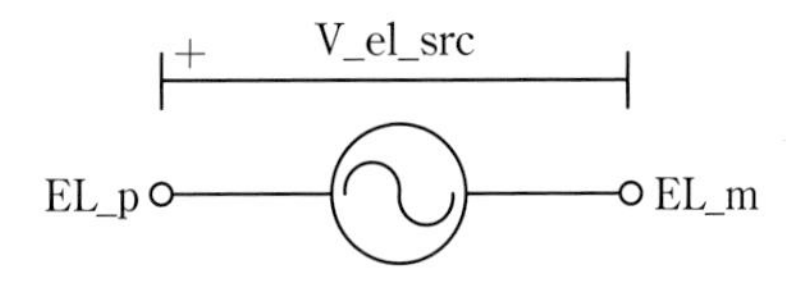

図 2.10　正弦波電圧源のシンボル

```
 1: library IEEE;
 2: use IEEE.ELECTRICAL_SYSTEMS.all;
 3: use IEEE.MATH_REAL.all;
 4:
 5: entity vsin is
 6:   generic(freq: REAL := 1.0e+6; -- frequency [Hz]
 7:   amp: REAL := 1.0; -- amplitude [V]
 8:   voff: REAL := 0.0); -- offset voltage [V]
 9:   port(terminal EL_p,EL_m : ELECTRICAL);
10: end entity vsin;
11:
12: architecture behav of vsin is
13:   quantity V_el_src across I_el_src through EL_p
     to EL_m;
14: begin
15:   V_el_src ==
              voff + amp * sin(math_2_pi * freq * NOW);
16: end architecture behav;
```

図 2.11　正弦波電圧源モデルの記述例

正弦波信号源は電気系モデルのため，IEEE.ELECTRICAL_SYSTEMS.all を指定し，また三角関数を使用するため，数学計算パッケージ IEEE.MATH_REAL.all を指定する．(**図 2.11** 1-3 行)

entity 宣言にて，モデルで使用される周波数，振幅，オフセットのパラメータも定義する．ここではエンティティ名を vsin，周波数は freq という REAL 型の変数(デフォルト値は 1MHz)，振幅は amp という REAL 型の変数(デフォルト値は 1.0V)，オフセットは voff という REAL 型の変数(デフォルト値は 0.0V)，2つある端子 EL_p と EL_m は連続値を示す ELECTRICAL タイプとして定義している．(**図 2.11** 5-10 行)

architecture 本体にて，アーキテクチャ名を behav として定義する．端子 EL_p と EL_m 間の電圧値を V_el_src，電流値を I_el_src として定義する．正弦波の計算式は sin(2π*freq*t) となるので，sin 関数を使用して電圧値を計算する．ここで math_2_pi は，VHDL-AMS で 2π を表す定数である．過渡解析を実行した場合，t はシミュレーション上の時刻となる．関数 NOW を用いて過渡解析の現時点の時刻を取ることができる．よって VHDL-AMS 上での計算式を sin(math_2_pi*freq*NOW) のように表現する．関数 NOW は，デジタルまたはアナログどちらのドメインでも使用可能である．戻り値は実数(単位は秒)となり，過渡解析の場合のみ有効となっている．関数 NOW を使用した記述を時間従属モデリングと呼ぶ．(**図 2.11** 12-16 行)

2.2.5　電圧制御電流源

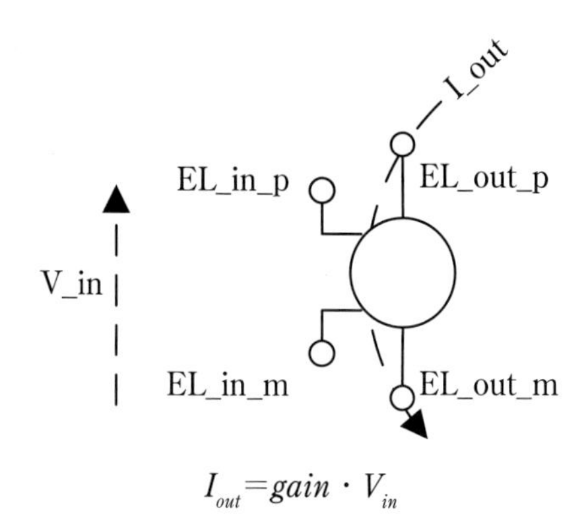

$I_{out}=gain \cdot V_{in}$

図 2.12　電圧制御電流源のシンボル

電圧制御の電源として VCCS(Voltage-Controlled Current Source)の記述例を**図 2.13** 示す．

```
 1: library IEEE;
 2: use IEEE.ELECTRICAL_SYSTEMS.all;
 3:
 4: entity vccs is
 5:   generic ( gain : REAL);
 6:   port(terminal EL_in_p,
 7:                 EL_in_m,
 8:                 EL_out_p,
 9:                 EL_out_m : ELECTRICAL);
10: end entity vccs;
11:
12: architecture behav of vccs is
13:   quantity V_out_el across I_out_el through
     EL_out_p to EL_out_m;
14:   quantity V_in_el across EL_in_p to EL_in_m;
15: begin
16:   I_out_el == gain * V_in_el;
17: end architecture behav;
```

図 2.13　電圧制御電流源モデルの記述例

ポイントとなる方程式は第 16 行に表されたものである．ここで gain は電流を電圧で割ったものであるから抵抗の逆数，即ち，コンダクタンスの単位を持ったものである．V_in_el と I_out_el は別個の回路要素に属するのでこのようなコンダクタンスのことをトランスコンダクタンス(transconductance)という．この電源モデルは増幅作用のあるデバイスなどを線形依存関係で表したビヘイビアモデルと考えることができる．

出力側の電圧 V_out_el は第 13 行で定義こそされているが，全く記述されていない．また，入力側の電流，I_in_el は定義すらされていない．定義するとなれば I_in_el:=0.0 としておかなければならない．この回路部品は，電圧センサと電流源が融合されたデバイスと考えることもできるので，入力インピーダンスは無限大，出力電圧は不定(外部開ループのアクロス変数で決まる)であるような理想的なデバイスである．

2.2.6　電流制御電流源

電流制御の電源として，CCCS(Current-Controlled Current Source)の実施例を示す．前項の VCCS が電圧センサと電流源が複合されたものであったのと同様に，CCCS は電流センサと電流源が複合している．電流センサはスルー変数のセンサであるため，回路ループの中に割って入った形になる．

```
 1: library IEEE;
 2: use IEEE.ELECTRICAL_SYSTEMS.all;
 3:
 4: entity cccs is
 5:   generic ( gain : REAL :=50.0);
 6:   port(terminal EL_in_p,
 7:                 EL_in_m,
 8:                 EL_out_p,
 9:                 EL_out_m : ELECTRICAL);
10: end entity cccs;
11:
12: architecture behav of cccs is
13:   quantity V_out_el across I_out_el through
     EL_out_p to EL_out_m;
14:   quantity V_in_el across I_in_el through
     EL_in_p  to EL_in_m;
15: begin
16:   if domain = quiescent_domain use
17:     V_in_el  == 0.0;
18:     V_out_el == 0.0;
19:     I_in_el  == 0.0;
20:   else
21:     I_out_el == gain * I_in_el;
22:     V_in_el  == 0.0;
23:   end use;
24: end architecture behav;
```

図 2.14　電流制御電流源モデルの記述例

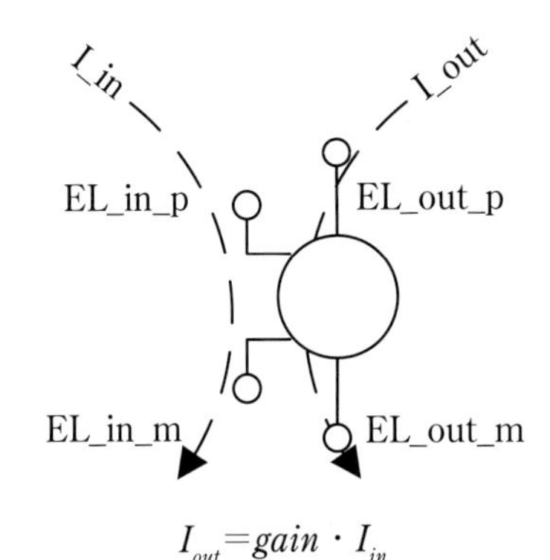

図 2.15　電流制御電流源のシンボル

前項と同様に，異なる 2 つの回路要素を gain が比例係数として結び付けている．第 21 行がそれを表している式であるが，ここではさらに第 22 行において，入力電圧がゼロであることを指定している．これは入力側が理想的な電流センサであり，そのため，直列抵抗による電圧降下が起きていないことを表明している部分である．gain は電流を電流で割っており，電流増倍率ということがある．

2.2.7　電流センサ

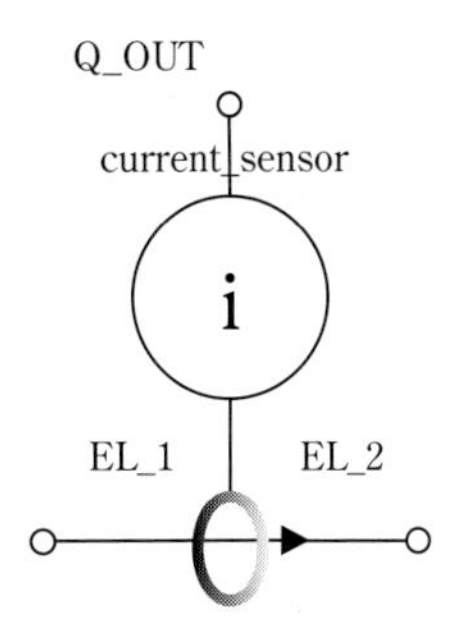

図 2.16　電流センサのシンボル

電流センサは電圧センサと並び，制御機構へシステムの状態を帰還する手段として多用される．電圧センサは比較的わかりよいが，電流センサは電流路の途中にワイヤを一旦断線したのちにそこにできた 2 端子の位置に割って入るため，回路構成を変えることを余儀なくされる．ここでは，回路構成が変わっても実質的に元の回路に影響が加わらない，内部抵抗ゼロの理想的なものを想定し，それがどのように VHDL-AMS で記述されるかを述べる．

EL_1 端子，および EL_2 端子からこの素子に流れ込む電流はそれぞれ，+I_el および -I_el であるが，後者は，EL_2 から流れ出る電流が +I_el であると言っても等値である．このセンサを挿入する前の元の回路においてこの EL_1 端子と繋がっていた端子は次段の入力端子であり，その端子への入力電流が＋I_el であることを測定しようとしているわけである．このとき，センサの挿入によって測定電流値に影響が出ないことを保障しているのが，15 行目の V_el==0.0 である．

```
 1: library IEEE;
 2: use IEEE.ELECTRICAL_SYSTEMS.all;
 3:
 4: entity current_sensor is
 5:   port(
 6:     terminal EL_1  : ELECTRICAL;
 7:     terminal EL_2  : ELECTRICAL;
 8:     quantity Q_OUT : out REAL
 9:     );
10: end entity current_sensor;
11:
12: architecture behav of current_sensor is
13:   quantity V_el across I_el through EL_1 to EL_2;
14: begin
15:   V_el == 0.0;
16:   Q_OUT == I_el;
17: end architecture behav;
```

図 2.17　電流センサモデルの記述例

2.2.8 トルクセンサ

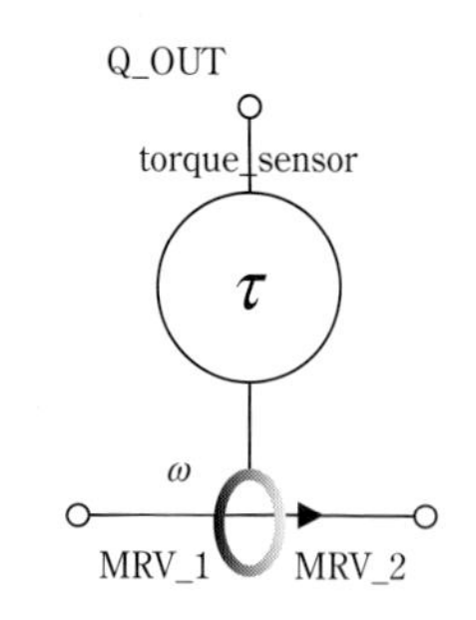

図 2.18 トルクセンサのシンボル

制御系への帰還情報を送り出すサブシステムは電気系に限らず，機械系からの情報の直接センシングも行われる．実際にはロータリーエンコーダーを用いたりしてデジタル信号化してフィードバックすることも多いが，ここでは何らかのアナログ手段によってアナログ値(Quantity)としてフィードバックするサブシステムの例として，簡単なトルクセンサを VHDL-AMS で記述する．

前項の電流センサと同様にトルクは回転機械系でのスルー変数であり，第13行で回転速度OMGとともにTRQとして定義される．このトルクセンサが挿入されたことによって系に影響が及ばないように理想形としてモデリングするために15行目のOMG==0.0が記述されている．

```
 1: library IEEE;
 2: use IEEE.MECHANICAL_SYSTEMS.all;
 3:
 4: entity torque_sensor is
 5:   port (
 6:     terminal MRV_1  : ROTATIONAL_VELOCITY;
 7:     terminal MRV_2  : ROTATIONAL_VELOCITY;
 8:     quantity Q_OUT  : out REAL
 9:     );
10: end entity torque_sensor;
11:
12: architecture behav of torque_sensor is
13:   quantity OMG across TRQ through MRV_1 to MRV_2;
14: begin
15:   OMG == 0.0;
16:   Q_OUT == TRQ;
17: end architecture behav;
```

図 2.19 トルクセンサモデルの記述例

2.2.9 信号制御電源

信号制御電源は実数の数値に対応してその値と同じ値の電圧もしくは電流を生成するモデルである．シグナルフローに慣れすぎたエンジニアにありがちな点として，1個の制御信号入力ポートに対して，1個の電圧出力ポートもしくは1個の電流出力ポートを設定しようとすることが挙げられる．電圧も電流も必ず2ポートを必要とすることをついつい忘れがちになる．例題として，ある与えられた実数値に対してその10倍の値の電流を生成するモデルを考える．

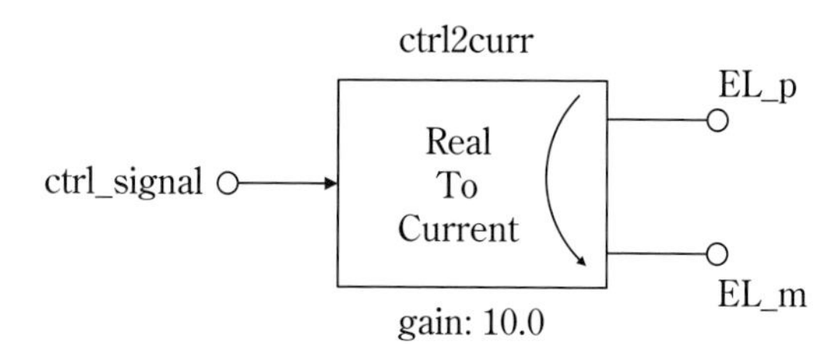

図 2.20 信号制御電流源のシンボル

これを抽象度の高いモデルで記述すると**図 2.21** のようになる．このモデルをもっと実際のハードウェアに近いブロックで構成するとやや複雑なモデルとなるので，これは応用モデルとして2.4.2項「信号制御電源(ハードウェア記述)」において取り上げる．

```
 1: library IEEE;
 2: use IEEE.ELECTRICAL_SYSTEMS.all;
 3:
 4: entity ctrl2curr is
 5:   generic (
 6:     gain : real := 10.0  -- [A/real]
 7:     );
 8:   port (
 9:     quantity Q_in : in REAL;
10:     terminal EL_p : ELECTRICAL;
11:     terminal EL_m : ELECTRICAL
12:     );
13: end entity ctrl2curr;
14:
15: architecture behav of ctrl2curr is
16:   quantity V_el across I_el through EL_p to EL_m;
17: begin
18:   I_el == Q_in * gain;
19: end architecture behav;
```

図 2.21 信号制御電流源モデルの記述例

2.2.10 アナログスイッチ

VHDL-AMS 言語ではデジタルとアナログ信号を1つの entity と architecture の中で扱うことができる．アナログスイッチを用いたデジタルとアナログ混在モデルの記述例を示す．

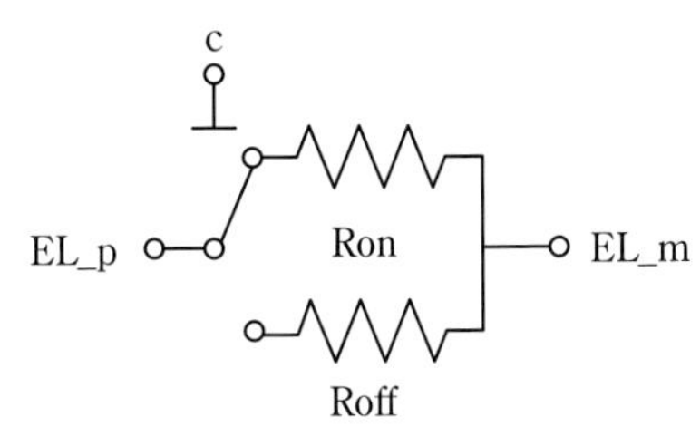

図 2.22 アナログスイッチのシンボル

図 2.22 に示す SWITCH モジュールにおいて，ポート EL_p と EL_m は ELECTRICAL 属性で，c は論理信号である．記述例は**図 2.23** のようになる．

最も簡素なスイッチのモデルはオンとオフの状態によって内部の抵抗値を切り替えるというものである．理想的にはオン状態では抵抗ゼロ，オフ状態では抵抗無限大である．しかし回路シミュレータで計算させる場合，抵抗ゼロは計算の収束性に問題が出る可能性があること，またコンピュータ上では無限大を扱うことができないので，実際には十分小さいまたは大きい値を与えることで対応する．本例ではオン抵抗を 0.1Ω，オフ抵抗を 100MΩとして定義する．

```
 1: library IEEE;
 2: use IEEE.ELECTRICAL_SYSTEMS.all;
 3: use IEEE.STD_LOGIC_1164.all;
 4:
 5: entity switch is
 6:   generic(Ron:  REAL := 0.1;
 7:           Roff:  REAL := 100.0e+6);
 8:   port(c: in STD_LOGIC;
 9:     terminal EL_p, EL_m: ELECTRICAL);
10: end entity switch;
11:
12: architecture behav of switch is
13:   quantity V across I through EL_p to EL_m;
14:   signal R: REAL;
15: begin
16:   R <= Ron when c= '1' else Roff;
17:   V == I * R;
18: end architecture behav;
```

図 2.23 アナログスイッチモデルの記述例

スイッチはデジタルとアナログ混在モデルのため，電気系パッケージ IEEE.ELECTRICAL_SYSTEMS.all，デジタル基本パッケージ IEEE.STD_LOGIC_1164.all を指定する．これらは IEEE 標準のパッケージである．(**図 2.23** 1-3 行)

ここではエンティティ名を switch，オン抵抗は Ron という REAL 型の変数(デフォルト値は 0.1Ω)，オフ抵抗は Roff という REAL 型の変数(デフォルト値は 100MΩ)，2つあるアナログ端子 EL_p と EL_m は連続値を示す ELECTRICAL，1つあるデジタル入力端子 c は論理入力(離散値)を示す in STD_LOGIC として定義している．(**図 2.23** 5-10 行)

architecture 本体にてモデルの動作を表現する．端子 EL_p と EL_m の間の電圧値を V，電流値を I として定義する．スイッチがオン状態を示す端子 c に論理信号として 1 が入力された場合，変数 R に Ron の値，すなわち 0.1Ω を代入し EL_p と EL_m 間の電圧を計算する．c がそれ以外の場合は，Roff(100MΩ)として計算する．(**図 2.23** 12-18 行)

ここで，when 文の後に使用された関係演算子について**表 2.1** のように整理する．

表 2.1 関係演算子

関係演算子	例	説明
=	A = B	等価
/=	A /= B	等価でない
<	A < B	より小さい
>	A > B	より大きい
<=	A <= B	同じかより小さい
>=	A >= B	同じかより大きい

2.3 デジタルモデル

2.3.1 NAND

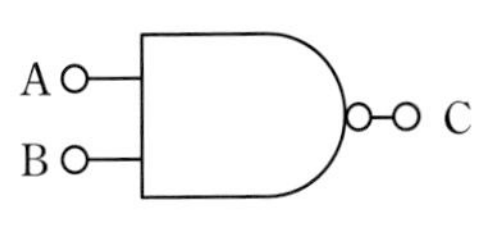

図 2.24 NAND のシンボル

論理演算子を使用してデジタル回路を表現することができる．以下に NAND 素子の例を示す．

```
 1: library IEEE;
 2: use IEEE.STD_LOGIC_1164.all;
 3:
 4: entity NAND1 is
 5:   generic(trise: TIME := 1.0 ns;
 6:           tfall: TIME := 1.0 ns);
 7:   port(A,B: in STD_LOGIC;
 8:        C:  out STD_LOGIC := '0');
 9: end entity NAND1;
10:
11: architecture behav of NAND1 is
12:   signal SIG: STD_LOGIC;
13: begin
14:   SIG <= A nand B;
15:   C  <= SIG after trise when SIG = '1'
16:   else SIG after tfall;
17: end architecture behav;
```

図 2.25　NAND モデルの記述例

NAND はデジタルモデルとして定義するため，IEEE.STD_LOGIC_1164.all を指定する．（**図 2.25** 1-2 行）

entity 宣言にてエンティティ名，モデルの入出力端子，端子属性を定義する．また，モデルで使用される信号の立ち上がりと立ち下がり時間のパラメータも定義する．VHDL-AMS で NAND というキーワードは予約された論理演算子であり，エンティティ名や変数名として使用できない．そのため，エンティティ名を NAND1 として定義する．信号の立ち上がり時間は trise，立ち下がり時間は tfall として，それぞれ TIME 型の変数(デフォルト値は 1ns)で定義する．3 つあるデジタル端子のうち，A と B は論理入力を示す in STD_LOGIC，C は論理出力を示す out STD_LOGIC として定義している．（**図 2.25** 4-9 行）

architecture 本体にてモデルの動作を表現する．デジタル端子 A と B の NAND を取り，一旦変数 SIG に格納する．SIG が 1 に変化した場合，定義されている立ち上がり時間 trise(1ns) 後に出力端子 C に SIG の値を代入する．それ以外の場合，立ち下がり時間 tfall(1ns) 後に SIG の値を代入する．（**図 2.25** 11-17 行）

2.3.2　D フリップフロップ

D フリップフロップはデジタルモデルのため，IEEE.STD_LOGIC_1164.all を指定する．（**図 2.27** 1-2 行）

ここではエンティティ名を dff，4 つあるデジタル端子のうち，data と clk は論理入力を示す in STD_LOGIC，q と qb は論理出力を示す out STD_LOGIC として定義している．（**図 2.27** 4-8 行）

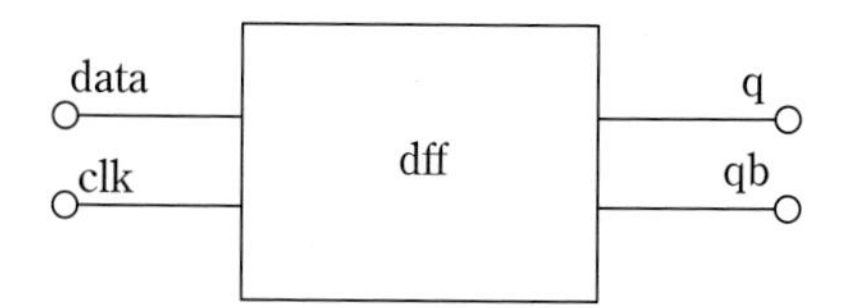

図 2.26　D フリップフロップのシンボル

```
 1: library IEEE;
 2: use IEEE.STD_LOGIC_1164.all;
 3:
 4: entity dff is
 5:   port(data: in  STD_LOGIC;
 6:        clk:  in  STD_LOGIC;
 7:        q,qb: out STD_LOGIC);
 8: end entity dff;
 9:
10: architecture behav of dff is
11:   signal qr:  STD_LOGIC := '0';
12: begin
13:   process(clk) begin
14:     if(clk'EVENT and clk='1') then
15:       qr <= data;
16:     end if;
17:   end process;
18:   q  <= qr;
19:   qb <= not qr;
20: end behav;
```

図 2.27　D フリップフロップモデルの記述例

architecture 本体にてモデルの動作を表現する．中間論理の計算結果を保存するため，内部ノード qr を宣言する．（**図 2.27** 11 行）

D フリップフロップの動作を記述する．入力されたクロック信号 clk を process 文で処理する．process 文内部に記述された動作は，指定された論理信号に変化があった場合実行される．この例ではクロックである clk の状態が 1 に変化，つまり信号が立ち上がりの時 data の論理値を qr に格納，そうでなければ処理されたデータを保持する．端子 q で qr の値を出力する．qb 端子は q の反転出力である．（**図 2.27** 10-20 行）

2.3.3　全加算器

全加算器の例を示す．全加算器は半加算器を 2 つ繋げて構成する．全加算器はデジタルモデルとして定義するため，IEEE.STD_LOGIC_1164.all を指定する．（**図 2.29** 1-2 行）

ここではエンティティ名を full_adder，5 つあるデジタル端子のうち，DIN1 と DIN2 と CARRYIN は論理入力を示す in STD_LOGIC，CARRYOUT と SUM は論理出力を示す out STD_LOGIC として定義している．（**図 2.29** 4-10 行）

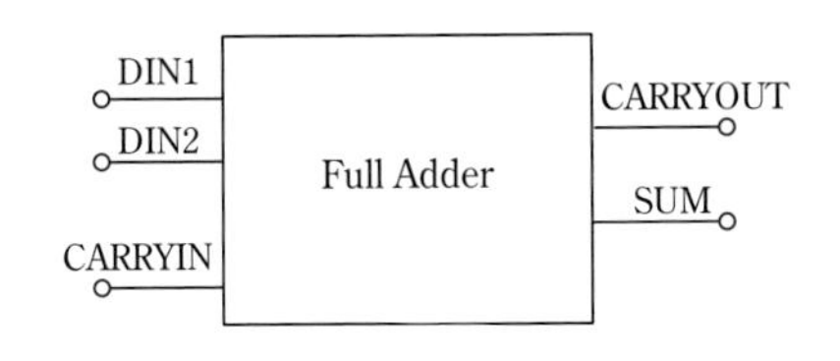

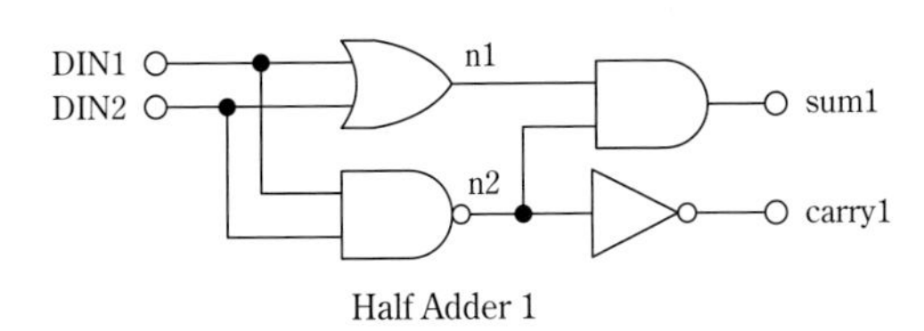

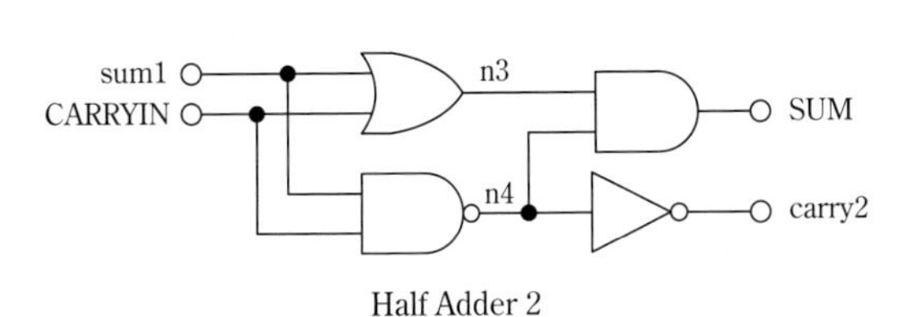

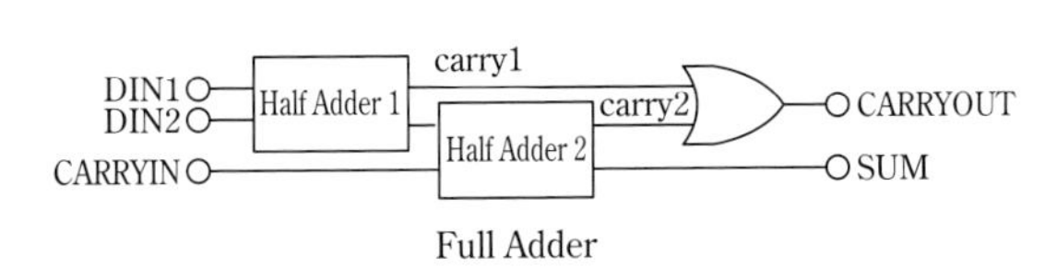

図 2.28　全加算器のシンボルとその構成例

architecture 本体にてモデルの動作を表現する．半加算器で使う内部ノード n1～n4，sum1，carry1，carry2 を宣言する．（**図 2.29** 13-14 行）

半加算器は組み合わせ回路なので，or，and，nand，not などの論理演算子でその動作を記述する．

まずは，**図 2.28** を参照し，半加算器 1 を定義する．（**図 2.29** 16-19 行）

同じく **図 2.28** を参照し，半加算器 2 を定義する．（**図 2.29** 20-23 行）

```
 1: library IEEE;
 2: use IEEE.STD_LOGIC_1164.all;
 3:
 4: entity full_adder is
 5:   port(DIN1: in  STD_LOGIC;
 6:        DIN2:   in  STD_LOGIC;
 7:        CARRYIN:  in  STD_LOGIC;
 8:        SUM:      out STD_LOGIC;
 9:        CARRYOUT: out STD_LOGIC);
10: end entity full_adder;
11:
12: architecture behav of full_adder is
13:   signal n1,n2,n3,n4:          STD_LOGIC;
14:   signal sum1,carry1,carry2: STD_LOGIC;
15: begin
16:   n1      <= DIN1 or DIN2;
17:   n2      <= DIN1 nand DIN2;
18:   carry1  <= not n2;
19:   sum1    <= n1 and n2;
20:   n3  <= sum1 or CARRYIN;
21:   n4  <= sum1 nand CARRYIN;
22:   carry2  <= not n4;
23:   SUM  <= n3 and n4;
24:   CARRYOUT <= carry1 or carry2;
25: end architecture behav;
```

図 2.29　全加算器モデルの記述例

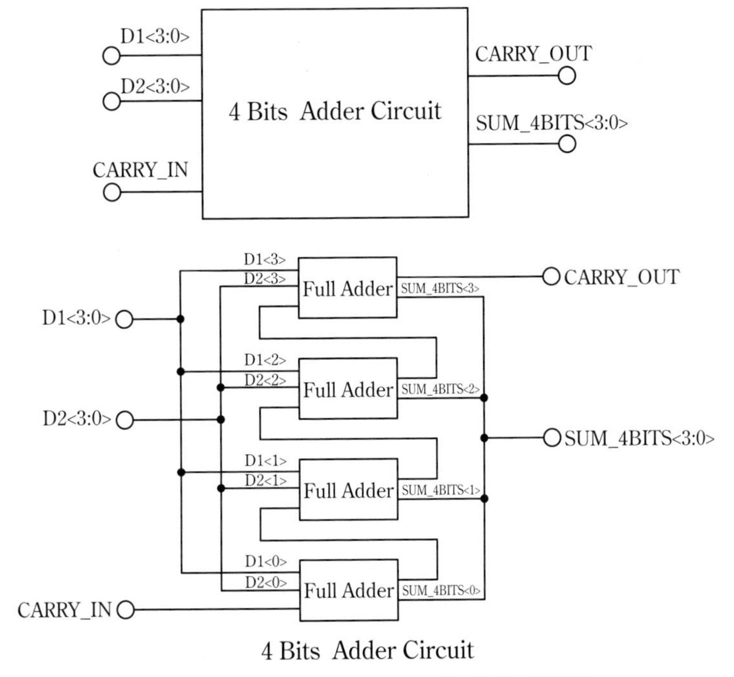

図 2.30　4 ビット加算器のシンボルとその構成例

最後に，半加算器1と半加算器2を接続し，それぞれのキャリア信号を論理和にして，全加算器のキャリア信号CARRYOUTとして出力する．（**図2.29** 24行）

2.3.4　4ビット加算器

4ビット加算回路は4つの全加算器(full_adder)を接続して構成する.前項で作成した全加算器を参照する.

ここではエンティティ名をADDER_4BITSとする.5つあるデジタル端子のうち，D1とD2は論理ベクタ入力を示すin　STD_LOGIC_VECTOR，CARRY_INは論理入力を示すin STD_LOGIC，CARRY_OUTは論理出力を示すout STD_LOGIC，SUM_4BITSは論理ベクタ出力を示すout STD_LOGIC_VECTORとして定義している．（**図2.31** 4-9行）

```
 1: library IEEE;
 2: use IEEE.STD_LOGIC_1164.all;
 3:
 4: entity ADDER_4BITS is
 5:   port(D1,D2: in  STD_LOGIC_VECTOR(3 downto 0);
 6:        CARRY_IN: in  STD_LOGIC;
 7:        SUM_4BITS: out STD_LOGIC_VECTOR(3 downto 0);
 8:        CARRY_OUT:  out STD_LOGIC);
 9: end entity ADDER_4BITS;
10:
11: architecture behav of ADDER_4BITS is
12:   component full_adder
13:     port(DIN1,DIN2:     in STD_LOGIC;
14:          CARRYIN:        in STD_LOGIC;
15:          SUM,CARRYOUT: out STD_LOGIC);
16:   end component  full_adder;
17:   signal COUT: STD_LOGIC_VECTOR(3 downto 0)
    := "0000";
18: begin
19:   U0: full_adder port map(D1(0), D2(0),
    CARRY_IN,SUM_4BITS(0), COUT(0));
20:   U1: full_adder port map(D1(1), D2(1), COUT(0),
    SUM_4BITS(1), COUT(1));
21:   U2: full_adder port map(D1(2), D2(2), COUT(1),
    SUM_4BITS(2), COUT(2));
22:   U3: full_adder port map(D1(3), D2(3), COUT(2),
    SUM_4BITS(3), COUT(3));
23:   CARRY_OUT <= COUT(3);
24: end architecture behav;
```

図2.31　4ビット加算器モデルの記述例

architecture本体にてモデルの動作を表現する．はじめに，コンポーネントを宣言する．先に作成したfull_adderモデルを参照するため，component宣言する．5つの端子は定義されたモデルに合せ，入出力論理端子宣言を行う．（**図2.31** 12-16行）

図2.30の回路図に従って4つのfull_adderモデルを接続する．モデルはそれぞれU0～U3として端子を対応する端子に接続する．（**図2.31** 19-23行）

2.4　基本的な複合モデル

ここでは基本的な要素モデルを用いて複数の要素からなる部品の定義方法や，機械運動系のモデリング，電気と熱の連携モデリングなどマルチドメインに対応したモデル作成のための基礎知識について紹介する．先ず，LCR回路を用いて基本要素の並列接続や直列接続に関するモデル定義技法について紹介し，次に複合的な動作を行うパワーアンプやDAコンバータ，PLL等について紹介する．さらにマルチドメインモデルにおけるアクロス変数とスルー変数および端子定義に関する技法について紹介する．

2.4.1　LCR回路

電気回路や電子回路に利用される受動素子は理想的な回路定数の他に浮遊容量やリードなどの寄生インダクタンスを持っている．その一例としてコイルの等価回路は**図2.32**に示すように電気端子EL1とEL2の間にインダクタンスLの他に巻き線の等価直列抵抗Rと浮遊容量Cで構成される並列共振回路となる．抵抗RおよびインダクタンスLの電圧方程式と容量Cの電圧方程式を端子EL1, EL2間で記述すると次のように表現される．

$$V_{RL} = I_{RL} \cdot R + L \cdot \frac{dI_{RL}}{dt} \tag{2-3}$$

$$V_C \cdot C = \int I_C \cdot dt \tag{2-4}$$

本モデルをビヘイビアモデルにて表現した例を**図2.33**に示す．entity宣言にて各素子のパラメータをgeneric(定数)にて実数定義している．ここで，パラメータタイプとしてRESISTANCEなどを指定しているが，これはIEEE.ELECTRICAL_SYSTEMSパッケージにてREALタイプから派生して定義されているサブタイプとして単位系と合わせて宣言されるものであり，より可読性が高く誤動作の少ないモデルの記述に役立つ．また，17～18行目にてアクロス変数の電圧V_{RL}およびV_Cとスルー変数の電流I_{RL}とI_Cが端子EL1とEL2間で並列となるように定義され，22～23行目にて電圧方程式(2-3)，(2-4)を記述している．

また，別のモデル定義方法として，**図2.34**に示すように各要素個々に電圧方程式を定義する場合は2.2節「アナログモデル」で示した式(2-5)～(2-7)となる．

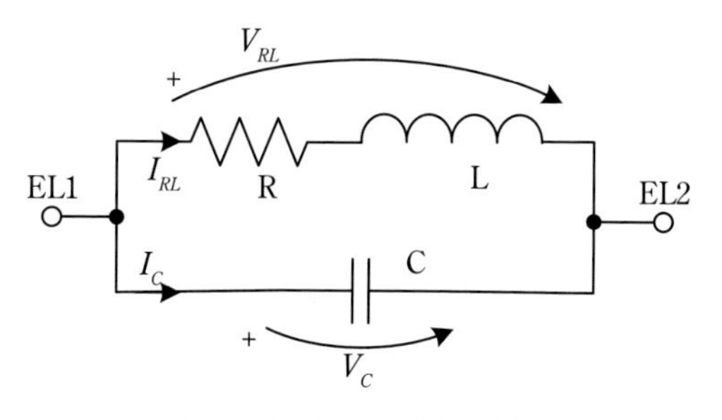

図2.32　LCR回路モデル

```
 1: library IEEE ;
 2: use IEEE.ELECTRICAL_SYSTEMS.all ;
 3: --------------------
 4: entity COIL_LCR is
 5:   generic (
 6:     R : RESISTANCE := 80.0 ;    --[80Ohm]
 7:     L : INDUCTANCE := 10.0e-3 ; --[10mH]
 8:     C : CAPACITANCE := 4.0e-12  --[4pF]
 9:   ) ;
10:   port (
11:     terminal EL1, EL2 : ELECTRICAL
12:   ) ;
13: end entity COIL_LCR ;
14: --------------------
15: architecture ARCH_2Q of COIL_LCR is
16:
17:   quantity Vrl across Irl through EL1 to EL2 ;
18:   quantity Vc across Ic through EL1 to EL2 ;
19:
20: begin
21:
22:   Vrl == Irl * R + L*Irl'DOT ;
23:   Vc * C == Ic'INTEG ;
24:
25: end architecture ARCH_2Q ;
```

図 2.33　LCR 回路記述

$$V_R = I_R \cdot R \tag{2-5}$$

$$V_L = L \cdot \frac{dI_L}{dt} \tag{2-6}$$

$$V_C \cdot C = \int I_C \cdot dt \tag{2-7}$$

本モデルをビヘイビアモデルにて表現した例を**図 2.35** に示す．entity 宣言は先ほどと同様であるが，17 行目にて内部利用するための電気端子 T1 を新たに定義し，アクロス変数 V_R, V_L, V_C およびスルー変数 I_R, I_L, I_C の定義を端子 T1 と EL1, EL2 間の関係として定義している．内部端子を利用することで，複雑な構造のモデルでも式の展開をせずに容易にモデリングすることができる．

次に 2.2 節「アナログモデル」にて定義した基本要素を直接利用する手段として，本モデルを構造モデルを用いた表現を**図 2.36** に示す．ここで，抵抗，キャパシタ，インダクタの基本単位モデルが "res", "cap", "ind" というパッケージとして別途定義されており，それらを上位階層として接続する構成を記述している．例えば 21～23 行目の抵抗要素の定義では，RES1 は内部的な部品インスタンス名，WORK.res(IDEAL) は WORK ライブラリに含まれる部品 res を示し，その動作(アーキテクチャ名)として IDEAL を指定することを意味する．generic map(R=>R) は部品 res のパラメータ R(左辺)に，上階層 COIL_LCR に設定されたパラメータ R(右辺)を引渡すことを意味し，port map(P=>EL1) は部品 res の電気端子 P に上階層 COIL_LCR の電気端子 EL1 を接続することを表現している．ここで WORK ライブラリとは，作業領域を意味する VHDL-AMS 標準のライブラリ定義名であり，現在利用している全ての部品が格納され，参照することができる仮想的なライブラリである．同一の部品名，パラメータを持つ要素が複数のライブラリで定義されている際，特定のライブラリを指定する必要がある．

抵抗 R=80Ω，インダクタンス L=10mH，浮遊容量 C=4pF の LCR 回路のインピーダンス周波数特性をシミュレーションした結果を**図 2.37** に示す．式(2-8)に示す自己共振周波数 f_0 が正しく得られている．

$$f_0 = \frac{1}{2\pi\sqrt{LC}} = 796\text{kHz} \tag{2-8}$$

ここでは 3 通りのモデル定義を紹介したが，表現方法が異なるだけでいずれも同じシミュレーション結果を得ることができる．また，全て entity 宣言が同一であるため，これらはひとつの部品に 3 つの異なるアーキテクチャを持たせて実装した．

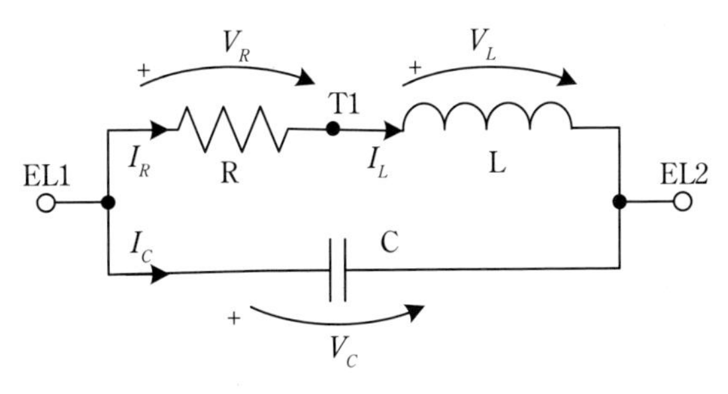

図 2.34　LCR 回路モデル（個別要素）

```
 1: library IEEE ;
 2: use IEEE.ELECTRICAL_SYSTEMS.all ;
 3: --------------------
 4: entity COIL_LCR is
 5:   generic (
 6:     R : RESISTANCE := 80.0 ;    --[80Ohm]
 7:     L : INDUCTANCE := 10.0e-3 ; --[10mH]
 8:     C : CAPACITANCE := 4.0e-12  --[4pF]
 9:   ) ;
10:   port (
11:     terminal EL1, EL2 : ELECTRICAL
12:   ) ;
13: end entity COIL_LCR ;
14: --------------------
15: architecture ARCH of COIL_LCR is
16:
17:   terminal T1 : ELECTRICAL ;
18:   quantity Vr across Ir through EL1 to T1 ;
19:   quantity Vl across Il through T1 to EL2 ;
20:   quantity Vc across Ic through EL1 to EL2 ;
21:
22: begin
23:
24:   Vr == Ir * R ;
25:   Vl == L * Il'DOT ;
26:   Vc * C == Ic'INTEG ;
27:
28: end architecture ARCH ;
```

図 2.35　LCR 回路記述（ビヘイビアモデル）

```
 1: library IEEE ;
 2: use IEEE.ELECTRICAL_SYSTEMS.all ;
 3: --------------------
 4: entity COIL_LCR is
 5:   generic (
 6:     R : RESISTANCE := 80.0 ;     --[80Ohm]
 7:     L : INDUCTANCE := 10.0e-3 ; --[10mH]
 8:     C : CAPACITANCE := 4.0e-12  --[4pF]
 9:   ) ;
10:   port (
11:     terminal EL1, EL2 : ELECTRICAL
12:   ) ;
13: end entity COIL_LCR ;
14: --------------------
15: architecture ARCH_STRUCT of COIL_LCR is
16:
17:   TERMINAL T1 : ELECTRICAL ;
18:
19: begin
20:
21:   RES1: entity WORK.res(IDEAL)
22:     generic map(R=>R)
23:     port map(P=>EL1, M=>T1) ;
24:
25:   IND1: entity WORK.ind(IDEAL)
26:     generic map(L=>L)
27:     port map(P=>T1, M=>EL2) ;
28:
29:   CAP1: entity WORK.cap(IDEAL)
30:     generic map(C=>C)
31:     port map(P=>EL1, M=>EL2) ;
32:
33: end architecture ARCH_STRUCT ;
```

図 2.36 LCR 回路記述(構造モデル)

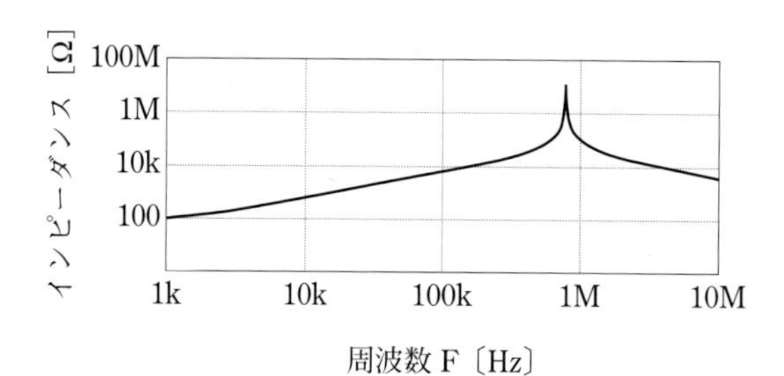

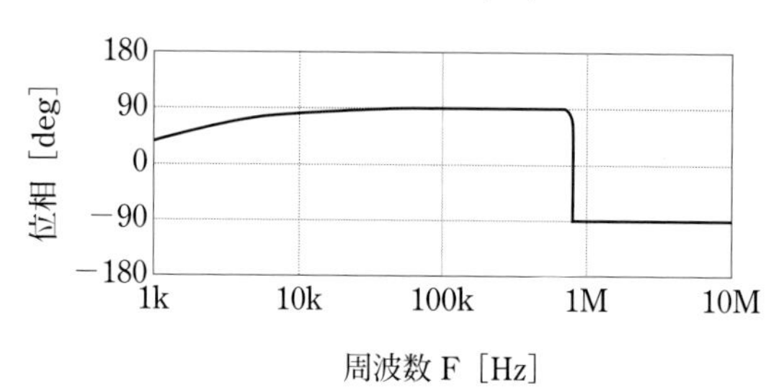

図 2.37 LCR 回路の周波数特性

2.4.2 信号制御電源(ハードウェア記述)

2.2.9 項「信号制御電源」を実際のハードウェアで実現することを考えると，このモデルをもう少し実現可能性のある部品の構成として作成することが必要となる．最低限，例えば，(1)制御信号を出す回路，(2)制御信号を電流値に変換する回路，および(3)負荷を駆動する回路，に3分割することを考える．

まず，制御信号は抽象的な概念であり，これをそのまま出す回路は存在しない．すなわち，MCU チップや ECU ボードから信号を出す場面では実際の物理量(単位をもった量)の形にして出さなければならない．多くの場合，取り扱いやすい電圧値として出力する．受け取った次段の回路はこれを電流値に変換するとともに所望の倍率(ゲイン)を付加する必要があり，多くの場合増幅器が必要となる．ここでは今まで述べてきた理想的な素子の組み合わせのみで構成することを考える．増幅器の代わりに 2.2.6 項「電流制御電流源」CCCS を用いる．また，ここでは，壊れやすい LSI 部品に好ましくないノイズが不具合時に帰還することがないよう，負荷を駆動するための出力部は，直流的に分離(isolate)されるとする．以上のことをできるだけ簡単に構成すると以下のような回路で表せる．

この回路図では参考のため，上下に2つの等価な回路を並べてある．上部は 2.2.9 項の**図 2.20** で示した，信号制御電流源 ctrl2curr を用いたものである．下部は制御信号をまず，電圧に変換し(ctrl2volt というモデルを用いている．ctrl2curr に酷似しているのでソースコードは省略する)，デカップリングキャパシタを介して注入点に制御信号の影響を注入，これを電流信号源として CCCS を駆動し，駆動電流源を作成，最後に分離するためにトランスを介して負荷に電流を駆動するものである．動作は誤差の範囲を除いて全く等価である．なお，電流源については必ず負荷を接続する必要がある．抽象度の高いモデル(上部のモデル)においてもそうであることに注意されたい．

この回路のトップ階層の構造モデルを以下に示す．

なお，この回路の下半分の部分については，次項のパワーアンプで詳しく述べる．

```
 1: library IEEE;
 2: use IEEE.ELECTRICAL_SYSTEMS.all;
 3: use IEEE.MATH_REAL.all;
 4:
 5: entity control_amp is
 6: end control_amp;
 7:
 8: architecture struct of control_amp is
 9:
10:   -- Internal buses of this cell.
11:
12:   -- Internal signals of this cell.
13:   terminal drive_curr_in : ELECTRICAL ;
14:   terminal dc_v_source : ELECTRICAL ;
15:   terminal drive_curr_out_1 : ELECTRICAL ;
16:   terminal ctrl_curr_in : ELECTRICAL ;
17:   terminal drive_curr_out_2 : ELECTRICAL ;
18:   terminal volt_in : ELECTRICAL ;
19:   terminal inject_pnt : ELECTRICAL ;
20:   quantity ctrl_in : REAL ;
21:
22:
23: begin
24:   qsin7 : entity WORK.qsin(behav)
25:     generic map (
```

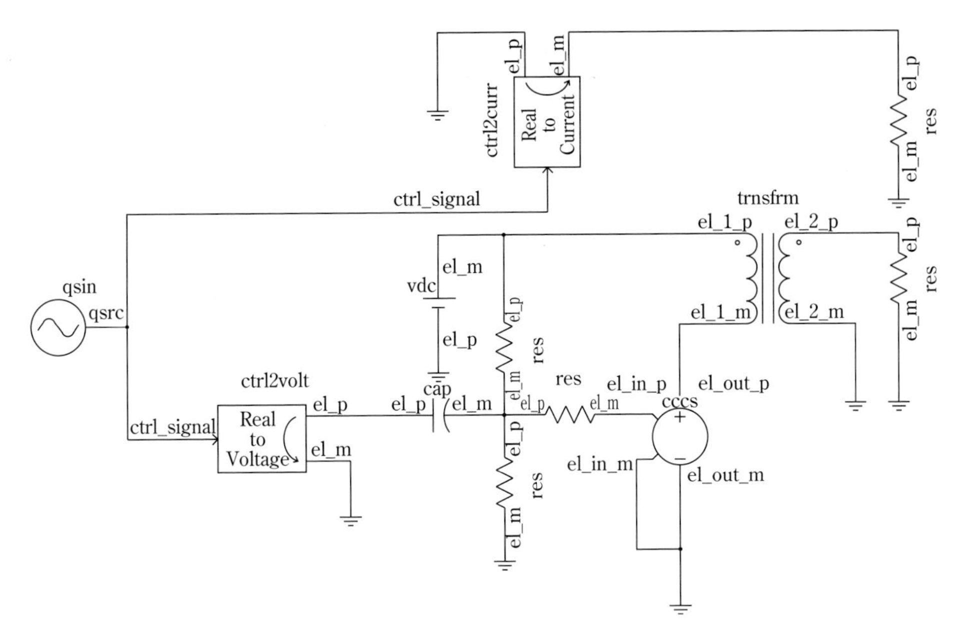

図 2.38　信号制御電源(ハードウェア記述)

```
26:       freq => 100.0,
27:       amp => 5.0)
28:     port map (
29:       qsrc => ctrl_in);
30:
31:   r_load_2 : entity WORK.res(behav)
32:     generic map (
33:       r => 1.0)
34:     port map (
35:       el_p => drive_curr_out_2,
36:       el_m => ground);
37:
38:   isol_trans : entity WORK.trnsfrm(behav)
39:     generic map (
40:       l2 => 40.0,
41:       l1 => 10.0)
42:     port map (
43:       el_1_p => dc_v_source,
44:       el_1_m => drive_curr_in,
45:       el_2_p => drive_curr_out_2,
46:       el_2_m => ground);
47:
48:   cccs3 : entity WORK.cccs(behav)
49:     generic map (
50:       gain => 10000.0)
51:     port map (
52:       el_in_m => ground,
53:       el_out_p => drive_curr_in,
54:       el_out_m => ground,
55:       el_in_p => ctrl_curr_in);
56:
57:   r_ctrl_curr : entity WORK.res(behav)
58:     generic map (
59:       r => 500.0)
60:     port map (
61:       el_p => inject_pnt,
62:       el_m => ctrl_curr_in);
63:
64:   r_bias_2 : entity WORK.res(behav)
65:     generic map (
66:       r => 2200.0)
67:     port map (
68:       el_p => inject_pnt,
69:       el_m => ground);
70:
71:   r_bias_1 : entity WORK.res(behav)
72:     generic map (
73:       r => 10000.0)
74:     port map (
75:       el_p => dc_v_source,
76:       el_m => inject_pnt);
77:
78:   c_dc_cut : entity WORK.cap(behav)
79:     generic map (
80:       c => 2.000000e-004)
81:     port map (
82:       el_p => volt_in,
83:       el_m => inject_pnt);
84:
85:   ctrl2curr1 : entity WORK.ctrl2curr(behav)
86:     port map (
87:       ctrl_signal => ctrl_in,
88:       el_p => ground,
89:       el_m => drive_curr_out_1);
90:
91:   r_load_1 : entity WORK.res(behav)
92:     generic map (
93:       r => 1.0)
94:     port map (
95:       el_p => drive_curr_out_1,
96:       el_m => ground);
97:
98:   ctrl2volt1 : entity WORK.ctrl2volt(behav)
99:     port map (
100:      ctrl_signal => ctrl_in,
101:      el_p => volt_in,
102:      el_m => ground);
103:
104:  vdc2 : entity WORK.vdc(behav)
105:    generic map (
106:      amp => 30.0)
107:    port map (
108:      el_m => ground,
109:      el_p => dc_v_source);
110:
111: end struct;
```

図 2.39　信号制御電源モデル(図 2.38)の記述例

2.4.3　パワーアンプ

信号制御電源のモデル例とその使用例として制御信号の値を 10 倍した値の電流値をもつ電流源を，最も簡単なビヘイビアモデルと，これに対応する電気系理想素子を用いた構造モデルを用いて，それぞれ 2.2.9 項および 2.4.2 項において例示した．2.4.2 項では，制御信号をまず，電圧信号に変換していた．本項では，この電圧信号を入力信号であるとして電圧駆動の負荷駆動用電流源を構成する．電圧信号源としては 2.2.4 項の正弦波電圧源を用いる．回路図を**図 2.42** に示す．

この回路には離散的な割り込みを起こす要素が存在しないため，特にタイムステップを可変設定にしている場合，および，不適切な(粗い)固定タイムステップを設定している場合，処理系によっては予想外のシミュレーション結果となる．これを避けるために回路内に少なくとも 1 箇所，ペースメーカーが必要になる．

本回路の場合，正弦波電圧源内にこれを設定するのが最も理にかなっている．これを実施するには下記のように元のソースコードに一行追加するだけでよい．

上記の第 14 行が追加された行である．意味は，電圧という物理量をもつ V_el_src に対して，最大のタイムステップ幅として 1.0/freq/20.0 という値の上限値を設けるというものである．但し，このことは，この値を用いた固定タイムステップを用いよ，ということではないことに注意されたい．どのようなタイムステップ管理をするかは処理系(ベンダーの各ツール)に依存している．下図にこの limit 指定がない場合とある場合についてシミュレーション結果の違いの一例を示す．

```
 1: library IEEE;
 2: use IEEE.ELECTRICAL_SYSTEMS.all;
 3: use IEEE.MATH_REAL.all;
 4:
 5: entity vsin2 is
 6:   generic(freq: REAL := 1.0e+6; -- frequency [Hz]
 7:   amp: REAL := 1.0; -- amplitude [V]
 8:   voff: REAL := 0.0); -- offset voltage [V]
 9:   port(terminal EL_p,EL_m : ELECTRICAL);
10: end entity vsin2;
11:
12: architecture behav of vsin2 is
13:   quantity V_el_src across I_el_src through
     EL_p to EL_m;
14:   limit V_el_src: voltage with 1.0/freq/20.0;
15: begin
16:   V_el_src ==
             voff+amp*sin(math_2_pi*freq* NOW);
17: end architecture behav;
```

図 2.40　正弦波電源モデルへの limit 文の追加

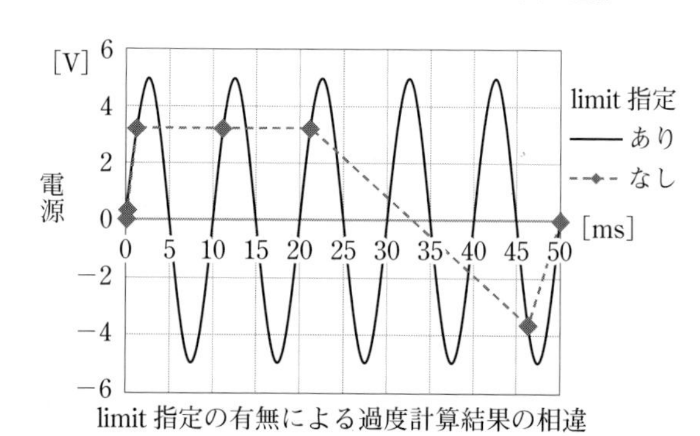

図 2.41　limit 文の有無による正弦波電源波形の相違

アナログ系のモデルを物理的に書きたい，但し，トランジスタを用いるレベルまでは詳細化したくない，という場合は本項の理想電子素子を用いたモデルの抽象度が最もふさわしかろう．この構造モデルの VHDL-AMS ソースコードを以下に示す．

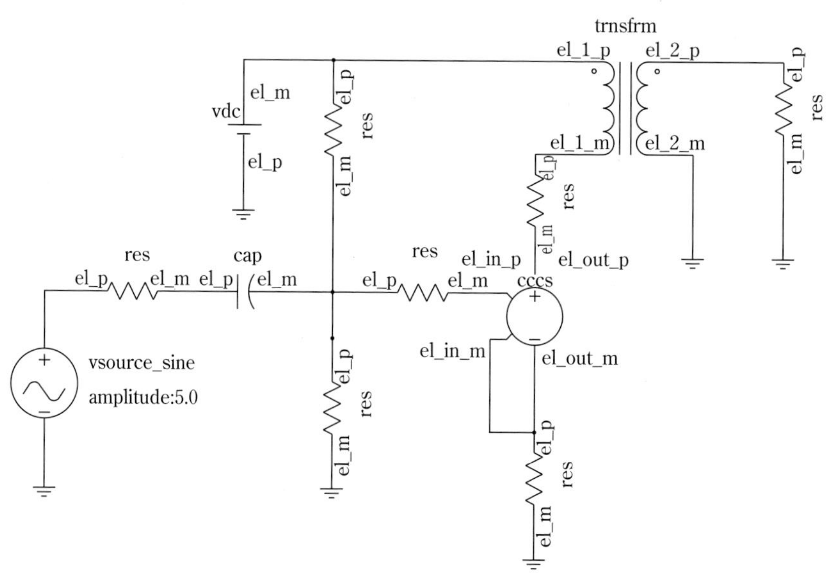

図 2.42　パワーアンプの構成例

```
 1: library IEEE;
 2: use IEEE.ELECTRICAL_SYSTEMS.all;
 3: use IEEE.MATH_REAL.all;
 4:
 5: entity analog_amp is
 6: end analog_amp;
 7:
 8: architecture struct of analog_amp is
 9:
10:   -- Internal buses of this cell.
11:
12:   -- Internal signals of this cell.
13:   terminal drive_curr_in : ELECTRICAL ;
14:   terminal dc_v_source : ELECTRICAL ;
15:   terminal ctrl_curr_in : ELECTRICAL ;
16:   terminal drive_curr_out_2 : ELECTRICAL ;
17:   terminal volt_in : ELECTRICAL ;
18:   terminal inject_pnt : ELECTRICAL ;
19:
20:
21: begin
22:   r_load_2 : entity WORK.res(behav)
23:     generic map (
24:       r => 1.0)
25:     port map (
26:       el_p => drive_curr_out_2,
27:       el_m => ground);
28:
29:   vdc3 : entity WORK.vdc(behav)
30:     generic map (
31:       amp => 30.0)
32:     port map (
33:       el_p => dc_v_source,
34:       el_m => ground);
35:
36:   isol_trans : entity WORK.trnsfrm(behav)
37:     generic map (
38:       l2 => 40.0,
39:       l1 => 10.0)
40:     port map (
41:       el_1_p => dc_v_source,
42:       el_1_m => drive_curr_in,
43:       el_2_p => drive_curr_out_2,
44:       el_2_m => ground);
45:
46:   cccs3 : entity WORK.cccs(behav)
47:     generic map (
48:       gain => 10000.0)
49:     port map (
50:       el_in_m => ground,
51:       el_out_p => drive_curr_in,
52:       el_out_m => ground,
53:       el_in_p => ctrl_curr_in);
54:
55:   r_ctrl_curr : entity WORK.res(behav)
56:     generic map (
57:       r => 500.0)
58:     port map (
59:       el_p => inject_pnt,
60:       el_m => ctrl_curr_in);
61:
62:   r_bias_2 : entity WORK.res(behav)
63:     generic map (
64:       r => 2200.0)
65:     port map (
66:       el_p => inject_pnt,
67:       el_m => ground);
68:
69:   r_bias_1 : entity WORK.res(behav)
70:     generic map (
71:       r => 10000.0)
72:     port map (
73:       el_p => dc_v_source,
74:       el_m => inject_pnt);
75:
76:   c_dc_cut : entity WORK.cap(behav)
77:     generic map (
78:       c => 2.000000e-004)
79:     port map (
80:       el_p => volt_in,
81:       el_m => inject_pnt);
82:
83:   vsin2_1 : entity WORK.vsin2(behav)
84:     generic map (
85:       freq => 100.0,
86:       amp => 5.0)
87:     port map (
88:       el_p => volt_in,
89:       el_m => ground);
90:
91: end struct;
```

図 2.43　パワーアンプモデルの記述例

2.4.4　DA コンバータ

1 ビット DA コンバータの記述例を示す．

図 2.44　DA コンバータのシンボル

```
 1: library IEEE;
 2: use IEEE.ELECTRICAL_SYSTEMS.all;
 3: use IEEE.STD_LOGIC_1164.all;
 4:
 5: entity dac1bit is
 6:   generic(VH: REAL := 5.0;
 7:           VL: REAL := 0.0;
 8:           tr: REAL := 1.0e-8;
 9:           tf: REAL := 1.0e-8);
10:   port(digin: in  STD_LOGIC;
11:         terminal VREF: ELECTRICAL;
12:         terminal VOUT: ELECTRICAL);
13:   end entity dac1bit;
14:
15: architecture behav of dac1bit is
16:   quantity v across i through VOUT to VREF;
17:   signal sig: REAL := 0.0;
18: begin
19:   sig  <= VH when digin = '1' else VL;
20:   v    == sig'RAMP(tr,tf);
21: end architecture behav;
```

図 2.45　DA コンバータモデルの記述例

DA コンバータの動作原理を**図 2.46** に示す．デジタル信号の立ち上がりと立ち下がりのタイミングで，アナログのハイ電圧 VH とロー電圧 VL に転換する．その際，ramp を用いてアナログ信号では立ち上がりと立ち下がり時間を考慮する．

DA コンバータはデジタルとアナログ混在モデルのため，電気系パッケージ IEEE.ELECTRICAL_SYSTEMS.all とデジタル基本パッケージ IEEE.STD_LOGIC_1164.all を指定する．（**図 2.45** 1-3 行）

entity 宣言にてエンティティ名，モデルの入出力端子，端子属性を定義する．また，モデルで使用される出力ハイ／ロー電圧，出力電圧の立ち上がりと立ち下がり時間のパラメータも定義する．ここではエンティティ名を dac1bit，出力ハイ電圧は VH という REAL 型の変数(デフォルト値は 5.0 V)，出力ロー電圧は VL という REAL 型の変数(デフォルト値は 0.0 V)，出力電圧の立ち上がり時間は tr という REAL 型の変数(デフォルト値は 10ns)，出力電圧の立ち下がり時間は tf という REAL 型の変数(デフォルト値は 10ns)，２つあるアナログ端子 VREF と VOUT は連続値を示す ELECTRICAL，１つあるデジタル入力端子 digin は論理入力(離散値)を示す in STD_LOGIC として定義している．(**図 2.45** 5-13 行)

architecture 本体にてモデルの動作を表現する．端子 VOUT と VREF の間の電圧値を v，電流値を i として定義する．また，sig という REAL 型の内部変数を定義する．when 構文を使って，入力されたデジタル信号 digin の状態を判断する．digin=1 の場合，ハイ電圧 VH を，digin=0 の場合，ロー電圧 VL を内部変数 sig に代入する．ramp 属性を使って，内部変数 sig に保存されたハイまたはローレベルの実数値に，立ち上がり時間と立ち下がり時間を加え，アナログ端子 VOUT から電圧 v で出力する．(**図 2.45** 15-21 行)

2.4.5　PLL

PLL(Phase Locked Loop)モデルの例を以下に示す．**図 2.47** に示すように，トップのモデルは３端子とし，その内部は位相検出器，ループフィルタ，VCO(電圧制御発振器)のブロックから構成される．

PLL は電気系モデルのため IEEE.ELECTRICAL_SYSTEMS.all を，また，三角関数を使用するため IEEE.MATH_REAL.all を指定する．(**図 2.48** 1-3 行)

entity 宣言にてエンティティ名，モデルの入出力端子，端子属性を定義する．また，モデルで使用されるループフィルタの極・零周波数，VCO の変調度と中心周波数のパラメータを定義する．

ここではエンティティ名を PLL，ループフィルタの極の周波数を Fpole(デフォルト値は 10KHz)，零の周波数を Fzero(デフォルト値は 1MHz)，VCO の変調度を Mf(デフォルト値は 623K)，VCO の中心周波数を Fcenter(デフォルト値は 1MHz)という REAL 型の変数としてそれぞれ定義する．

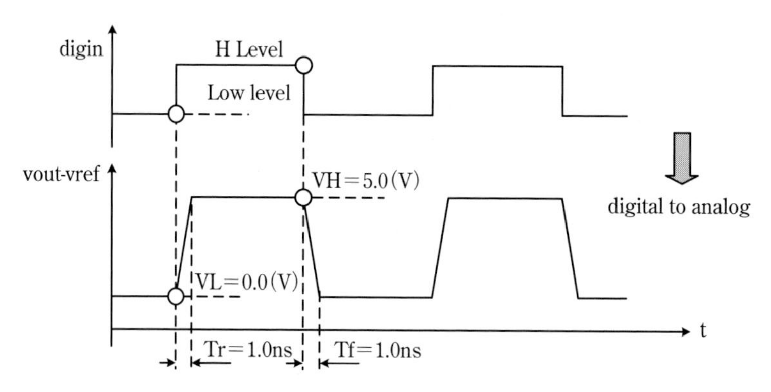

図 2.46　DA コンバータの動作原理

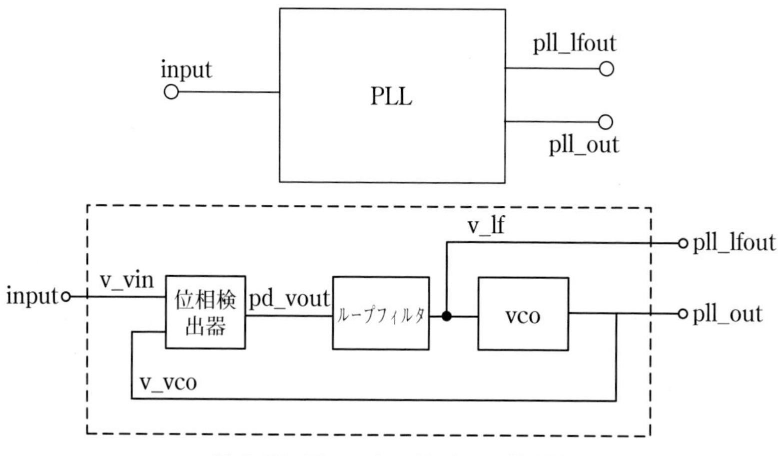

図 2.47　PLL のシンボルとその構成例

アナログ端子は，それぞれ，input(PLLの入力端子)，pll_out(PLLの出力端子)，pll_lfout(PLLのループフィルタからの出力端子)とし，連続値を示すELECTRICALタイプとして定義している．通常PLLは入力と出力の2端子回路であるが，ループフィルタの出力信号でロック状態にあるかどうかを判断するため，そこの波形を観測するために第3の端子pll_ifoutを追加してある．(**図2.48** 5-11行)

architecture本体にてモデルの動作を表現する．(**図2.48** 13-35行)**図2.47**のようにPLLは3つの回路要素から構成されるが，各ブロックの理想的な動作はシンプルな関数で表現できるので，本例では全体を1つのビヘイビアモデルとして記述する．

アナログ端子inputとelectrical_ref間の電圧をv_inとして定義する．ここではelectrical_refはグランドとして扱う．アナログ端子pll_lfoutとelectrical_ref間の電圧をv_lf，電流をi_lfとして定義する．アナログ端子pll_outとelectrical_ref間の電圧をv_vco，電流をi_vcoとして定義する．(**図2.48** 14-16行)

計算に使用するアナログ量phiとpd_voutを定義する．(**図2.48** 17-18行)

ループフィルタの角周波数(単位rad/s)を定義し，2πfとして算出する．ここでwpは極，wzは零，wcは中心の角周波数である．

VCOの位相phiを定義する．quiescent_domainはDC状態を意味する予約語であり，DC時の初期値としてphiに0を入力する．それ以外の場合VCOの位相は，以下の式で計算される．

$$\frac{d(phi)}{dt} = \mathrm{wc} + \mathrm{Mf} * \mathrm{v\_lf} \qquad (2\text{-}9)$$

変調度Mfは回路によって適切な値があり，本回路では623Kとしている．v_lfはループフィルタの出力信号となっている．これを微分関数，'DOT，を用いて表現したものが27行目である．(**図2.48** 23-28行)

```
 1: library IEEE;
 2: use IEEE.ELECTRICAL_SYSTEMS.all;
 3: use IEEE.MATH_REAL.all;
 4:
 5: entity PLL is
 6:   generic(Fpole:   REAL := 10.0e+3;
 7:           Fzero:   REAL := 1.0e+6;
 8:           Mf:      REAL := 6.23e+5;
 9:           Fcenter: REAL := 1.0e+6);
10:   port(terminal input,pll_lfout,pll_out:
    ELECTRICAL);
11: end entity PLL;
12:
13: architecture behav of PLL is
14:   quantity v_in  across input to electrical_ref;
15:   quantity v_lf  across i_lf  through pll_lfout
    to electrical_ref;
16:   quantity v_vco across i_vco through pll_out
    to electrical_ref;
17:   quantity phi:      REAL;
18:   quantity pd_vout: REAL;
19:   constant wp: real := math_2_pi*fpole;
20:   constant wz: real := math_2_pi*fzero;
21:   constant wc: real := math_2_pi*Fcenter;
22: begin
23:   if domain = quiescent_domain use
24:     phi == 0.0;
25:   else
26: -- phase extraction in VCO block
27:     phi'DOT == wc+Mf*v_lf;
28:   end use;
29: -- phase detector block
30:   pd_vout == v_in*v_vco;
31: -- loop filter block
32:   v_lf    ==
    pd_vout'LTF((1.0,(1.0/wz)),(1.0,(1.0/wp)));
33: -- output VCO voltage in VCO block
34:   v_vco   == 1.0*cos(phi);
35: end architecture behav;
```

図2.48　PLLモデルの記述例

次に位相検出器の動作を記述する．位相検出器では2つの信号の位相差を誤差電圧として出力する．2つの入力信号v_inは正弦波，v_vcoは余弦波であるので，誤差電圧はこれら信号の積を取る．その結果をpd_voutに入力する．(**図2.48** 30行)

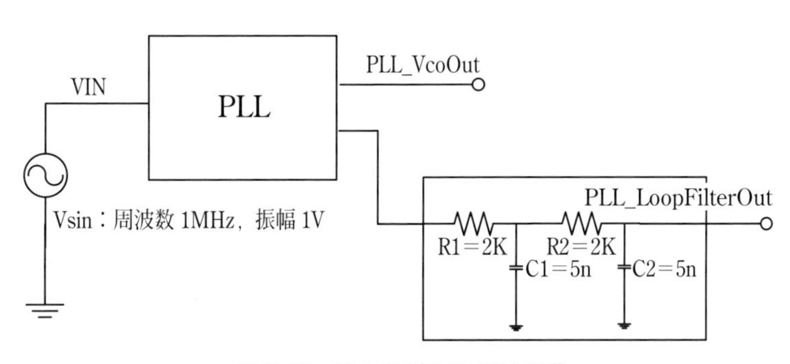

図2.49　PLLモデルのテスト回路

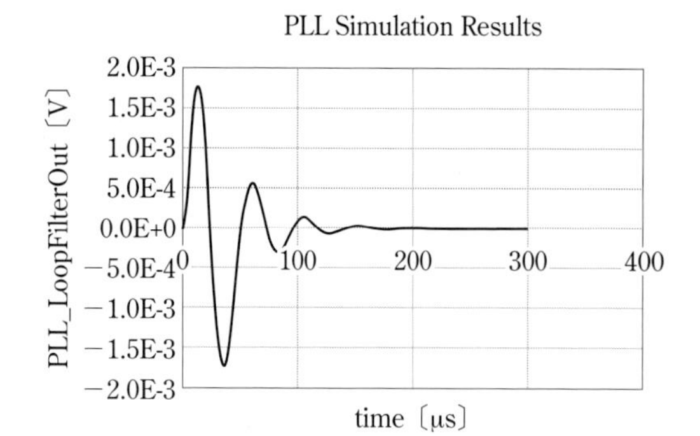

図 2.50　テスト回路(図 2.49)のシミュレーション結果

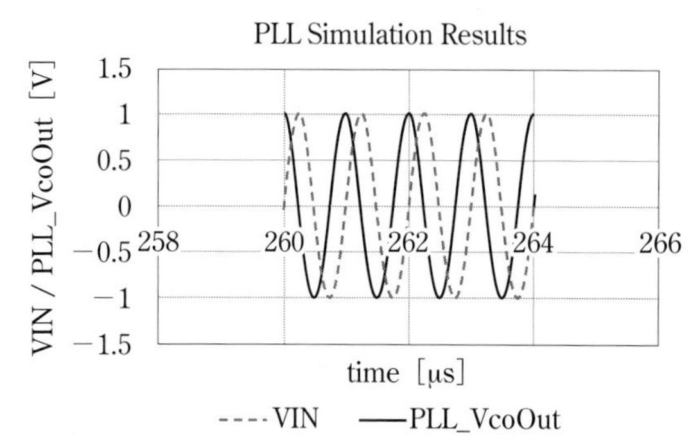

図 2.51　260μs 近辺の入力波形と出力波形

ループフィルタ(実際にはローパスフィルタ)で高周波成分を除去する．ラプラス変換を用いた計算式は以下の通りである．

$$H(S)=\frac{\frac{1}{wz}s+1}{\frac{1}{wp}s+1} \tag{2-10}$$

ラプラス変換関数，'LTF，を使用して，位相検出器からの出力信号 pd_vout を処理し，v_lf に代入する．(**図 2.48** 32 行)

最後に VCO の出力を計算する．振幅は 1.0V とし，既に計算された位相 phi の余弦波として v_vco に入力する．(**図 2.48** 34 行)

本回路の動作を確認する．**図 2.49** に示すように周波数 1MHz，振幅 1V の正弦波を入力したシミュレーション結果を示す．

ループフィルタ出力ノードのシミュレーション波形を**図 2.50** に示す．周波数 1MHz，振幅 1V の正弦波を入力したシミュレーション結果となるが，250μs あたりから一定値となりロック状態となっていることが確認できる．

図 2.51 にロック状態となった 260μs 近辺の入力波形と出力波形を示す．入力された 1MHz と同じ周波数の信号が出力されていることが確認できる．

2.4.6　バネマス運動系

運動系を VHDL-AMS で記述するケースの例として，**図 2.52** に 1 自由度系のバネマスモデルを，**図 2.53** にモデル記述を示す．機械系ドメインに基づく端子を有するため，ネイチャの宣言として IEEE. MECHANICAL_SYSTEMS パッケージを利用している．外部への接続端子 MT1, MT2 を有し，architecture 本体にて各要素の運動方程式を記述している．入力パラメータとしてダンパ D(DAMPING)，バネ定数 K(STIFFNESS)，質量(MASS)らのタイプはこのパッケージのネイチャ宣言で定義されているサブタイプであり，これらは親タイプの REAL として宣言しても良い．

ここで，スプリングに作用する力 Fk とダンパに作用する力 Fd は端子 MT1 側からの力 Fi に対し，式(2-11)に示す関係を持つ．また，スプリングの変位量 Sk とダンパの変位量 Sd は式(2-12)に示すように同変位となる．

$$Fi=Fk+Fd \tag{2-11}$$
$$Sk=Sd \tag{2-12}$$

モデル記述には式(2-11)，(2-12)に相当する記述は明示されていないが，これらは architecture 本体において 18～19 行目の quantity 文にて宣言しているアクロス変数とスルー変数の定義により実現している．アクロス変数 Sk と Sd は同じ端子 MT1 と MT2 間に定義されているため式(2-12)を意味し，スルー変数 Fk と Fd は MT1 から MT2 への 2 経路が定義されているため式(2-11)を意味している．

一方，質量 m を変位させるためのエネルギーは静止系から見た移動量 Sm と運動に消費される力 Fm となる．モデル定義中 TRANSLATIONAL_REF は静止系を意味し，ここでの変位量は絶対的に 0 である．従って，Sk, Sd はスプリングやダンパの伸び縮み量，Sm は静止系から見た質点(端子 MT2)の位置であり同値ではない．

モデル記述において，18～20 行目にてアクロス変数とスルー変数が 3 セット定義されているのに対し，23～25 行目にて運動方程式が 3 本定義されており，

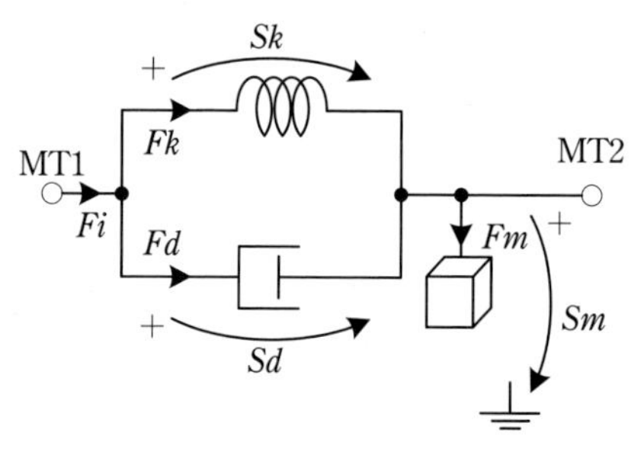

図 2.52　1 自由度系のバネマスモデル

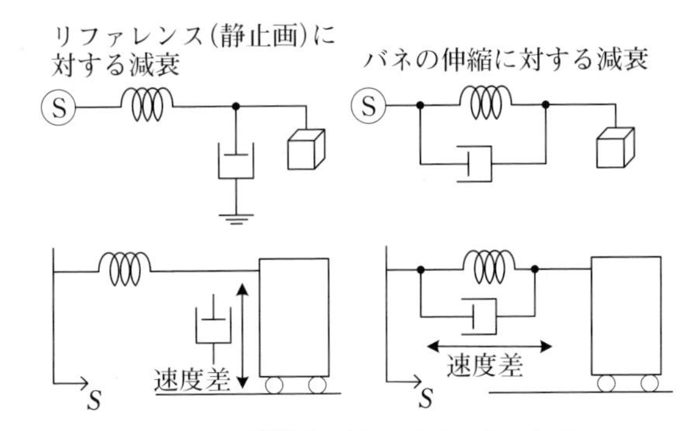

図 2.54　機械系のリファレンスについて

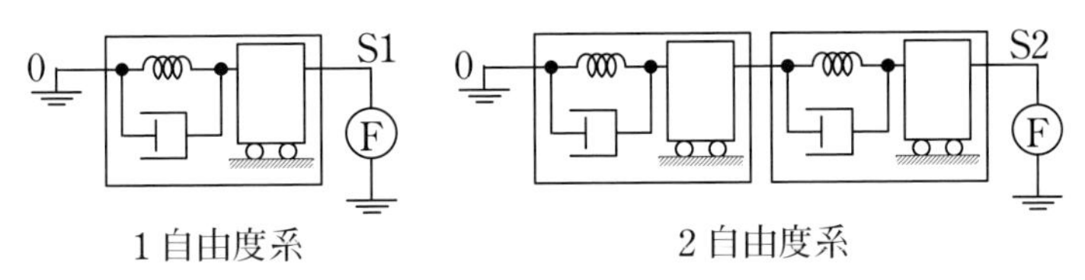

(a) シミュレーションモデル

変数の数と式の数が合致して解を得ることができる．これを「ソルバビリティを満たしている」と呼び，モデル作成には重要な概念である．

```
 1: library IEEE ;
 2: use IEEE.MECHANICAL_SYSTEMS.all ;
 3: --------------------
 4: entity SPRING_DAMPER_MASS_S is
 5:
 6:   generic (
 7:     D : in DAMPING := 0.02 ; -- damping [N s/m]
 8:     K : in STIFFNESS := 0.1 ; -- stifness [N/m]
 9:     M : in MASS := 0.1        -- mass [kg]
10:   ) ;
11:   port(
12:     terminal MT1, MT2 : TRANSLATIONAL
13:   ) ;
14: end entity SPRING_DAMPER_MASS_S;
15: --------------------
16: architecture ARCH of SPRING_DAMPER_MASS_S is
17:
18:   quantity Sd across Fd through MT1 to MT2 ;
19:   quantity Sk across Fk through MT1 to MT2 ;
20:   quantity Sm across Fm through
                              MT2 to TRANSLATIONAL_REF ;
21:
22: begin
23:   Fd == D * Sd'DOT ;  -- damper
24:   Fk == K * Sk ;      -- spring
25:   Fm == M * Sm'DOT'DOT ; -- mass
26:
27: end architecture ARCH ;
```

図 2.53　1 自由度系のモデル記述

機械系のモデル化においてリファレンス(TRANSLATIONAL_REF)の意味を理解するために，**図 2.54** に静止系との関係を図示する．減衰器を例とすると，減衰のかかる速度差の対象に静止面を取る，即ち接地面との摩擦に相当する減衰が左図であり，バネの伸び縮み量(その速度)に対する減衰が右図となる．

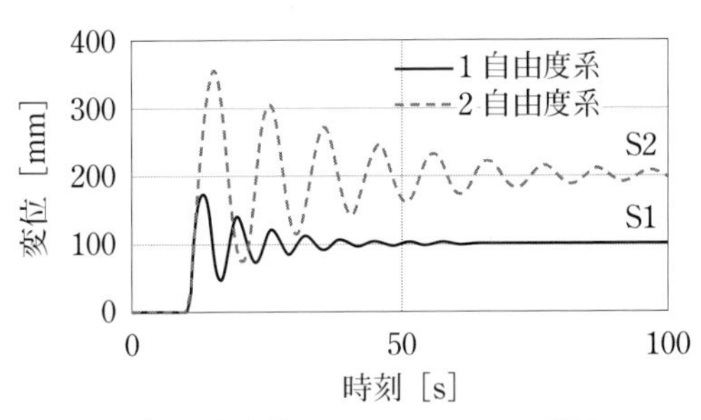

(b) 過度応答シミュレーション結果

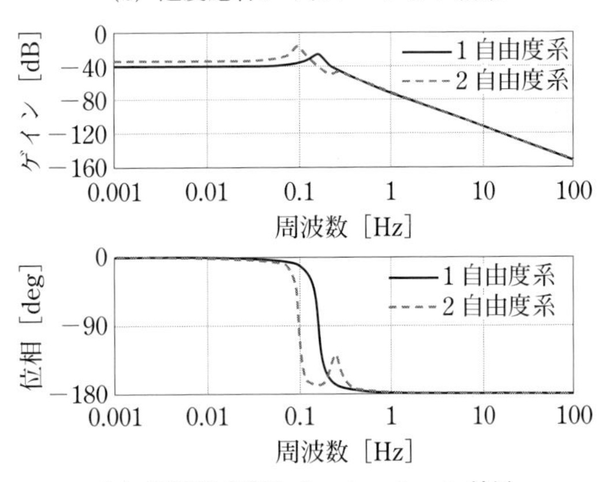

(c) 周波数応答シミュレーション結果

図 2.55　機械系のシミュレーション結果

図 2.55 に 1 自由度系と 2 自由度系のシミュレーション結果を示す．各パラメータはデフォルトのままとし，自由端側に 0.01N を印加した際の自由端質量の変位(S1, S2) について過渡応答と周波数応答を示す．
補足：
バネマスモデルの質量や慣性の端子について
ツールにより質量や慣性の部品の定義には**図 2.56**

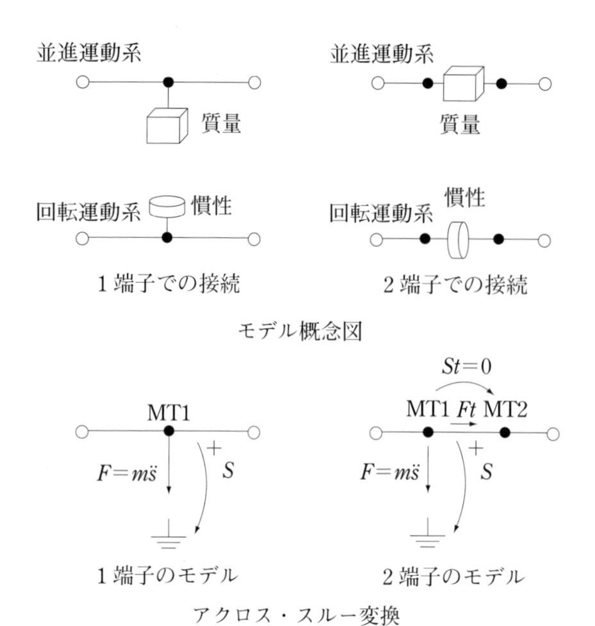

図 2.56　質量，慣性のモデル定義

```
 1: library IEEE ;
 2: use IEEE.MECHANICAL_SYSTEMS.all ;
 3: --------------------
 4: entity MASS_S is
 5:
 6:   generic (
 7:     M : in MASS := 0.1          -- mass [kg]
 8:   ) ;
 9:   port(
10:     terminal MT1 : TRANSLATIONAL
11:   ) ;
12:  end entity MASS_S;
13: --------------------
14: architecture ARCH of MASS_S is
15:
16:   quantity S across F through
                                  MT1 to TRANSLATIONAL_REF ;
17:
18: begin
19:
20:   F == M * S'DOT'DOT ; -- mass
21:
22: end architecture ARCH ;
```

図 2.57　1端子の質量モデル

に示すように二通りの表示がある．これはアクロス変数とスルー変数の定義方法により同一の物として表現することができる．1端子のモデルは結線上を流れる力に対し，質点 m の運動に必要な力 F を取り出す理想的な質点系モデルを意味する．2端子モデルでは結線上に挿入された質量の運動に必要な力を消費し，両端子間の変差 St(回転系であれば位相差)が無い剛体を意味している．**図 2.57**，**図 2.58** に1端子で表現した質量モデル，2端子モデルそれぞれの記述を示す．2端子モデルにおける変差 St は物体の移動方向への長さ(またはオフセット角)に相当し，通常は0であるが固定値を指定した場合にはリファレンスから見たMT2の変位量(位相差)はその分が加味されていることとなり，マルチボディ系のモデリングで採用される機会が多い．どちらのモデルを利用しても同等のシミュレーション結果を得られるが，2端子モデルの場合には終端の処理に注意が必要である．片端子が未接続の場合，通常はシミュレーションを実行することができない．リファレンス(静止系)に接地してしまうと，質体が固定されてしまう．このため，フリーとしたい2端子質量モデルの端子には力源またはトルク源を接続し，力またはトルク =0 を与えるという終端を接続しなければならない．(**図 2.59**)

```
 1: library IEEE ;
 2: use IEEE.MECHANICAL_SYSTEMS.all ;
 3: --------------------
 4: entity MASS_S2N is
 5:
 6:   generic (
 7:     M : in MASS := 0.1          -- mass [kg]
 8:   ) ;
 9:   port(
10:     terminal MT1, MT2 : translational
11:   ) ;
12: end entity MASS_S2N;
13: --------------------
14: architecture ARCH of MASS_S2N is
15:
16:   quantity St across Ft through MT1 to MT2 ;
17:   quantity S  across F  through
                                  MT1 to TRANSLATIONAL_REF ;
18:
19: begin
20:
21:   St == 0.0 ;
22:   F == M * S'DOT'DOT ; -- mass
23:
24: end architecture ARCH ;
```

図 2.58　2端子の質量モデル

浮き端子終端

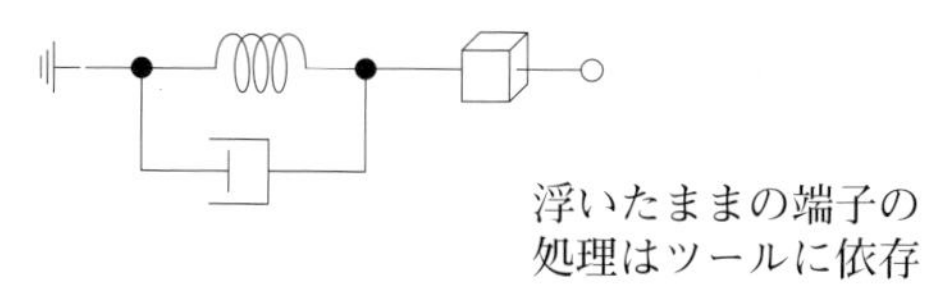

リファレンスへ終端

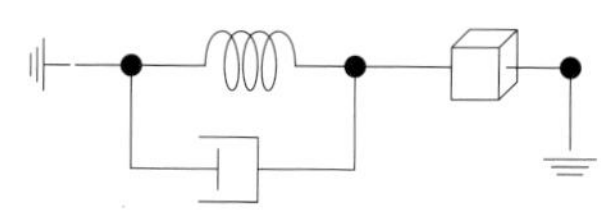

両端が固定された状態

力源=0Nで終端

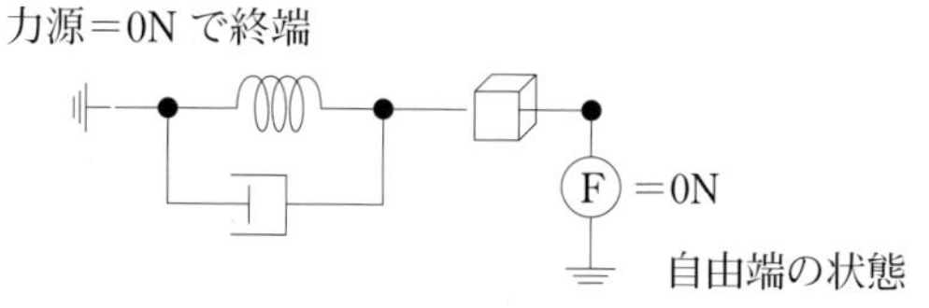

図 2.59　2端子モデルの終端処理

2.4.7　電気と熱の連携

次に電気系と熱系との連携についてワイヤ(抵抗)の

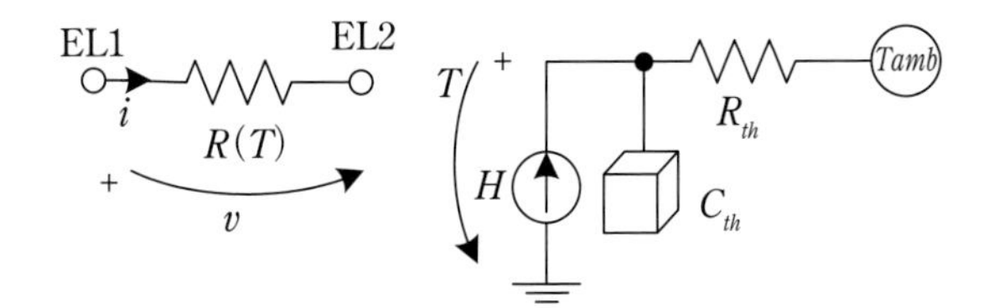

図 2.60　自己発熱ワイヤのモデル

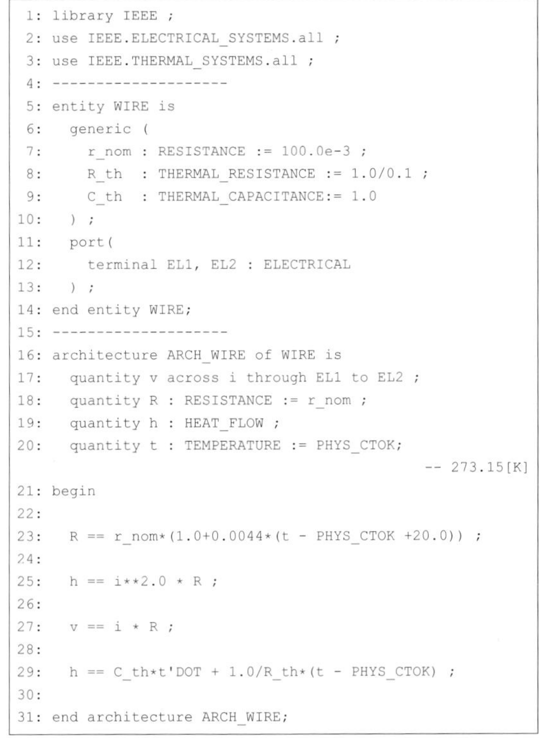
```
 1: library IEEE ;
 2: use IEEE.ELECTRICAL_SYSTEMS.all ;
 3: use IEEE.THERMAL_SYSTEMS.all ;
 4: --------------------
 5: entity WIRE is
 6:   generic (
 7:     r_nom : RESISTANCE := 100.0e-3 ;
 8:     R_th  : THERMAL_RESISTANCE := 1.0/0.1 ;
 9:     C_th  : THERMAL_CAPACITANCE:= 1.0
10:   ) ;
11:   port(
12:     terminal EL1, EL2 : ELECTRICAL
13:   ) ;
14: end entity WIRE;
15: --------------------
16: architecture ARCH_WIRE of WIRE is
17:   quantity v across i through EL1 to EL2 ;
18:   quantity R : RESISTANCE := r_nom ;
19:   quantity h : HEAT_FLOW ;
20:   quantity t : TEMPERATURE := PHYS_CTOK;
                                              -- 273.15[K]
21: begin
22:
23:   R == r_nom*(1.0+0.0044*(t - PHYS_CTOK +20.0)) ;
24:
25:   h == i**2.0 * R ;
26:
27:   v == i * R ;
28:
29:   h == C_th*t'DOT + 1.0/R_th*(t - PHYS_CTOK) ;
30:
31: end architecture ARCH_WIRE;
```

図 2.61　自己発熱ワイヤのモデル記述

自己発熱と抵抗の温度依存性を連携する事例を紹介する．ワイヤの自己発熱と放熱の関係を単純化して等価回路で模擬すると**図 2.60** となる．抵抗の自己発熱 H は熱回路網の熱源として利用され，導体の熱容量 C_{th} と放熱抵抗 R_{th} を介して外部雰囲気温度 T_{amb} に放熱される．この時，熱容量の接続されるノードの温度 T がワイヤの温度であり，温度依存性を持つワイヤの抵抗値と連携する．

これらの関係を式で表現すると，式(2-13)～(2-16)となる．

$$v = iR \tag{2-13}$$

$$H = i^2 R \tag{2-14}$$

$$R = R_{nom}\left(1 + \alpha\left(T - T_0\right)\right) \tag{2-15}$$

$$H = C_{th}\frac{dT}{dt} + \frac{1}{R_{th}}\left(T - T_{amb}\right) \tag{2-16}$$

式(2-13)が抵抗の電圧方程式であり，式(2-14)は抵

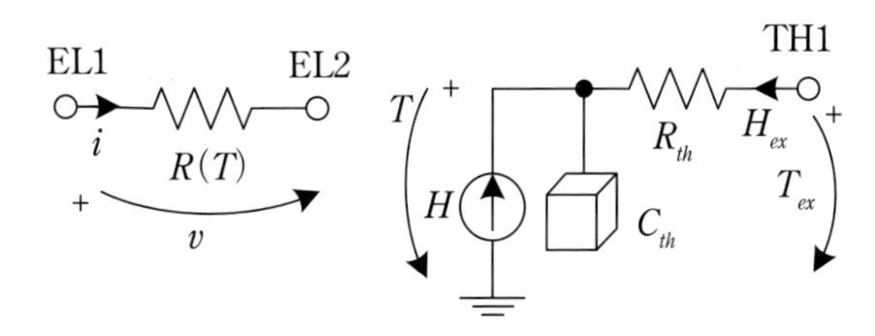

図 2.62　熱端子を持つ自己発熱ワイヤのモデル

```
 1: library IEEE ;
 2: use IEEE.ELECTRICAL_SYSTEMS.all ;
 3: use IEEE.THERMAL_SYSTEMS.all ;
 4: --------------------
 5: entity WIRE_hN is
 6:   generic (
 7:     r_nom : RESISTANCE := 100.0e-3 ;
 8:     R_th  : THERMAL_RESISTANCE := 1.0/0.1 ;
 9:     C_th  : THERMAL_CAPACITANCE:= 1.0
10:   ) ;
11:   port(
12:     terminal EL1, EL2 : ELECTRICAL ;
13:     terminal TH1 : THERMAL
14:   ) ;
15: end entity WIRE_hN ;
16: --------------------
17: architecture ARCH_WIRE of WIRE_hN is
18:   quantity v across i through EL1 to EL2 ;
19:   quantity tex across hex through TH1 to THERMAL_REF ;
20:   quantity R : RESISTANCE := r_nom ;
21:   quantity h : HEAT_FLOW ;
22:   quantity t : TEMPERATURE := PHYS_CTOK; -- 273.15[K]
23: begin
24:
25:   R == r_nom*(1.0+0.0044*(t - PHYS_CTOK +20.0)) ;
26:
27:   h == i**2.0 * R ;
28:
29:   v == i * R ;
30:
31:   h == C_th*t'DOT + hex ;
32:
33:   hex == 1.0/R_th*(t - tex) ;
34:
35: end architecture ARCH_WIRE;
```

図 2.63　熱端子を持つ自己発熱ワイヤのモデル記述

抗における損失である．式(2-16)は損失 H を自己発熱量としてワイヤの熱容量に蓄積し，また熱抵抗を介して放熱される関係を示した伝熱方程式であり，ここで得られる温度 T に応じて抵抗値が変化する関係を式(2-15)にて定義している．ここで，R_{nom} は基準温度 T_0 における抵抗値，a は抵抗の温度係数である．

これらを VHDL-AMS にて記述したモデルを**図 2.61** に示す．20 行目にて利用している PHYS_CTOK は IEEE の FUNDAMENTAL_CONSTANTS パッケージが提供している物理定数であり 273.15K を意味する．FUNDAMENTAL_CONSTANTS にはこの他にも同様の物理定数が定義されており，ELECTRICAL_SYSTEMS パッケージ等から自動的に読み込まれる形態になっている．モデルは簡略化のため 29 行目にて雰囲気温度 T_{amb} を PHYS_CTOK 即ち 0℃としている．抵抗値は常温（ここでは 20℃）での値を基準とし，

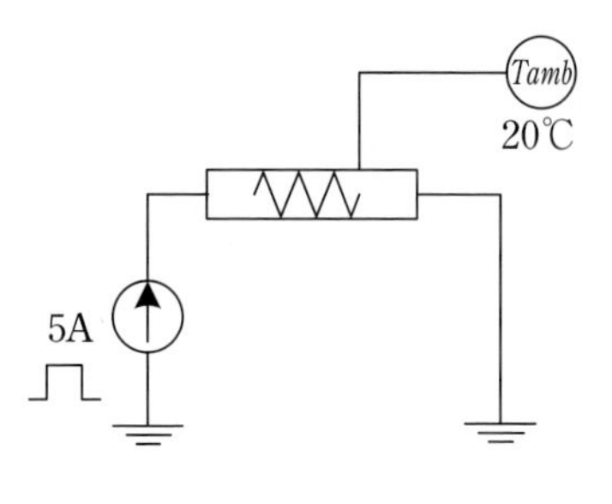

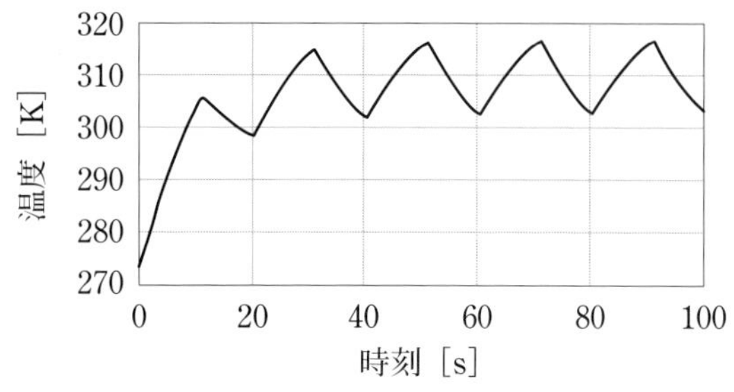

図 2.64 熱連携モデルのシミュレーション結果

温度係数は 0.0044[-] としている．

一方，複数本のワイヤが存在して相互に熱干渉を行う場合や外部からの熱の流入がある場合など，本モデルでは内部に雰囲気温度が固定値として定義されているために利用することができない．従って，**図 2.62** に示すように熱端子を定義して外部の熱回路との連携を考慮するモデル記述を**図 2.63** に示す．

基本的な構造は先のモデルと同様であるが，熱端子 TH1 が port 文にて宣言され，19 行目 quantity 文にてアクロス変数として温度 T_{ex} スルー変数として熱流 H_{ex} を新たに定義している．自己発熱 H と熱容量に蓄積される熱量および外部への熱流 H_{ex} の総和が 0 であることを 31 行目にて表現し，外部との温度差による熱の流出を 33 行目の熱抵抗により表現している．

20 秒周期 5A の矩形波電流をワイヤに注入した際の温度上昇の様子を**図 2.64** に示す．初期温度 0℃，雰囲気温度が 20℃の場合，雰囲気温度に対して平均 16.5℃上昇し熱容量による時間遅れを伴って上下することが見て取れる．

このような仕組みを利用してより現実的なモデルが VDA-AK30[(1)] にて検討と公開が成されているが，さらに拡張したモデルへの検討も報告[(2)] されている．これらのモデルを読み解く際の基礎として活用して頂きたい．

2.5 車両燃費計算モデルの基礎

本節では，3 章「要素モデル」，4 章「実用モデル」にて紹介している車両燃費計算モデルを読み解くに当たり，各部品で利用されている機能の基礎知識について理解を深めるため，主要な機能を持ちながらも簡略化したモデルを用いて解説を行う．

2.5.1 テーブル参照

車両燃費計算モデルでは，エンジンやオルタネータなど各部品においてマップ参照モデルや，バッテリの起電圧などの非線形特性を持つモデルに対しルックアップテーブルによるモデル化を行っている．残念ながら IEEE が提供するパッケージにはテーブル参照関数が含まれていないため，ユーザが独自に関数を実装しなければならなかったが，VDA FAT-AK30 が提供している FUNDAMENTALS_VDA ライブラリにこれらテーブル参照関数群が用意され，モデル記述の能力が大きく向上した．用例を踏まえてここにいくつかのモデル例を紹介する．

(A) バッテリ

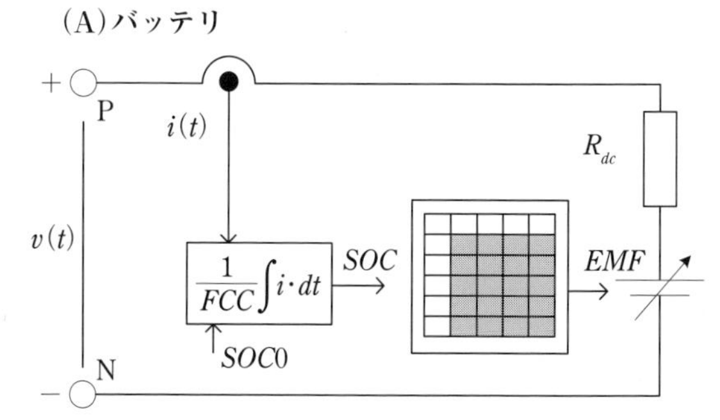

図 2.65 単純なバッテリモデル

応用例として**図 2.65** に示す単純なバッテリモデルにおいて充電状態 SOC に応じてバッテリ内部の起電圧 EMF が変化するようなモデルを考える．このモデルは，固定値とした内部抵抗 R_{dc} と SOC にて変化する起電圧源のみで単純化している．また，本モデルの SOC は，電池の定格容量（満充電容量）FCC[Ah]，初期充電状態 SOC_0[%] を用いて流入出する電流を積分することで算出される充放電容量を算出する電流積算法にて式 (2-17) のように求める．

$$SOC = SOC_0 - \frac{1}{FCC}\int i \cdot dt \times 100 \qquad (2\text{-}17)$$

図 2.66 に本バッテリモデルの記述を示す．ライブラリ句において，IEEE ライブラリの電気系パッケージ (ELECTRICAL_SYSTEMS) と数学計算パッケージ (MATH_REAL) を利用することを宣言している．さらに，テーブル参照関数である lookup_1d( ) 関数を利用するために，FUNDAMENTALS_VDA ライブ

```
 1: library IEEE ;
 2: use IEEE.ELECTRICAL_SYSTEMS.all ;
 3: use IEEE.MATH_REAL.all ;
 4:
 5: library FUNDAMENTALS_VDA ;
 6: use FUNDAMENTALS_VDA.TLU_VDA.all ;
 7:  --------------------
 8: entity batt_emf is
 9:
10:   generic ( soc0 : REAL := 100.0 ) ;
                                    -- initial state soc [%]
11:   port (terminal P, N : ELECTRICAL ) ;
12:
13: end entity batt_emf;
14: --------------------
15: architecture arch_batt_emf of batt_emf is
16:   constant FCC : REAL := 30.0 ;
                          -- Battery rating capacitance [Ah]
17:   constant Rdc : REAL := 6.2e-3 ;
                        -- Battery internal resistance [ohm]
18:
19:   constant soc_map : REAL_VECTOR :=
                         (5.0, 20.0, 80.0, 90.0, 100.0) ;
20:   quantity soc : REAL ; -- State of Charge [%]
21:
22:   constant emf_map : REAL_VECTOR :=
                        (11.0, 12.0, 12.5, 12.6, 12.88) ;
23:   quantity emf : REAL ;--ElectroMotiveForce [V]
24:
25:   quantity v across i through p to n ;
26:
27: begin
28:
29:   soc == realmax(soc0 + 100.0 /
                            (FCC*3600.0)* i'INTEG, 0.0) ;
30:
31:   emf == realmax(
                lookup_1d(soc, soc_map, emf_map),0.0) ;
32:
33:   v == Rdc * i + emf ;
34:
35: end architecture arch_batt_emf;
```

図 2.66　単純なバッテリモデルの記述

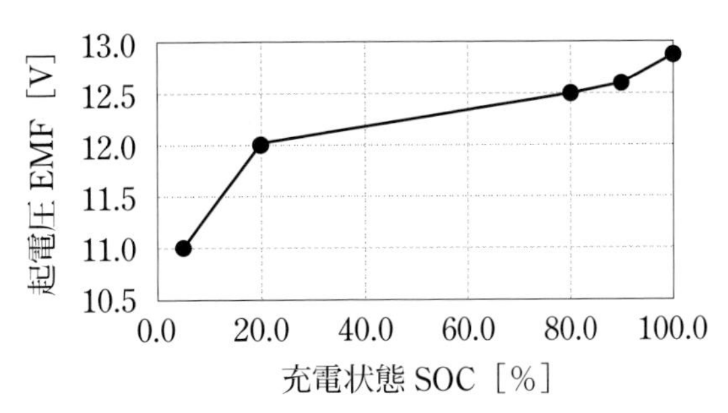

図 2.67　SOC と EMF の関連

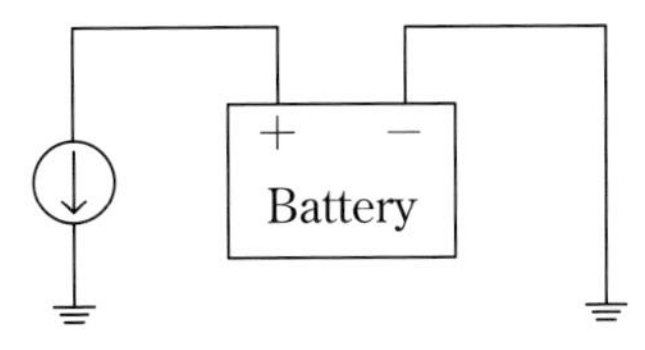

図 2.68　シミュレーションモデル

ラリと TLU_VDA パッケージの利用を宣言している．また，エンティティ句では，初期充電状態 SOC_0 を 100% にて定義し，port 文にてアナログ電気端子 P と N を定義している．

さらに，アーキテクチャ句において，constant 文を利用して定数 soc_map が REAL_VECTOR 型を用いて *SOC* のデータ配列として定義され，同様に定数 emf_map が *SOC* に応じた起電圧のデータ配列として定義されている．このデータを横軸に *SOC*，縦軸に起電圧 *EMF* として示すと**図 2.67** のようになる．その他には，同様に constant 文にて *FCC* と R_{dc} が定義され，quantity 文にて *SOC* と *EMF* が定義されている．また，このモデルでのアクロス変数とスルー変数はそれぞれ電圧 v と電流 i であり，アナログ電気端子 P から N へ関連付けされている．

ここで，VDA FAT-AK30 が提供しているテーブル参照関数 lookup_1d( ) の動作について解説する．この関数は戻り値を Q_OUT とすると，引数として (Q_IN「x 値」，IN_VALUES「x 参照配列」，OUT_VALUES「y 参照配列」) を持ち，次のように記述される．

Q_OUT == lookup_1d(Q_IN, IN_VALUES, OUT_VALUES) ;

このモデルでは引数を (soc, soc_map, emf_map) と定義しており，戻り値は emf である．従って，IN_VALUES に soc_map の配列データ，OUT_VALUES に emf_map の配列データが与えられ，テーブル索引が行われる (31 行目)．その際に，式 (2-17) にて演算された SOC が 60% とすると，その値を Q_IN として，テーブルから戻り値 Q_OUT を参照し emf を出力するが，**図 2.66** の 19 行目に示すように，テーブルデータには 60% のときの出力値が存在しない．そこで，本関数では，隣接するデータを利用して線形補間を実施し，出力値を演算する．具体的には，(soc, emf) = (20, 12) と (80, 12.5) を利用して 60 での値を演算し emf = 12.33 を出力する．なお，lookup_1d( ) 関数の詳細な利用法や内部式に関しては TLU_VDA パッケージソースやドキュメントなどを参照頂きたい．

また，29 行目，31 行目では IEEE の MATH_REAL パッケージが提供する realmax( ) 関数を使用している．この関数は引数として (x, y) を持ち，この 2 つの引数の大きい方を戻り値とする．即ち，ここでは演算された SOC やテーブル索引した結果の起電圧 emf と 0.0 を比較し，大きな値を利用することで双方共に負の値を取らないような処理を行っている．

図 2.68 に本バッテリモデルを用いたシミュレーション例を示す．図のように，10A の電流源に接続して定電流放電としている．**図 2.69** にシミュレーション結果を示す．図 (a) では SOC の変化に応じて

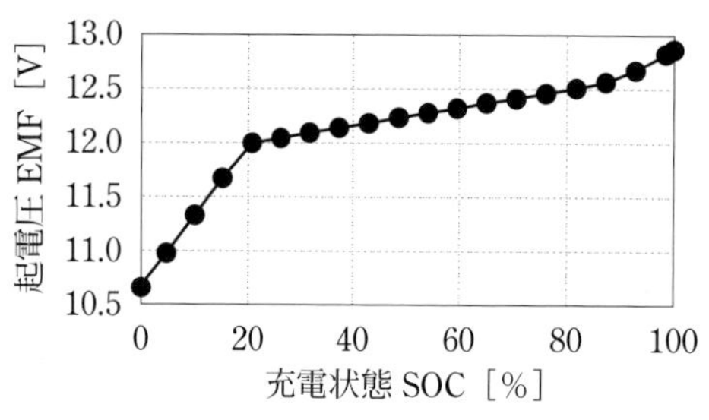

(a) 起電圧−充電状態特性

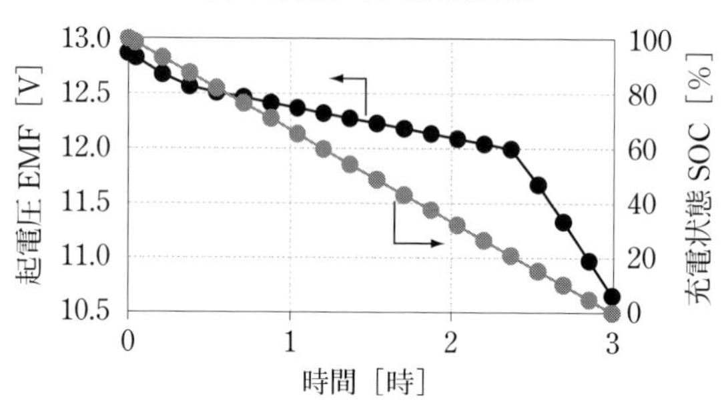

(b) 起電圧，充電状態−時間特性

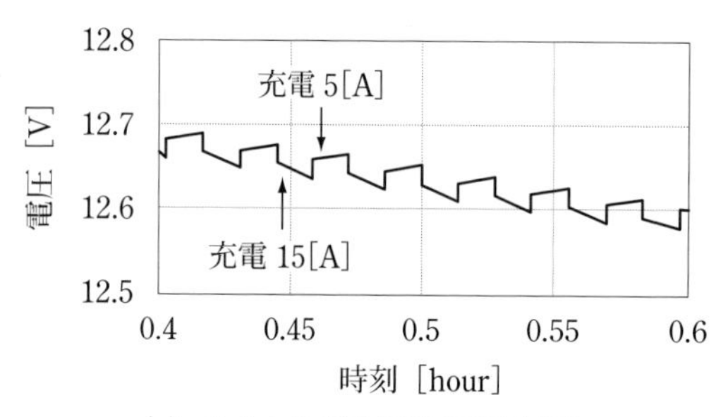

(c) サイクル充放電時の電圧変化

図 2.69　シミュレーション結果

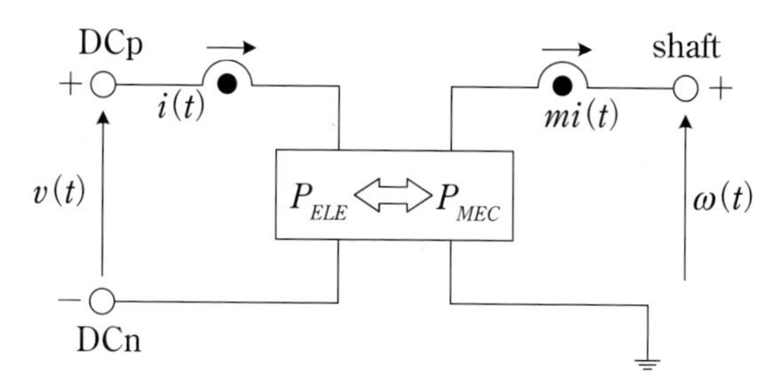

図 2.70　単純なモータモデル

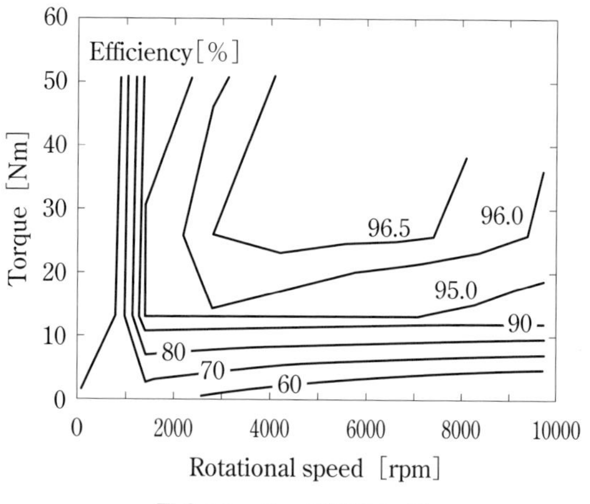

図 2.71　モータ効率マップ

lookup_1d( )関数にて起電圧が線形補間されていることが確認できる．その際の時間波形が**図**(b)であり，容量 30Ah のバッテリが 3 時間で SOC が 0% となる動作を示している．また，**図**(c)には 100 秒毎に充電 5A，放電 15A で切り替わるサイクル充放電の結果を示している．内部抵抗 R_{dc} による電圧降下の違いと，放電が優勢なために電圧が徐々に低下していく様子が得られている．

(B)効率マップ

次にエンジントルクマップや燃料消費量マップに利用されている二次元参照マップの利用例としてモータ効率マップを紹介する．

図 2.70 に電力を機械運動に変換する単純なモータモデルを示す．電気的な電力 P_{ELE} と機械的な動力 P_{MEC} を変換する機能を持ち，式(2-18)，(2-19)に示すように電力変換効率 η_{DA}，モータ効率 η_{motor} を考慮したモデルである．

力行時

$$v \times i \cdot \eta_{DA}\eta_{motor} = \omega \times mi \tag{2-18}$$

回生時

$$v \times i = \omega \times mi \cdot \eta_{DA}\eta_{motor} \tag{2-19}$$

一般にモータ効率 η_{motor} は**図 2.71** に示すように回転数と生成トルクに応じた特性を持つため，TLU_VDA パッケージが提供している二次元マップ参照関数 lookup_2d( ) を用いたトルク mi[Nm] と回転速度 N[rpm] からモータ効率を導出する，その仕組みを組み込んだモータモデルの記述を**図 2.72** に示す．

モータ効率配列 MotorEffArr は見易さのために行列形式にしているが，実際は一次元の配列である．データの定義は 31 行目から始まるが，その 1 行目に最初のトルク配列値 TrqArry[0]=0.50Nm に相当する回転速度に応じた効率が配置され，2 行目からは TrqArry[1]=13.06Nm に相当する数値が配置されている．また，49～55 行目にてモータ効率 motorEff をテーブル参照するために利用される回転速度引数 nrpm_arg とトルク引数 trq_arg は定義した配列の範囲を逸脱しないように，テーブルの最小値と最大値の範囲に収めている．ここで利用している 'RIGHT および 'LEFT アトリビュートは，配列の最初と最後の要素を返すものである．

```
 1: library IEEE;
 2: use IEEE.ELECTRICAL_SYSTEMS.all;
 3: use IEEE.MECHANICAL_SYSTEMS.all;
 4: use IEEE.MATH_REAL.all;
 5:
 6: library FUNDAMENTALS_VDA ;
 7: use FUNDAMENTALS_VDA.TLU_VDA.all ;
 8: --------------------
 9: entity avg_motor_unit is
10:   generic (
11:     TAU_DRIVE : REAL:= 0.005
            -- time constant for torque generation [s]
12:   );
13:   port (
14:     terminal DCp, DCn  : ELECTRICAL;
                            -- Connection to power supply
15:     terminal SHAFT : ROTATIONAL_V ;
                            -- connection point to pinion
16:     quantity ETA_DA : in REAL := 0.97 ;
                                       -- inverter losses
17:     quantity Tref : in REAL  := 0.0 ;
                                       -- required torque
18:     quantity N : out REAL
                    -- mechanical rotation speed [rpm]
19:   );
20: end entity avg_motor_unit;
21: --------------------
22: architecture behav of avg_motor_unit is
23:   quantity v across i through DCp to DCn ;
                                          -- power supply
24:   quantity omega  across load through
                              shaft to ROTATIONAL_V_REF;
                                            -- motor shaft
25:
26:   constant NrpmArr : REAL_VECTOR :=
27:        (5.5, 1395.9, 2786.3, 4176.6,
                 5567.0, 6957.4, 8347.8, 9738.2) ;
28:   constant TrqmArr : REAL_VECTOR :=
29:        (0.50, 13.06, 25.62, 38.18, 50.74) ;
30:
31:   constant MotorEffArr : REAL_VECTOR := (
32:     62.56, 64.31, 59.12, 54.88,
                 51.29, 47.99, 45.35, 42.89,  --Trqm[0]
33:     18.00, 95.66, 95.95, 95.71,
                 95.35, 95.00, 94.73, 94.26,  --Trqm[1]
34:     10.97, 95.34, 96.49, 96.67,
                 96.61, 96.57, 96.34, 95.88,
35:     7.93, 94.44, 96.29, 96.77,
                 96.89, 96.92, 96.41, 96.02,
36:     6.16, 93.34, 95.84, 96.57,
                 96.83, 0.0,   0.0,   0.0
37:   ) ;
38:
39:   quantity nrpm_arg, trq_arg : REAL ;
40:   quantity motorEff : REAL ;
41:   quantity mi : REAL := 0.0 ;
42:
43: begin
44:
45:   mi == -load ;
46:   mi'DOT == (Tref - mi) / TAU_DRIVE ;   -- (2-16)
47:   N == omega * 30.0/MATH_PI ;
48:
49:   nrpm_arg == realmin(
50:     realmax(N,  NrpmArr(NrpmArr'LEFT)),
51:     NrpmArr(NrpmArr'RIGHT)) ;
52:
53:   trq_arg  == realmin(
54:     realmax(abs(mi), TrqmArr(TrqmArr'LEFT)),
55:     TrqmArr(TrqmArr'RIGHT)) ;
56:
57:   motorEff == lookup_2D(nrpm_arg, trq_arg,
58:     NrpmArr, TrqmArr, MotorEffArr)/100.0 ;
59:
60:   if(mi > 0.0) use
61:     v * i * ETA_DA*motorEff == omega * mi  ;
                                              -- (2-14)
62:   elsif(mi = 0.0) use
63:     i == 0.0 ;
64:   else
65:     v * i  == omega * mi *ETA_DA*motorEff ;
                                              -- (2-15)
66:   end use ;
67:
68: end architecture behav;
```

図 2.72　単純なモータモデルの記述

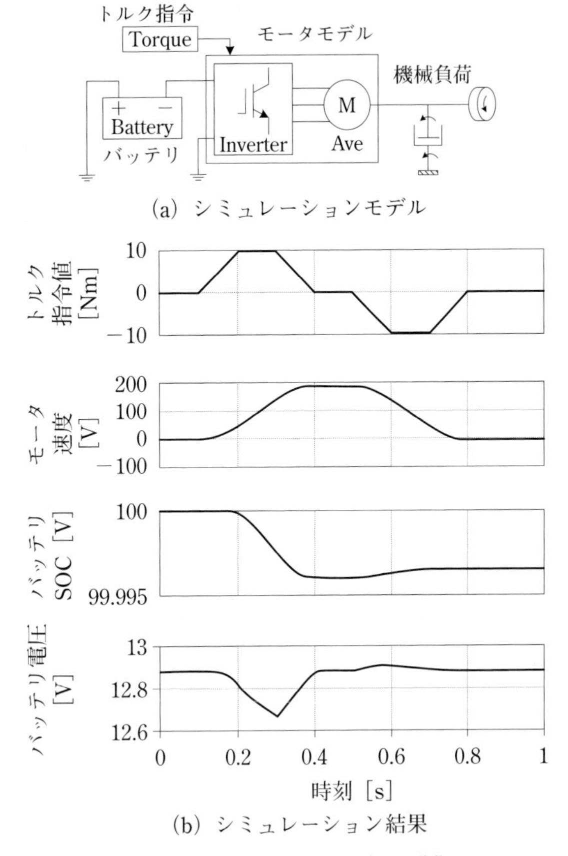

図 2.73　単純なモータモデルの動作

モータ軸端子 shaft からは流入するトルク load が定義されているが，これはモータが生成するトルク mi とは逆向きになる．また，電力変換式(2-18)または式(2-19)のみでは電気的なアクロス変数とスルー変数および機械的なアクロス変数とスルー変数，計 2 つに対して一本の式しか定義されないためソルバビリティを満たしておらず，モデルとして成立させることができない．従って，モータトルク mi は要求トルク T_{ref} 値から時定数 τ 秒遅れて生成される仕組みを式(2-20)にて組み込んでいる．

$$\frac{d(mi)}{dt} = \frac{T_{ref} - mi}{\tau} \tag{2-20}$$

図 2.73 に先のバッテリモデルと連携したシミュレーションモデルとその結果を示す．モータモデルは電力変換効率 η_{DA}=97% とし，機械的負荷慣性 0.1kgm^2，減衰器 0.01Nms/rad とした．トルク指示値は 0.1s 毎に 10N 増減するような台形波を入力している．機械

負荷慣性が加速回転中にバッテリ電力が消費され，減速時に回生により*SOC*が復帰していることが確認できる．

2.5.2 PI 制御

車両燃費計算モデルでは，走行指示速度と車両速度との差より運転操作信号を生成するドライバモデルや，エンジン制御ECUモデルなど，多くの場所でアナログ制御を利用している．ここではアナログ量のシグナルフローモデルの例として**図 2.74** に示す，ある伝達関数 G(s) に対する PI フィードバック制御を例にモデル記述を紹介する．

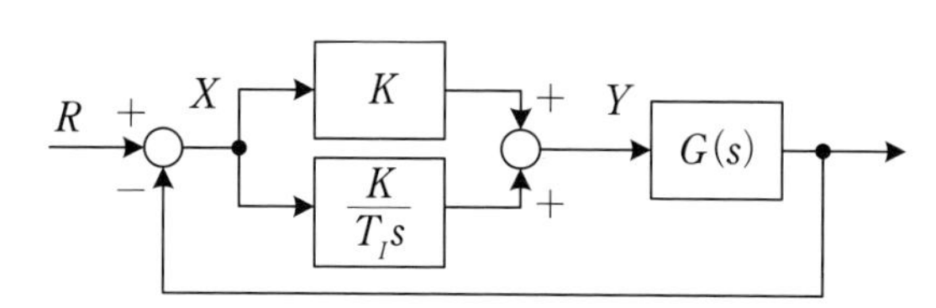

図 2.74 PI 制御系のブロック線図

(A) 数式表現

PI 制御器への入力を X，出力を Y とした場合の伝達関数 G_{PI} を式(2-21)に示す．

$$G_{PI}(s) = K\left(1 + \frac{1}{T_I s}\right) \tag{2-21}$$

ここで，比例ゲイン *K* と積分時間(リセット時間) T_I である．

図 2.75 に PI 制御器の数式表現(ビヘイビアモデル)記述を示す．物理モデル(NATURE)に基づくモデルではなく，且つ，入出力信号の型も特定する必要が無いシグナルフローモデルのため，アーキテクチャ behav には式(2-21)に示す入出力信号の関係を直接記述している．一方，伝達関数として捉えた場合，アーキテクチャbehav_gs に示すような記述もできる．

$$G_{PI}(s) = K\left(\frac{1 + T_I s}{0 + T_I s}\right) \tag{2-22}$$

単純に式(2-21)を展開すると式(2-22)になる．アーキテクチャbehav_gs では，この多項式の係数を配列を用いてモデルを表現している．NUM, DEN は伝達関数 G_{PI} の s に関する多項式の係数の配列で，NUM は分子側，DEN は分母側の係数の配列である．LTF (Laplace domain Transfer Function)属性にこの係数の配列を指定することで，伝達関数を表現している．LTF では係数の配列は固定値であり，リセット時間 T_I を可変としたい場合にはアーキテクチャ behav の表現を利用する必要があり，求められるモデルの自由度に応じて使い分けると良い．

```
 1: entity pi_control is
 2:   generic(
 3:     K  : REAL := 1.0 ; -- Propotional Gain
 4:     Ti : REAL := 1.0   -- reset time
 5:   ) ;
 6:   port(
 7:     quantity X  : in REAL ;
 8:     quantity Y : out REAL
 9:   ) ;
10: end entity pi_control;
11: --------------------
12: architecture behav of pi_control is
13: begin
14:
15:   Y == K*X + K/Ti*X'INTEG ;
16:
17: end architecture behav;
18: --------------------
19: architecture behav_gs of pi_control is
20:   constant NUM : REAL_VECTOR := (1.0, Ti) ;
21:   constant DEN : REAL_VECTOR := (0.0, Ti) ;
22: begin
23:
24:   Y == K*X'LTF(NUM, DEN) ;
25: end architecture behav_gs;
```

図 2.75 PI 制御系のビヘイビアモデル記述

(B) 接続構成表現

一方，シミュレーションツールではブロック線図を構築するための要素部品が既に用意されているため，それらを用いてグラフィカルに**図 2.74** の制御ブロックを構築することで容易に PI 制御器を構築することができる．作成された部品の接続関係はそのまま VHDL-AMS ファイルに出力され，モデル交換が可能である．このような接続構成を表現したモデルを構造モデルと呼ぶ．

図 2.76 に PI 制御器の構造モデルの記述を示す．比例ゲイン，積分器，加算器は VDA の提供する FUNDAMENTALS_VDA ライブラリに用意されている汎用部品を利用してグラフィカルに構成し，出力されたものであり，読み易さのために変数名などを多少整理している．Q_PROPORTIONAL_VDA1 等は配置されたブロック部品(比例ゲインブロック)のインスタンス名であり，続く entity 指示文により部品が格納されているライブラリとモデル名，動作すべきアーキテクチャらの指定がされている．パラメータ値や信号端子の接続関係は generic map( )，port map( ) 内にて定義されている．ビヘイビアモデルに比べ記述量が多くなるが，全てツール任せで作成できるために作成者の負担は少ない．一方で可読性は著しく低く，元のブロック図を再現するためには全ての接続関係を読み解かなければならない．VHDL-AMS ではシンボルやネット図情報に関する共通規格が成立しておらず，現状，ツール間で接続関係とネット図を同時に共通利用できる仕組みは整っていない．また，モデル中の信号割り当てに演算式を用いている部分(例：k => K/TI)は，処理系によっては許可されない場合もある．

より正確には，quantity や constant 宣言した物理量を定義し，そちらで演算した上で割り当てることが望ましい．

```
 1: library FUNDAMENTALS_VDA ;
 2: ---------------------
 3: entitypi_control is
 4:   generic(
 5:     K  : REAL := 1.0 ; -- Propotional Gain
 6:     Ti : REAL := 1.0   -- reset time
 7:   ) ;
 8:   port(
 9:     quantity X : in  REAL ;
10:     quantity Y : out REAL
11:   ) ;
12: end entity pi_control;
13: ---------------------
14: architecture struct of pi_control is
15:   quantity Q_outK : REAL := 0.0;
16:   quantity Q_outI : REAL := 0.0;
17: begin
18:
19:   Q_PROPORTIONAL_VDA1 : entity
                          FUNDAMENTALS_VDA.
                          Q_PROPORTIONAL_VDA(BASIC)
20:     generic map ( K => K )
21:     port map ( Q_IN => X, Q_OUT=>Q_outK );
22:
23:   Q_INTEGRAL_VDA1 : entity
                      FUNDAMENTALS_VDA.
                      Q_INTEGRAL_VDA(BASIC)
24:     generic map ( K => K/TI )
25:     port map ( Q_IN => X, Q_OUT=>Q_outI);
26:
27:   Q_ADD_VDA1 : entity
                 FUNDAMENTALS_VDA.
                 Q_ADD_VDA(BASIC)
28:     port map (Q_IN1 => Q_outK,
                  Q_IN2 => Q_outI, Q_OUT=> Y );
29:
30: end architecture struct;
```

図 2.76　PI 制御系の構造モデル記述

図 2.77 に車両駆動を模擬したシミュレーションモデルと結果を示す．重量 1t，摩擦減衰器 0.1Ns/m の車両が JC08 モード走行プロファイルに追従するよう，K=1000，Ti=0.01s でフィードバック制御を実施した．必要となる最大駆動力がおおよそ 2kN であることが確認できる．

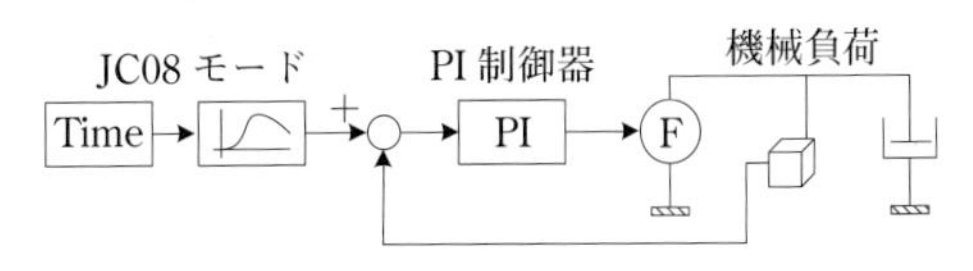

(a) シミュレーションモデル

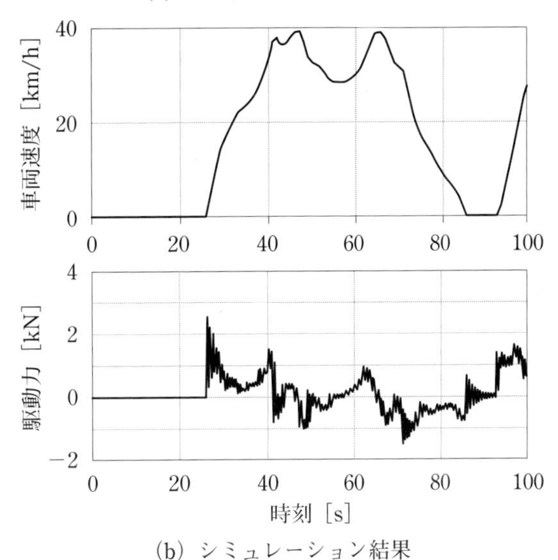

(b) シミュレーション結果

図 2.77　PI 制御系を用いた速度フィードバック制御

2.5.3　アナログ信号処理

車両燃費計算モデルのドライバや ECU などでは 2.5.2 項「PI 制御」に述べたようなアナログ制御の他に，信号処理のためのアナログ制御ブロックを多数利用して様々な判定を行っている．同等の機能を持つ制御ブロックは各ツール独自のライブラリはもちろん，VDA の提供する FUNDAMENTALS_VDA ライブラリにも存在するが，各パラメータの型や宣言が統一されておらず，運用に適していないものがある．例えば下記リミッタでは FUNDAMENTALS_VDA ライブラリでは信号の上下限値が固定値であり，シミュレーション中に上下限が変化するような制御には対応できない．このため，幾つかの部品を新たに作成して利用している．以下に代表的な部品について紹介する．

(A) リミッタ

アナログ入力信号 Q_{IN} に対し，指定した上下限値 UL，LL を課した値を Q_{OUT} として出力するブロックを**図 2.78** に示す．

図 2.78　リミッタモデル概要

リミッタは式(2-23)にて定義される．このモデル式をそのままVHDL-AMSにて記述した数式表現モデルを図2.79に示す．

$$Q_{OUT} = UL \ \Big|_{Q_{IN} > UL}$$
$$Q_{OUT} = Q_{IN} \ \Big|_{LL \le Q_{IN} \le UL} \quad (2\text{-}23)$$
$$Q_{OUT} = LL \ \Big|_{Q_{IN} < LL}$$

ここで，利用しているif文と式の構成に留意して頂きたい．同期実行文では記述している式は代入式ではなく定義式であり，if use – end use文では成立した条件によってどの定義式を利用するかの選択を意味している．従って，先にQOUT == QIN; を定義した後に，if use – else – end use文によってQOUT == ULもしくはLLを代入しようとするシーケンシャル手続き式の記述は間違いとなる．

また，IEEEの提供するMATH_REALパッケージにはrealmin(A, B)，realmax(A, B)という2つ引数のうち小さい値または大きい値を返す関数が装備されている．これを用いると，図2.79の記述は式(2-24)に示す1行にまとめることができる．

$$Q_{OUT} = \mathrm{realmin}(\mathrm{realmax}(Q_{IN}, LL), UL) \quad (2\text{-}24)$$

実際のモデル記述がどのようになるかは，2.5.1項「(A)バッテリ」を参考にして頂きたい．

```
 1: entity Q_LIMITER_JSAE is
 2:   port     (
 3:     quantity LL : in REAL := REAL'LOW ;
                                        -- lower limit,
 4:     quantity UL : in REAL := REAL'HIGH ;
                                         -- upper limit
 5:     quantity QIN  : in  REAL;  -- input port
 6:     quantity QOUT : out REAL   -- output port
 7:   );
 8: end entity Q_LIMITER_JSAE ;
 9:
10: architecture BASIC of Q_LIMITER_JSAE is
11:
12: begin
13:   if(QIN < LL) use
14:     QOUT == LL ;
15:   elsif (QIN > UL) use
16:     QOUT == UL ;
17:   else
18:     QOUT == Q_IN ;
19:   end use ;
20:
21: end architecture BASIC;
```

図2.79　リミッタのモデル記述

(B)スイッチ

if分岐による信号処理に相当する仕組みとして，よく利用されるのがスイッチブロックである．図2.80にスイッチモデルのフローを示す．

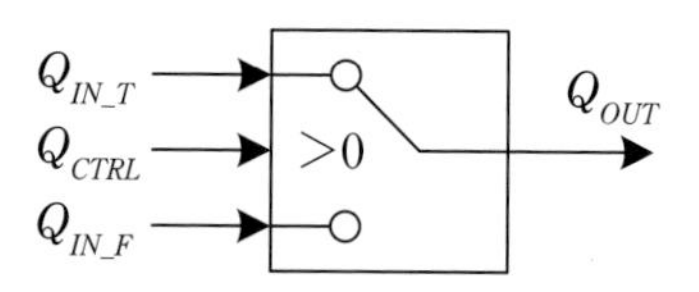

図2.80　スイッチモデル概要

スイッチモデルは，制御信号Q_{CTRL}が0以下の場合にQ_{IN_F}で与えられる信号を出力し，0より大きければQ_{IN_T}を出力する仕組みであり，その動作は式(2-25)にて示される．同等の処理は，後に紹介するコンパレータでも行うことができるが，最もシンプルな記述としてスイッチを定義したモデル記述を図2.81に示す．

$$Q_{OUT} = Q_{IN\_T} \ \Big|_{Q_{CTRL} > 0} \quad (2\text{-}25)$$
$$Q_{OUT} = Q_{IN\_F} \ \Big|_{Q_{CTRL} \le 0}$$

出力信号QOUTは制御信号による切り替え時に不連続な信号となるため，場合によっては計算の不安定性を引き起こす可能性がある．連続的に変化させるには出力信号にローパスフィルタを設定する．Q'RAMP(TR, TF)を指定して立ち上り，下りの時間を設定する．Q'SLEW(SR, SF)を用いて立ち上り，下りの傾きを制限するなどの手法が用いられる．これらの詳細は2.4.4項「DAコンバータ」を参照頂きたい．

```
 1: entity  QSWITCH_JSAE is
 2:   port(
 3:     quantity QCTRL : in REAL ;
 4:     quantity QIN_T, QIN_F : in REAL ;
 5:     quantity QOUT  : out REAL
 6:   ) ;
 7: end entity QSWITCH_JSAE;
 8:
 9: architecture ARCH_QSWITCH_JSAE of QSWITCH_JSAE is
10:
11: begin
12:
13:   if(QCTRL <= 0.0) use
14:     QOUT == QIN_F ;
15:   else
16:     QOUT == QIN_T ;
17:   end use ;
18:
19: end architecture ARCH_QSWITCH_JSAE ;
```

図2.81　スイッチのモデル記述

(C)コンパレータ

入力した物理量が指定した閾値に応じてスイッチ切り替えを行うために信号の判定をする仕組みとして，よく利用されるのがコンパレータブロックである．図2.82にコンパレータモデルの概念を示す．

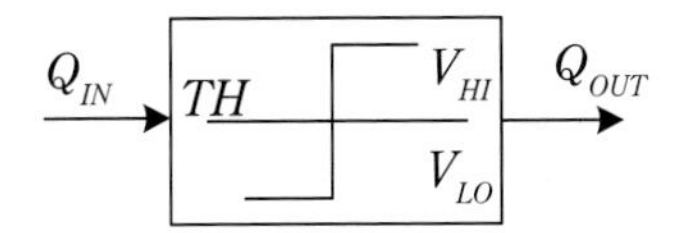

図 2.82　コンパレータモデル概要

コンパレータモデルは，入力値が指定した閾値 $THRES$ を超えた場合に V_{HI}，超えない場合に V_{LO} を出力する．その定義を式(2-26)に示す．スイッチモデルの定義式(2-25)とほぼ同等の定義となっており，コンパレータをスイッチ動作に利用することが可能であることがわかる．コンパレータモデルの記述を図 2.83 に示す．

$$Q_{OUT} = V_{HI} \ \Big|_{Q_{IN} \geq THRES} \qquad Q_{OUT} = V_{LO} \ \Big|_{Q_{IN} < THRES} \tag{2-26}$$

スイッチモデルと比べ，定義が少し複雑になっている．これは，入力信号 QIN と閾値 THRES の当たり判定を正確に検知し，必ずその時刻(時間刻みの許す範囲内)にてアナログシミュレータに再計算を促すような割り込みを発生させ，より正確なシミュレーションを行うための技術である．13 行に示す Q'ABOVE( ) にて当たり判定を行い，14 行の break on にて判定時の割り込み再計算を指示している．

```
 1: entity COMP_JSAE is
 2:   port (quantity QIN : in REAL := 0.0;
 3:         quantity VLO : in REAL := -1.0;
 4:         quantity VHI : in REAL := 1.0;
 5:         quantity THRES : in REAL := 0.0;
 6:         quantity QOUT : out REAL
 7:   );
 8: end entity COMP_JSAE;
 9:
10: architecture BEHAV of COMP_JSAE is
11:   signal crossing : BOOLEAN := FALSE;
12: begin
13:   crossing <= not QIN'ABOVE(THRES);
14:   break on crossing;
15:
16:     if (crossing and (QIN < THRES)) use
17:         QOUT == VLO ;
18:     else
19:         QOUT == VHI ;
20:     end use;
21:
22: end architecture BEHAV;
```

図 2.83　コンパレータのモデル記述

(D) ヒステリシスコンパレータ

今回の車両燃費計算モデルでは利用されていないが，センサなどにより取得した測定誤差や擾乱を含む入力信号に応じたスイッチ切り替えを実施する際に必須のヒステリシスコンパレータについてその概念図を**図 2.84** に示す．

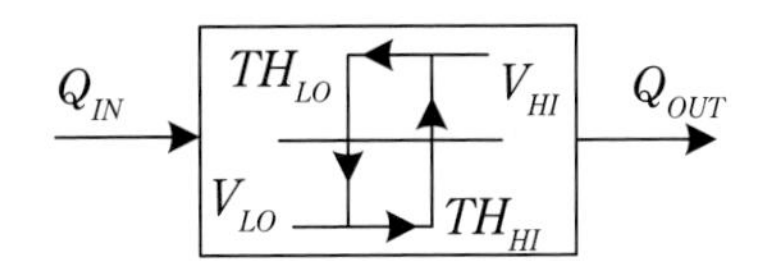

図 2.84　ヒステリシスコンパレータモデル概要

ヒステリシスコンパレータを表現するためには，2 つの閾値と閾値通過前の物理量を保持していなければならない．モデルの挙動を式(2-27)と(2-28)に示す．

$$Q_{OUT} = V_{HI} \ \Big|_{Q_{IN} > TH_{HI}} \qquad Q_{OUT} = V_{LO} \ \Big|_{Q_{IN} < TH_{LO}} \tag{2-27}$$

$$Q_{OUT} = V_{HI} \ \Big|_{Q_{IN} \leq TH_{HI} \& Q' = V_{HI}} \qquad Q_{OUT} = V_{LO} \ \Big|_{Q_{IN} \geq TH_{LO} \& Q' = V_{LO}} \tag{2-28}$$

ここで，式(2-27)は入力信号が閾値よりも完全に大きいまたは小さい象限で成立する条件であり，式(2-26)に示す通常のコンパレータ動作と同等である．式(2-28)は V_{LO} 時に閾値 TH_{HI} に至るまでの区間と V_{HI} 時に閾値 TH_{LO} に落ちるまでの区間を示している．ここで Q' は前回に閾値 TH_{HI} または TH_{LO} を跨いだ際の Q_{OUT} 値であり，入力信号がどの経緯で変化してきたかを保持している．VHDL-AMS ではアナログ信号とデジタル信号が混在した系に応じたイベント割り込み機能を利用することで，これらの表現が可能であり，そのモデル記述を**図 2.85** に示す．

Q'ABOVE( ) による当たり判定と break on による割り込み生成の仕組みは先のコンパレータと同様である．新たに process 文によるデジタル処理機能を用いて判定処理を行っている．この process 文は当たり判定が成立した瞬間(upper_corssing と lower_crossing が変化した時)だけ上から順に評価され，デジタル信号変数 sig に出力すべき値が設定される．この変数 sig はアナログ計算の如何に関わらずに保持され，再度 process 文が呼び出された時，即ち当たり判定が成立した時にのみ更新される．このため，if 条件で参照される sig の値は前回の当たり判定で得られた値となり，信号がどのような経緯で変化したかを認識している．最後に sig を出力変数 QOUT に 'RAMP(0.0) を用いて立ち上がり時間を無視したアナログ信号として出力している．

一見複雑に思える仕組みではあるが，デジタルプロセスを用いた信号処理とアナログ信号の同期処理は様々な要素に活用できる手法であり，正しく理解することでより正確な動作を表現するモデルを構築できるために有益である．

```
 1: entity HYCOMP_JSAE is
 2:   generic (Y0 : REAL := 0.0) ;
 3:   port (quantity QIN : in REAL := 0.0;
 4:         quantity VLO : in REAL := 1.0;
 5:         quantity VHI : in REAL := -1.0;
 6:         quantity THLO : in REAL := 0.0;
 7:         quantity THHI : in REAL := 0.0;
 8:         quantity QOUT : out REAL
 9:   );
10: end entity HYCOMP_JSAE;
11:
12: architecture BEHAV of HYCOMP_JSAE is
13:   signal sig : REAL := Y0 ;
14:   signal upper_crossing : BOOLEAN := FALSE;
15:   signal lower_crossing : BOOLEAN := TRUE;
16: begin
17:   upper_crossing <= QIN'ABOVE(THHI);
                    --Interruption event : upper threshold
18:   lower_crossing <= not QIN'ABOVE(THLO);
                   -- Interruption event : lower threshold
19:   break on upper_crossing, lower_crossing;
20:
21:   process (upper_crossing,lower_crossing)
                                         -- digital process
22:   begin
23:     if (QIN < THLO) then
24:       sig <= VLO;
25:     elsif (QIN > THHI) then
26:       sig <= VHI;
27:     elsif ((QIN >= THLO) and (sig = VLO)) then
28:       sig <= VLO;
29:     elsif ((QIN <= THHI) and (sig = VHI)) then
30:       sig <= VHI;
31:     end if ;
32:   end process ;
33:
34:   QOUT == sig'RAMP(0.0);
35: end architecture ;
```

図 2.85　ヒステリシスコンパレータモデルの記述

(E)物理量の論理演算

VHDL-AMS ではデジタル信号系の論理演算処理機能は様々用意されているが，これまでに見てきたアナログ信号処理については論理演算的な扱いは考慮されていない．例えば，先のコンパレータで判定したアナログ信号 2 つが双方とも正であれば 1，負であれば 0 を返すような処理を考えた際，即ち AND 処理を行いたくなるケースが多々生じるが，これは正式には論理演算ではないためにツールが提供するライブラリには通常用意されていない．AND の代わりに信号の掛け算ブロック，OR の代わりに加算器を利用することもできるが，その場合には最終的に得られる信号の強度が不定のため，後に続く処理でリミッタによる抑制処理を必須とするなど問題が生じるケースがある．このため，アナログ信号 1.0 を正とし，0.0 を誤とするような論理演算相当のブロックを用意し，車両燃費計算モデルの一部に利用している．モデル図の一部を**図 2.86** に示す．

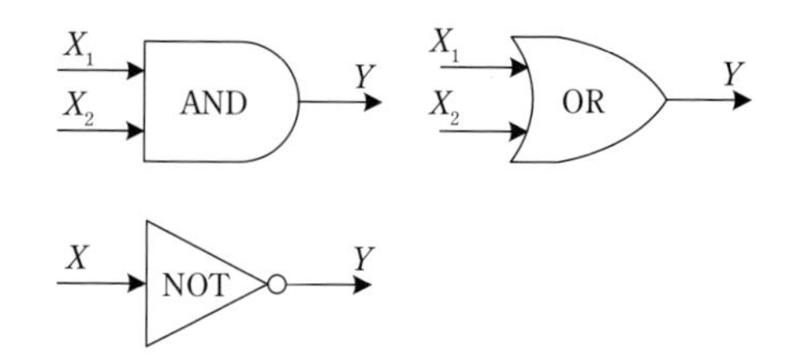

図 2.86　論理演算の概要

モデル記述の一部を**図 2.87〜図 2.89** に示す．入力信号 X，出力信号 Y ともにアナログ物理量であるが，閾値 0.5 を境に正(1.0)，誤(0.0)を返す仕組みになっている．モデルの構成は先のコンパレータと同様で process 文を用いているが，これは信号変化の時間遅れ TD を表現するために必要とされた仕組みである．

```
 1: entity QAND_JSAE is
 2:   generic (
 3:     TD : in REAL := 0.0
 4:   ) ;
 5:   port(
 6:     quantity X1 : in REAL := 0.0 ;
 7:     quantity X2 : in REAL := 0.0 ;
 8:     quantity Y : out REAL := 0.0
 9:   ) ;
10: end entity QAND_JSAE;
11: architecture arch_qand_jsae of QAND_JSAE is
12:   constant TDs : TIME := TD * 1 sec ;
13:   signal sw1, sw2 : BOOLEAN := FALSE ;
14:   signal SOUT : REAL := 0.0 ;
15: begin
16:
17:   sw1 <= X1'ABOVE(0.5) ;
18:   sw2 <= X2'ABOVE(0.5) ;
19:   process (sw1, sw2)
20:   begin
21:     if(X1 > 0.5 and X2 >0.5) then
22:       SOUT <= 1.0 after TDs ;
23:     else
24:       SOUT <= 0.0 after TDs ;
25:     end if ;
26:   end process ;
27:
28:   Y == SOUT'RAMP(0.0) ;
29:
30: end architecture arch_qand_jsae;
```

図 2.87　論理演算モデル記述(AND)

```
 1: entity  QOR_JSAE is
 2:   generic (
 3:     TD : in REAL := 0.0
 4:   ) ;
 5:   port(
 6:     quantity X1 : in REAL := 0.0 ;
 7:     quantity X2 : in REAL := 0.0 ;
 8:     quantity Y : out REAL := 0.0
 9:   ) ;
10: end entity QOR_JSAE;
11: architecture arch_qor_jsae of QOR_JSAE is
12:   constant TDs : TIME := TD * 1 sec ;
13:   signal sw1, sw2 : BOOLEAN := FALSE ;
14:   signal SOUT : real := 0.0 ;
15: begin
16:
17:   sw1 <= X1'ABOVE(0.5) ;
18:   sw2 <= X2'ABOVE(0.5) ;
19:   process (sw1, sw2)
20:   begin
21:     if(X1 > 0.5 or X2 >0.5) then
22:       SOUT <= 1.0 after TDs ;
23:     else
24:       SOUT <= 0.0 after TDs ;
25:     end if ;
26:   end process ;
27:
28:   Y == SOUT'RAMP(0.0) ;
29:
30: end architecture arch_qor_jsae;
```

図 2.88　論理演算モデル記述(OR)

```
 1: entity QNOT_JSAE is
 2:   generic (
 3:     TD : in REAL := 0.0
 4:   ) ;
 5:   port(
 6:     quantity X : in REAL := 0.0 ;
 7:     quantity Y : out REAL := 0.0
 8:   ) ;
 9: end entity QNOT_JSAE;
10: architecture arch_qnot of QNOT_JSAE is
11:   constant TDs : TIME := TD * 1 sec ;
12:   signal sw : BOOLEAN := FALSE ;
13:   signal INV_OUT : REAL := 0.0 ;
14: begin
15:
16:   sw <= X'ABOVE(0.5) ;
17:   process (sw)
18:   begin
19:     if(X > 0.5) then
20:       INV_OUT <= 0.0 after TDs ;
21:     else
22:       INV_OUT <= 1.0 after TDs ;
23:     end if ;
24:   end process ;
25:
26:   Y == INV_OUT'RAMP(0.0) ;
27:
28: END ARCHITECTURE arch_qnot;
```

図 2.89　論理演算モデル記述(NOT)

シミュレーション例：

これまでに作成してきたアナログ信号処理部品を用いたシミュレーションモデルの動作例について示す．

先ず，リミッタ，コンパレータ，ヒステリシスコンパレータの処理結果を**図 2.90** に示す．波高値 =1.0 の正弦波入力に対し，リミッタの上限 UL=0.5，下限 LL= -0.5 とした波形，コンパレータの閾値 THRES=0 で出力 VHI=1.0，VLO= -1.0 とした波形，ヒステリシスコンパレータにて閾値 THHI=0.5，THLO= -0.5 出力 VHI=1.0，VLO= -1.0 とした波形をそれぞれ示す．所望した信号を出力していることが確認できている．

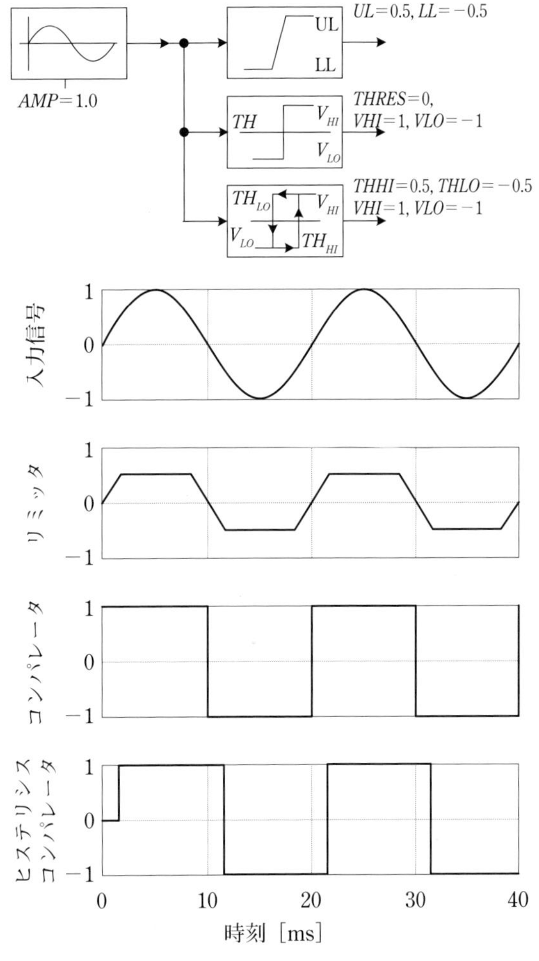

図 2.90　アナログ信号処理部品実行例 1

次に，先のコンパレータ出力によって制御されるスイッチの利用例を**図 2.91** に示す．制御信号 QCTRL に対する正の出力を正弦波信号，誤に対する出力を固定値0とした結果である．コンパレータ出力 QOUT=VLO 時に信号をカットオフした形になっている．

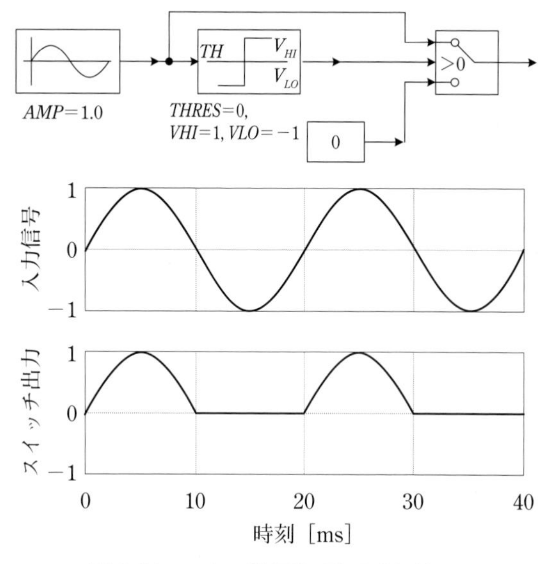

図 2.91　アナログ信号処理部品実行例 2

最後に，アナログ論理演算ブロックの処理結果を**図 2.92** に示す．先のコンパレータ，ヒステリシスコンパレータが生成する信号に対し，それぞれ AND, OR, NOT 処理をかけた信号が得られていることが確認できる．

2.5.4　ドメイン変換

オルタネータは電気⇔回転運動へと接続される物理ドメインを変換し，タイヤは回転運動⇔並進運動へと変換する部品である．ここでは最もシンプルなドメイン変換の例としてタイヤモデルを紹介する．

図 2.93 にドメイン変換を行う単純なタイヤモデルを示す．理想的なモデルとしては駆動トルクが完全に駆動力に可逆変換されるとし，式(2-29)，(2-30)に示す関係で表現される．

$$V = r\omega \tag{2-29}$$

$$M = rF \tag{2-30}$$

ここで，r はタイヤ半径である．

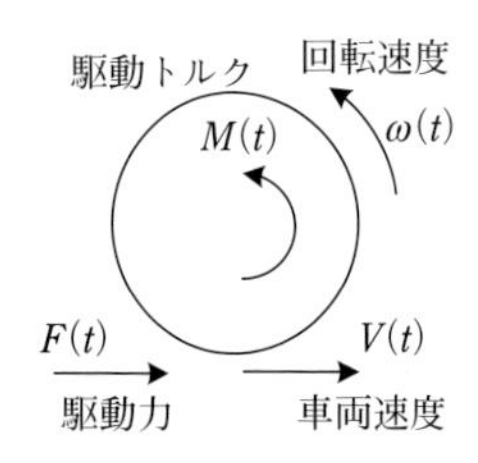

図 2.93　単純なタイヤモデル

図 2.94 に本モデルの記述を示す．回転系(端子 MRV)にてアクロス変数とスルー変数(回転速度 w, トルク M)の定義において，片側の端子 to が省略されているが，これは暗黙的にリファレンス

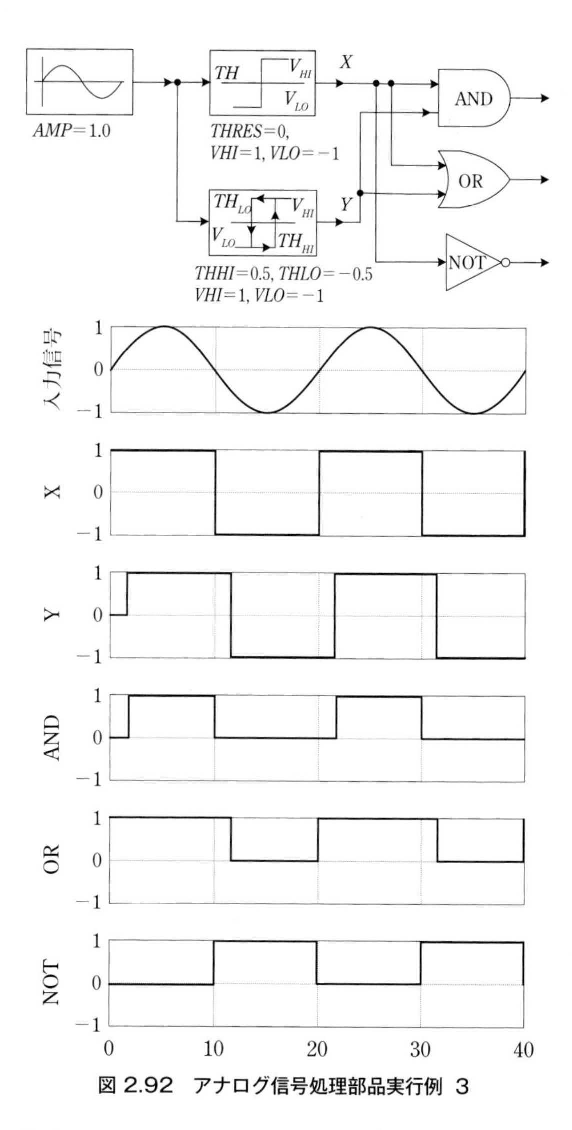

図 2.92　アナログ信号処理部品実行例 3

(ROTATIONAL_VELOCITY_REF)に落としていることを意味する．また，並進運動系の端子 MTV において，同じ端子間に働くアクロス変数(速度 V)とスルー変数(力 F)を 14，15 行で個別に定義し，スルー変数の向きを逆定義しているのは，力やトルクの流入する方向を調整するテクニックのひとつである．2.5.1 項「(B)効率マップ」に示した単純なモータモデルにて行っているスルー変数(トルク load)と生成トルク(mi)の向きに関する処理と見比べて欲しい．また，quantity 文が 3 行，architecture 本体にて定義されている式が 2 本でありソルバビリティを満たしていないと捕らえがちだが，13～15 行ではアクロス変数とスルー変数の計 2 組を定義している事になるため，式の本数と変数の個数は一致しており，ソルバビリティを満たしている．

2.5.2 項「PI 制御」にて利用したシミュレーションモデルに，タイヤモデルを加えたシミュレーション結果を**図 2.95** に示す．タイヤの半径 r=0.3m とし，タイヤの慣性として0.5 × 4 kgm^{2}を設定している．駆動軸トルクは始動時500〜700Nmが必要であることがわかる．さらに第3章で述べるディファレンシャルギヤ(デフ)，トランスミッションなどを経由しエンジンモデルに接続されることで簡単な車両モデルの基礎が完成する．

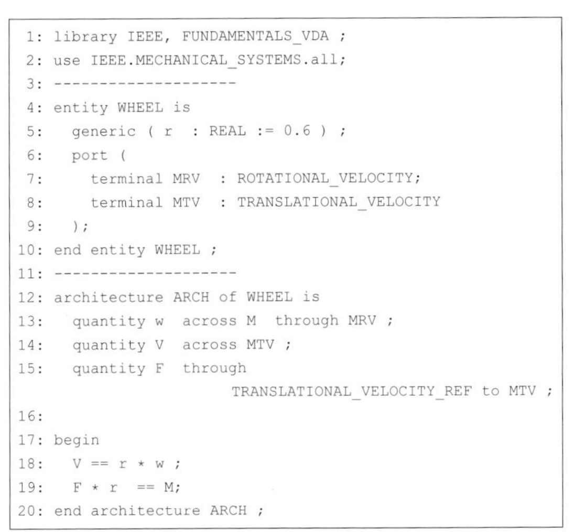

```
 1: library IEEE, FUNDAMENTALS_VDA ;
 2: use IEEE.MECHANICAL_SYSTEMS.all;
 3: --------------------
 4: entity WHEEL is
 5:   generic ( r  : REAL := 0.6 ) ;
 6:   port (
 7:     terminal MRV  : ROTATIONAL_VELOCITY;
 8:     terminal MTV  : TRANSLATIONAL_VELOCITY
 9:   );
10: end entity WHEEL ;
11: --------------------
12: architecture ARCH of WHEEL is
13:   quantity w  across M  through MRV ;
14:   quantity V  across MTV ;
15:   quantity F  through
                     TRANSLATIONAL_VELOCITY_REF to MTV ;
16:
17: begin
18:   V == r * w ;
19:   F * r  == M;
20: end architecture ARCH ;
```

図 2.94　単純なタイヤモデル

2.5.5　デジタル−アナログ信号変換

VHDL-AMSではエンティティ句におけるインターフェース定義にて外部とやり取りする信号にはアナログ信号以外にもデジタル信号が用意されている．詳細は1.4節「基本文法と構成」に記載されているが，アナログ信号(quantity)は浮動小数点を扱うREAL型から派生した型(VOLTAGE, INDUCTANCE等のネイチャに定義される型やREAL_VECTOR等)しか利用できない反面，デジタル信号(signal)は多くの型(REAL, INTEGER, BIT_VECTOR…)が利用できる．このため制御信号がデジタルであった場合，モデル内部の物理量に変換するまたはその逆の手順が必要となる．ここでは一例として車両燃費計算モデルの変速機として利用されている機能を簡略化して信号変換の仕組みを紹介する．

変速機は入力信号としてシフトポジションを受け取り，内部でギヤ比を変更して入出力回転速度を変更する機構を持つ．変速機の詳細は3章にて記載するが，**図 2.96**に示す異なる回転半径(歯数)を持つギヤの変速比Ratioによる機構であり，複数のギヤを切り替えることで適切なトルク出力特性を得る．入出力の関係を式(2-31)に示す．

$$\begin{aligned} \omega_{in} &= Ratio \cdot \omega_{out} \\ T_{out} &= Ratio \cdot T_{in} \end{aligned} \qquad (2\text{-}31)$$

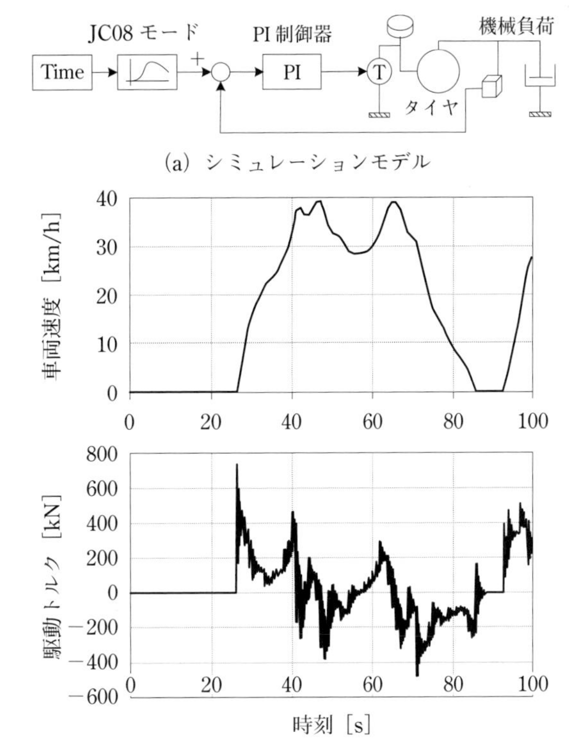

(a) シミュレーションモデル

(b) シミュレーション結果

図 2.95　タイヤによるドメイン変換

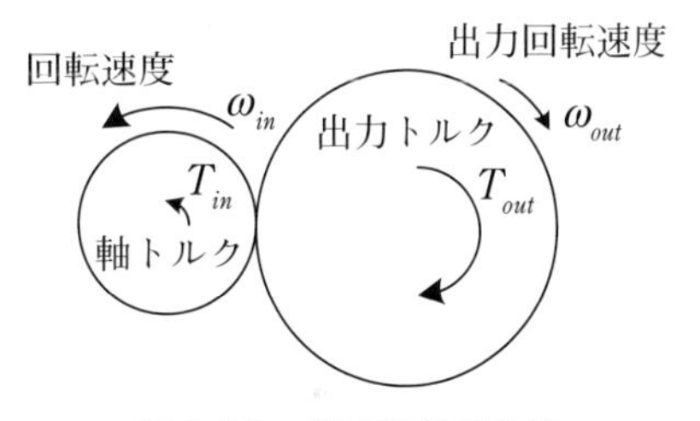

図 2.96　ギヤモデル概念図

図 2.97に変速機モデルの記述を示す．回転系端子MRV_INとMRV_OUTに基づき，それぞれのアクロス変数とスルー変数が定義されている．ギヤ比RATIOは配列要素として定義され，各要素は自動的にRATIO(0), RATIO(1), … として参照される．この参照のための引数がS_GEARであり，NATURAL型即ち自然整数として定義されている．このため，23行目でギヤ比Rに配列から参照した値を指定し，25, 26行目で式(2-31)を記述している．

ところで，入力信号としてのシフトポジションQ_GEARはアナログ信号でREAL型であるから，signal宣言されているデジタル信号のS_GEARへ変換しなければならない．その手続きが28〜32行のprocess文である．シミュレーションの開始からwait forで指示された時間毎に繰り返され，その都度入力信号Q_GEARを確認してS_GEARに代入している．

これまでに利用してきたモデルに変速機を加えたモデルを**図 2.98** に示す．変速機の無いケースに対し変速機能により駆動トルクピークを抑制できていることが確認できる．

```
 1: library IEEE, FUNDAMENTALS_VDA ;
 2: use IEEE.MECHANICAL_SYSTEMS.all;
 3: --------------------
 4: entity GEARBOX is
 5:   port    (
 6:     quantity Q_GEAR :in REAL ;
 7:     terminal MRV_IN  : ROTATIONAL_VELOCITY;
 8:     terminal MRV_OUT : ROTATIONAL_VELOCITY
 9:   );
10: end entity GEARBOX ;
11: --------------------
12: architecture arch_gearbox of GEARBOX is
13:   quantity omg_in  across trq_in  through MRV_IN;
14:   quantity omg_out across trq_out through MRV_OUT;
15:
16:   constant RATIO : REAL_VECTOR :=
17:     (0.0, 3.250, 1.782, 1.172, 0.909, 0.702);
18:   quantity R : REAL ;
19:   signal   S_GEAR  : NATURAL; -- gear position
20:
21: begin
22:
23:   R == RATIO(S_GEAR);
24:
25:   omg_in  == R * omg_out ;
26:   (-trq_out) == R * trq_in ;
27:
28:   process
29:   begin
30:     S_GEAR <= INTEGER(Q_GEAR) ;
31:     wait for 0.1 sec;
32:   end process;
33:
34: end architecture arch_gearbox;
```

図 2.97　変速機モデル記述

```
 1: library IEEE, FUNDAMENTALS_VDA ;
 2: use IEEE.MECHANICAL_SYSTEMS.all;
 3: --------------------
 4: entity GEARBOX is
 5:   port    (
 6:     quantity Q_GEAR :in REAL ;
 7:     terminal MRV_IN  : ROTATIONAL_VELOCITY;
 8:     terminal MRV_OUT : ROTATIONAL_VELOCITY
 9:   );
10: end entity GEARBOX ;
11: --------------------
12: architecture arch_gearbox of GEARBOX is
13:   quantity omg_in  across trq_in  through MRV_IN;
14:   quantity omg_out across trq_out through MRV_OUT;
15:
16:   constant RATIO : REAL_VECTOR :=
17:     (0.0, 3.250, 1.782, 1.172, 0.909, 0.702);
18:   quantity R : REAL ;
19:
20: begin
21:
22:   R == RATIO(INTEGER(Q_GEAR));
23:
24:   omg_in  == R * omg_out ;
25:   (-trq_out) == R * trq_in ;
26:
27: end architecture arch_gearbox;
```

図 2.99　簡略化した変速機モデル記述

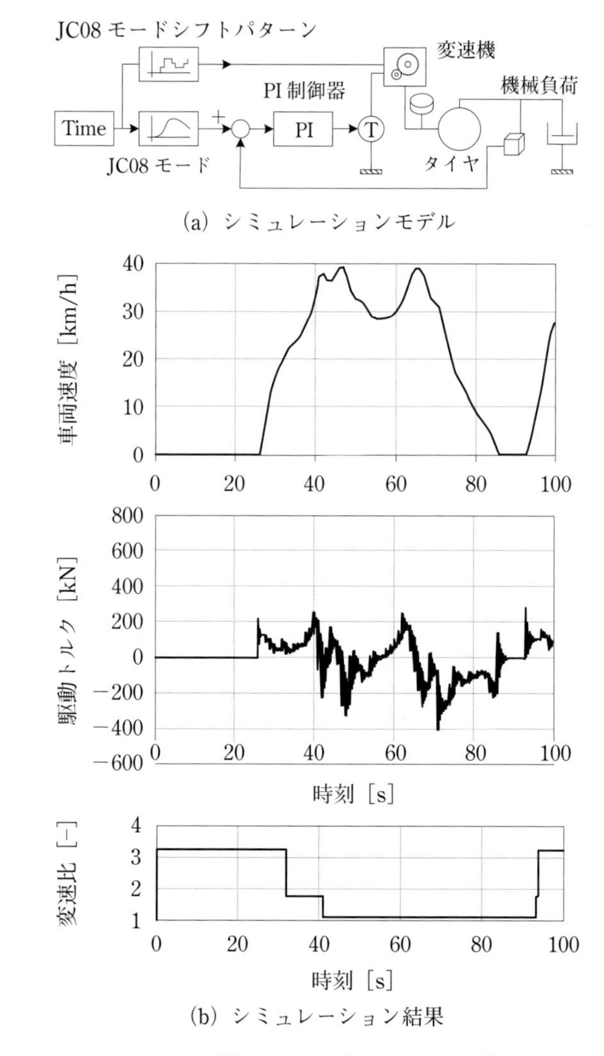

図 2.98　ギヤモデルのシミュレーション結果

また，今回用いたモデルは最低限の記述を用いれば**図 2.99** に示すように信号変換処理を 1 行で表現することもできる．22 行目にて配列参照引数を INTEGER( ) オムニキャスタにて直接型変換している．但し，このような記述にした場合，処理系が対応できているか，モデル全体に組み込んだ際，適切なタイミングで INTEGER( ) 変換が行われているか，急変する変速比で安定したシミュレーションが得られるか等，動作確認が必要である．

2.6　EPS モデルの基本

本節では，3 章「要素モデル」，4 章「実用モデル」にて紹介している EPS モデルを読み解くに当たり，各部品で利用されている機能の基礎知識について理解を深めるための解説を行う．

2.6.1 ローパスフィルタ

EPS モデルでは，トルクアシストモータなどの各部品にマップ参照モデルを用いており，収束性と不必要なタイムステップを減少させるために，高周波成分をカットするローパスフィルタを使用している．そのフィルタモデルの構成において様々な記述方式が可能であり，EPS モデルでは数値演算の補助的役割で利用しているため，本項では基本的なローパスフィルタをベースに説明する．

(a) RC 回路

図 2.100 のように，受動素子を用いた簡易 RC 回路としてローパスフィルタを構成することが可能である．

各々の抵抗値と容量値は，目標とする遮断周波数の設定により，以下の式を利用して算出することが可能である．

例えば，-3dB の遮断周波数が 10Hz (62.83rad/s) とすると，

$$\tau_p = \frac{1}{f_p} = \frac{1}{62.83} = 15.9\text{ms} \qquad (2\text{-}32)$$

であり，ここで時定数 τ_p = RC であるため，C = 1 μ F とした場合，

$$R = \frac{\tau_p}{C} = 15.9\text{k}\Omega \qquad (2\text{-}33)$$

となる．

その計算式に従い構成した回路を**図 2.101** に示す．さらに，この回路の単体検証を実施した結果を**図 2.102** に示す．この結果より 10KHz において -3db まで減衰した特性を持つローパスフィルタを構成できていることが分かる．この回路の単体検証を実施した結果を**図 2.102** に示す．

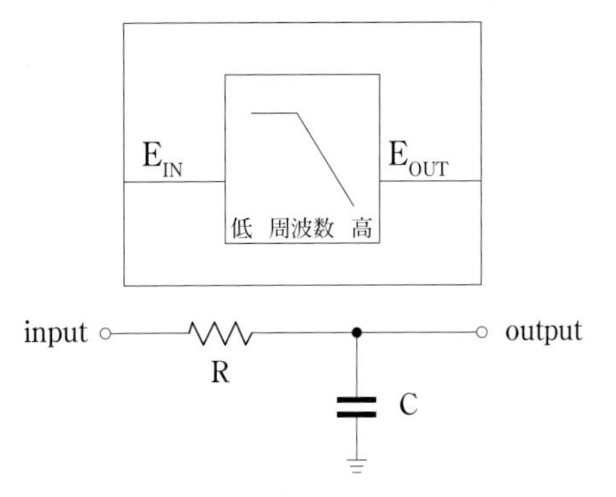

図 2.100 RC フィルタ

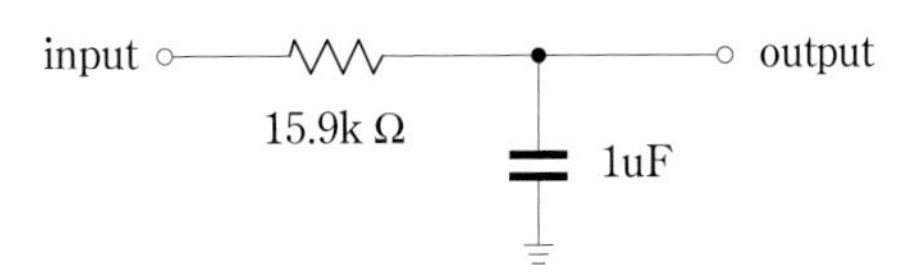

図 2.101 RC フィルタ素子構成

(b) タイムドメイン記述

VHDL-AMS 言語では，入出力特性を時間微分による記述によってローパスフィルタ特性を記述することが可能である．タイムドメイン記述によるローパスフィルタ特性は以下の数式で記述できる．

$$v_{in} = v_{out} + \tau_p \frac{dv_{out}}{dt} \qquad (2\text{-}34)$$

この数式を VHDL-AMS 言語記述で表す場合，微分演算アトリビュートを利用することができる．

```
vin == vout + tp*vout'DOT;
```

このように vout 信号を微分計算するには，対象の変数名の後に 'DOT と記述することによりその数値の微分値を返すことが可能である．それらの記述を使用したローパスフィルタモデル記述を**図 2.103** に示す．このモデルの単体検証を実施した結果を**図 2.104** に示す．

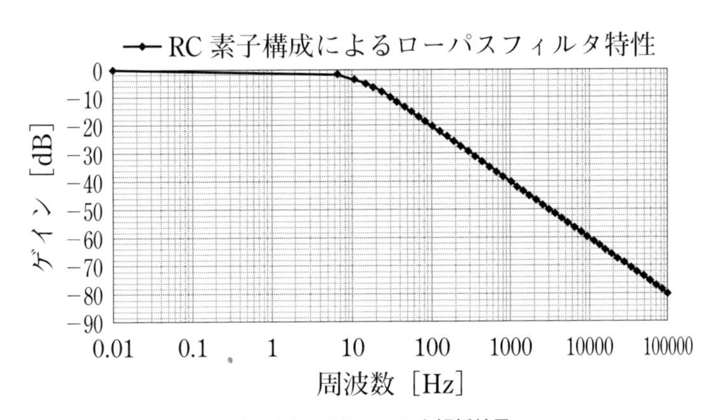

図 2.102 RC フィルタ解析結果

```
1: library IEEE;
2: use IEEE.ELECTRICAL_SYSTEMS.all;
3:
4: entity lowpass is
5:   port (
6:     terminal EL_input: ELECTRICAL;
7:     terminal EL_output: ELECTRICAL
8:   );
9:
10: end entity lowpass;
11:
12: architecture DOT of lowpass is
13:   quantity vin across EL_input to electrical_ref;
14:   quantity vout across iout through EL_output to
electrical_ref;
15:   constant tp : REAL := 15.9e-3; -- filter time
constant
16:
17: begin
18:   vin == vout + tp * vout'DOT;
19: end architecture DOT;
```

図 2.103　ローパスフィルタ（タイムドメイン記述）

(c)周波数ドメイン記述

本書に記載しているEPSモデルでは，周波数ドメイン記述により構成された1次ローパスフィルタを用いている．前述(b)のタイムドメインや本周波数ドメインのモデル記述では，過渡解析，AC解析の双方に利用可能である．シミュレータ側が自動的に変換を行い解析が可能となる．

S変換数式でRCフィルタを記述すると以下のようになる．

$$\frac{v_{out}}{v_{in}} = \frac{1}{RCs+1} \tag{2-35}$$

RC ＝ τ_p であることからポール周波数 w_p は，$1/RC$ となるため，以下のように計算できる．

$$\frac{v_{out}}{v_{in}} = \frac{1}{1+s/w_p} \tag{2-36}$$

つまり，

$$\frac{v_{out}}{v_{in}} = \frac{w_p}{s+w_p} \tag{2-37}$$

となる．

それらの数式をVHDL-AMS言語で記述する場合，ラプラス変換アトリビュートである'LTFを用いることが可能である．周波数領域の入力(v_{in})と出力(v_{out})の伝達関数として，分母，分子係数にベクトル式で指定することで表現できる．s関数の低高次数係数からベクトル配列式で指定できる．上記の数式の場合，

分子係数は，（wp,0.0）＝ wp・1+0.0・s

分母係数は，（wp,1.0）＝ wp・1+1.0・s

として指定することにより簡単に'LTF関数として表現することができる．

EL_output == K * EL_input'LTF(num, den);

それらの記述を使用したローパスフィルタモデルを**図 2.105**に示す．

先と同じ特性を表現したラプラス変換モデルを利用したシミュレーション結果は**図 2.106**のとおりであり，同じ周波数特性を持ったモデルを実現可能である．

```
1: library IEEE;
2: use IEEE.ELECTRICAL_SYSTEMS.all;
3: use IEEE.MATH_REAL.all;
4:
5: entity lowpass is
6:   port (
7:     terminal EL_input: ELECTRICAL;
8:     terminal EL_output: ELECTRICAL
9:   );
10:
11: end entity lowpass;
12:
13: architecture LTF of lowpass is
14:   quantity vin across EL_input to electrical_ref;
15:   quantity vout across iout through EL_output to
electrical_ref;
16:   constant wp : REAL := 10.0 * math_2_pi; -- pole in
rad/s
17:   constant num : REAL_VECTOR := (wp, 0.0);     --
Numerator array
18:   constant den : REAL_VECTOR := (wp, 1.0);     --
Denominator array
19: begin
20:
21:   vout == vin'LTF(num,den);
22:
23: end architecture LTF;
```

図 2.105　ローパスフィルタ（周波数ドメイン記述）

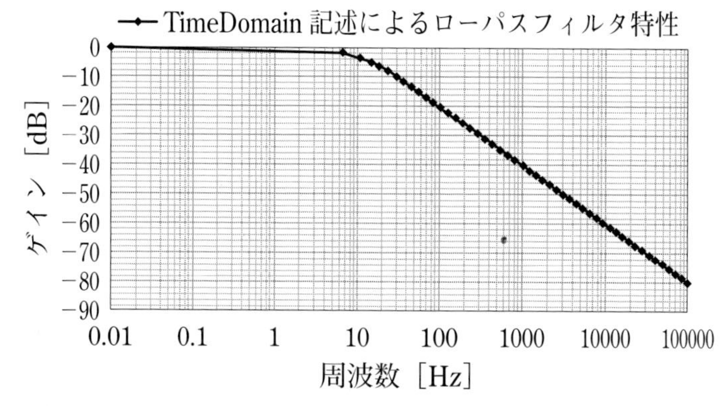

図 2.104　タイムドメイン記述モデルによる解析結果

(d)2次の周波数ドメイン記述

本書に記載しているEPSモデルでは，先の1次ローパスフィルタだけでなく，2次ローパスフィルタを用いている．2次のローパスフィルタを用いることで，遮断周波数より大きな周波数における減衰特性を急峻に対応させることが可能となる．主には，スイッチング周波数の高い信号や，デジタル制御に伴うAD変換，DA変換回路のサンプリング精度による誤動作などの対策に用いる．

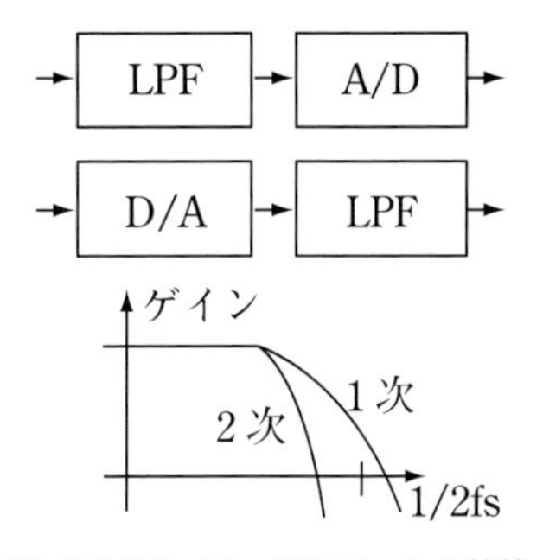

図2.107　ローパスフィルタ特性

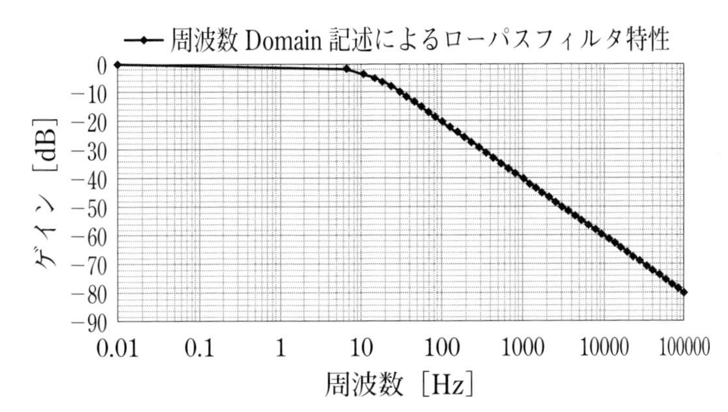

図2.106　周波数ドメイン記述モデルによる解析結果

```
 1: library IEEE;
 2: use IEEE.MATH_REAL.all;
 3:
 4: entity q_LPF_jsae is
 5:   generic (
 6:     Fp    :  REAL;            -- Pole frequency [Hz]
 7:     K     :  REAL := 1.0;     -- Filter gain [No Units]
 8:     Q     :  REAL := 0.707;   -- Quality factor [No Units]
 9:     Fsmp  :  REAL := 10.0e3   -- For Z-dmn only: Sample frequency [Hz]
10:     );
11:   port (
12:     quantity EL_input  : in  REAL;
13:     quantity EL_output : out REAL
14:   );
15: end entity q_LPF_jsae;
16:
17: -- 1st-order S Domain Implementation
18: architecture s_dmn_1st of q_LPF_jsae is
19:   constant wp  : REAL        := math_2_pi*Fp;  -- Frequency in Radians
20:   constant num : REAL_VECTOR := (wp, 0.0);      -- Numerator array
21:   constant den : REAL_VECTOR := (wp, 1.0);      -- Denominator array
22: begin
23:   EL_output == K * EL_input'LTF(num, den);     -- Laplace Transfer Function
24: end architecture s_dmn_1st;
25:
26: -- 1st-order Z Domain Implementation (via bilinear transform, no pre-warping)
27: architecture z_dmn_1st of q_LPF_jsae is
28:   constant Tsmp   : REAL := 1.0/Fsmp;        -- Sample period
29:   constant wp     : REAL := fp*math_2_pi;    -- Pole in rad/s
30:   constant numz_0 : REAL := Tsmp*wp;         -- z0 numerator coefficient
31:   constant numz_1 : REAL := Tsmp*wp;         -- z-1 numerator coefficient
32:   constant denz_0 : REAL := Tsmp*wp + 2.0;  -- z0 denominator coefficient
33:   constant denz_1 : REAL := Tsmp*wp - 2.0;  -- z-1 denominator coefficient
34:   constant num    : REAL_VECTOR := (numz_0, numz_1);
35:   constant den    : REAL_VECTOR := (denz_0, denz_1);
36:
```

図2.108　EPSローパスフィルタ

```
37: begin  -- ZTF
38:   EL_output == K*EL_input'ZTF(num, den, Tsmp);
39: end z_dmn_1st;
40:
41: -- 2nd-order S Domain Implementation
42: architecture s_dmn_2nd of q_LPF_jsae is
43:   constant wp  : REAL        := math_2_pi*Fp;         -- Frequency in Radians
44:   constant num : REAL_VECTOR := (wp*wp, 0.0, 0.0);    -- Numerator array
45:   constant den : REAL_VECTOR := (wp*wp, wp/Q, 1.0);  -- Denominator array
46:
47: begin
48:   EL_output == K * EL_input'LTF(num, den);     -- Laplace Transfer Function
49: end architecture s_dmn_2nd;
50:
51: -- 2nd-order Z Domain Implementation (via bilinear transform, no pre-warping)
52: architecture z_dmn_2nd of q_LPF_jsae is
53:   constant T   : REAL := 1.0/Fsmp;          -- Sample period
54:   constant wp  : REAL := math_2_pi*Fp;      -- Frequency in Radians
55:   constant n0  : REAL := Q*T**3*wp**2;      -- num z-0
56:   constant n1  : REAL := 3.0*Q*T**3*wp**2;  -- num z-1
57:   constant n2  : REAL := 3.0*Q*T**3*wp**2;  -- num z-2
58:   constant n3  : REAL := Q*T**3*wp**2;      -- num z-3
59:   constant d0  : REAL := 4.0*Q*T + 2.0*T**2*wp + Q*T**3*wp**2;       -- den z-0
60:   constant d1  : REAL := -4.0*Q*T + 2.0*T**2*wp + 3.0*Q*T**3*wp**2; -- den z-1
61:   constant d2  : REAL := -4.0*Q*T - 2.0*T**2*wp + 3.0*Q*T**3*wp**2; -- den z-2
62:   constant d3  : REAL := 4.0*Q*T - 2.0*T**2*wp + Q*T**3*wp**2;       -- den z-3
63:   constant num : REAL_VECTOR := (n0, n1, n2, n3);  -- Numerator array
64:   constant den : REAL_VECTOR := (d0, d1, d2, d3);  -- Denominator array
65:
66: begin
67:   EL_output == K * EL_input'ZTF(num, den, T);  -- Z-domain transfer function
68: end architecture z_dmn_2nd;
```

図 2.108　EPS ローパスフィルタ（続き）

2.6.2　並進系ストッパー

EPS モデルでは，ピニオンギヤの極限値の制限を行うためにストッパーモデルを利用している．このモデルにて指定可能なパラメータとして，ストップ時の位置，最大位置，最小位置，ストップした際のダンピング係数を設定する．収束性の低下を防ぐため現在の position（位置）が最大値，最小値を超えた場合の条件式として，'ABOVE 関数や break on 関数を利用している．

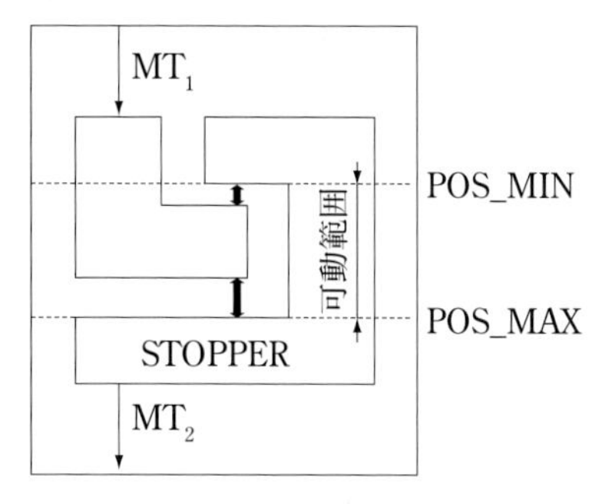

図 2.109　並進系ストッパー

このモデルの特徴は，DISPLACEMENT 属性の最大位置，最小位置をパラメータで渡し，ポートは，TRANSLATIONAL 属性で表現している．

Position アナログ変数は，TRANSLATIONAL 属

```
 1: library IEEE;
 2: use IEEE.MATH_REAL.all;
 3: use IEEE.MECHANICAL_SYSTEMS.all;
 4:
 5: entity stop_t_jsae is
 6:   generic (
 7:     k_stop    : REAL;-- Stiffness of stop [No Units]
 8:     pos_max   : DISPLACEMENT;-- Maximum position [m]
 9:     pos_min   : DISPLACEMENT := 0.0;-- Minimum 
position [m]
10:     damp_stop : REAL         := 1.0e-9-- Damping 
factor of stop [No Units]
11:   );
12:   port ( terminal MT_trans1,MT_ trans2 : 
TRANSLATIONAL);
13: end entity stop_t_jsae;
14:
15: architecture ideal of stop_t_jsae is
16:   quantity velocity : VELOCITY;
17:   quantity position across force through MT_trans1 to 
MT_trans2;
18:
19: begin
20:   velocity == position'DOT;
21:   if position'ABOVE(pos_max) use
22:     force == k_stop * (position - pos_max) + (damp_
stop * velocity);
23:   elsif position'ABOVE(pos_min) use
24:     force   == 0.0;
25:   else
26:     force   == k_stop * (position - pos_min) + 
(damp_stop * velocity);
27:   end use;
28:
29:   break on position'ABOVE(pos_min), 
position'ABOVE(pos_max);
30: end architecture ideal;
```

図 2.110　並進系ストッパー

性のポート間のアクロス変数であり，IF 文による条件分岐で使用されている．通常ターミナルポートを IF 文で使用する場合，それぞれのシミュレータによるタイムステップの違いによる変異点のずれを防ぐため，'ABOVE アトリビュートを利用して記述することを推奨する．また，必ず 'ABOVE による変異点でタイムステップを刻むために併せて break on を使用する．

2.6.3 回転系ストッパー

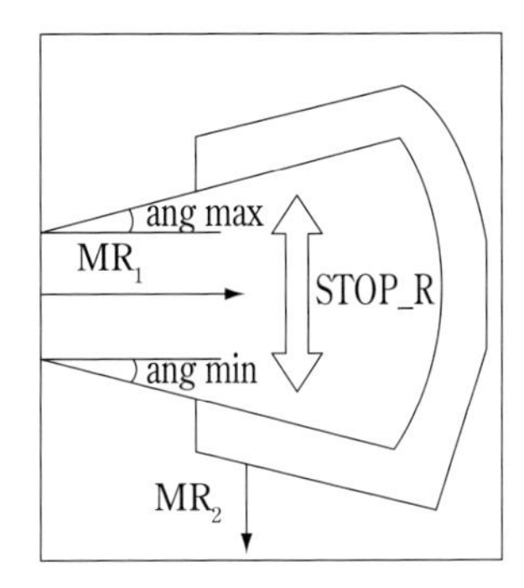

図 2.6.12 回転系ストッパー

```
 1: library IEEE;
 2: use IEEE.MATH_REAL.all;
 3: use IEEE.MECHANICAL_SYSTEMS.all;
 4:
 5: entity stop_r_jsae is
 6:   generic (
 7:     k_stop    : STIFFNESS;                  -- Stiffness
of hard stop [N/m]
 8:     damp_stop : DAMPING := 1.0e-9;          -- Damping of
hard stop [N*s/m]
 9:     ang_max   : ANGLE;                      -- Max angle
[Radian]
10:     ang_min   : ANGLE   := 0.0              -- Min angle
[Radian]
11:   );
12:   port ( terminal MR_ang1, MR_ang2 : rotational);
13: end entity stop_r_jsae;
14:
15: architecture ideal of stop_r_jsae is
16:   quantity velocity : VELOCITY;
17:   quantity ang across trq through MR_ang1 to MR_ang2;
18:
19: begin
20:   velocity == ang'DOT;
21:   if ang'ABOVE(ang_max) use
22:     trq == k_stop * (ang - ang_max) + (damp_stop *
velocity);
23:   elsif ang'ABOVE(ang_min) use
24:     trq   == 0.0;
25:   else
26:     trq   == k_stop * (ang - ang_min) + (damp_stop *
velocity);
27:   end use;
28:   break on ang'ABOVE(ang_min), ang'ABOVE(ang_max);
29: end architecture ideal;
```

図 2.111 回転系ストッパー

ハンドル操作時の最大回転角，最小回転角を制限するために，回転系のストッパーモデルを利用する．

このモデルには指定可能なパラメータとして，ストップ時の角度，最大角度，最小角度，ストップした際のダンピング係数が設定可能である．収束性の低下を防ぐため現在の角度が最大値，最小値を超えた場合の条件式として，'ABOVE 関数や break on 関数を利用している．

2.6.4 慣性モデル

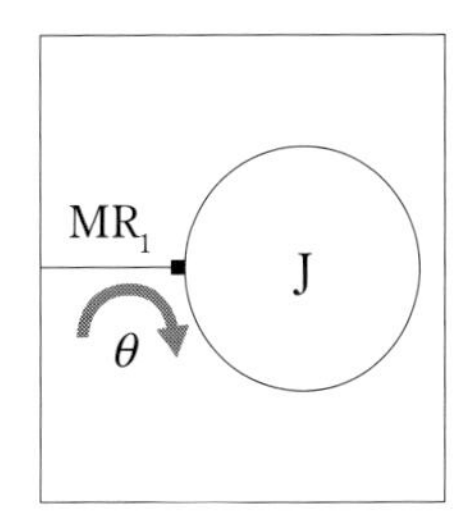

図 2.112 慣性モデル

```
 1: library IEEE;
 2: use IEEE.MECHANICAL_SYSTEMS.all;
 3:
 4: entity inertia_r_jsae is
 5:   generic (j : MOMENT_INERTIA);  -- Value of moment of
inertia [Kg*m^2]
 6:   port (terminal MR_rot1 : ROTATIONAL);
 7: end entity inertia_r_jsae;
 8:
 9: architecture ideal of inertia_r_jsae is
10:   quantity theta across torq through MR_rot1 to
rotational_ref;
11:
12: begin
13:   torq == j * theta'DOT'DOT;
14: end architecture ideal;
```

図 2.113 慣性モデル

慣性モデルは，あらゆる機構系モデルに対する慣性力を表すモデルであり，慣性モーメント値で制御できる．

回転角属性のノードに接続することで force 値に対して，適度な伝搬遅延を加えることができるため機構系収束計算を助けることになる．このモデルにて指定可能なパラメータとして，慣性モーメント値がある．

$$T_{load}(\text{トルク}) = J\frac{dW}{dt} \qquad (2\text{-}38)$$

で表現され，角度情報である theta をこの数式で表現するためには，theta の 2 階微分が必要である．VHDL-AMS では，'DOT'DOT と記述することにより 2 階微分を表現できる．

2.6.5　並進系摩擦

EPSモデルにおいて，並進系の摩擦モデルは，ピニオン摩擦計算などで用いられる．

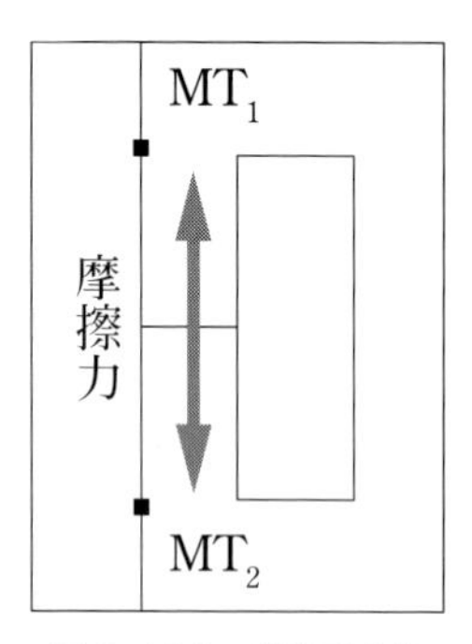

図 2.114　並進系摩擦

このモデルでは，動摩擦係数，静止摩擦係数をパラメータで指定できる．また，process関数を利用して条件分離処理を実行している．

一般的にprocess関数は，シミュレーション全体を通して複雑な記述が必要なデジタル信号イベントを記述したい場合に用いる．1行で記述できる普遍的なデジタル記述などは，process文でなくとも記述可能である．

ここでは，26行目から始まるprocess文の概要を説明する．

process文処理が実行されるトリガーとして，以下の4つが設定されている．

velocity'ABOVE(velocity_transition)
　正方向に並進運動が発生し，velocity_transitionに設定されたスピードに超えた場合

velocity'ABOVE(-1.0*velocity_transition)
　負方向に並進運動が発生し，velocity_transitionに設定されたスピードに超えた場合

force_s_k'ABOVE(friction_static)
　正方向に摩擦トルクがfriction_static値を超えた場合

force_s_k'ABOVE(-1.0*friction_static)
　負方向に摩擦トルクがfriction_static値を下回った場合

そして，それらの条件分岐で処理される内容は，デジタル信号処理となる．例えば，

```
is_stuck <= False;
position_lock <= False;
```

などのsignal属性信号処理が制御される．複数のデジタル信号処理が必要な場合に，process文が利用できる．

```
 1: library IEEE;
 2: use IEEE.MATH_REAL.all;
 3: use IEEE.MECHANICAL_SYSTEMS.all;
 4:
 5: entity friction_t is
 6:   generic (
 7:     friction_static      : REAL := 1.0;
 8:     friction_kinetic     : REAL := 0.5;
 9:     d_viscous            : REAL := 0.1;
10:     velocity_transition  : REAL := 1.0e-3;
11:     k_effective_stuck    : REAL := 100.0e3
12:   );
13:   port ( terminal tr1, tr2 : translational);
14: end entity friction_t;
15:
16: architecture ideal of friction_t is
17:   quantity velocity : velocity;
18:   quantity position across force_total through tr1 to
tr2;
19:   quantity force_d, force_s_k : force := 0.0; --
Viscous damping and static/kinetic forces, respectively
[N]
20:   signal is_stuck : boolean := True;
21:   signal position_lock : boolean := False;
22:   signal stuck_position : displacement := 0.0;
23:
24: begin
25:   velocity == position'DOT;
26:   process (velocity'ABOVE(velocity_transition),
velocity'ABOVE(-1.0*velocity_transition), force_s_
k'ABOVE(friction_static), force_s_k'ABOVE(-1.0*friction_
static)) is
27:   begin
28:     if not velocity'ABOVE(velocity_transition) and
velocity'ABOVE(-1.0*velocity_transition) then
29:       is_stuck <= True;
30:       if not position_lock then
31:         stuck_position <= position;
32:       end if;
33:       position_lock <= True;
34:     end if;
35:
36:     if force_s_k'ABOVE(friction_static) or not
force_s_k'ABOVE(-1.0*friction_static) then
37:       is_stuck <= False;
38:       position_lock <= False;
39:     end if;
40:
41:   end process;
42:
43:   if is_stuck use
44:     force_s_k == k_effective_stuck*(position - stuck_
position);
45:   else
46:     force_s_k == SIGN(velocity)*friction_kinetic;
47:   end use;
48:
49:   force_d == d_viscous*velocity;
50:   force_total == force_d + force_s_k;
51: end architecture ideal;
```

図 2.115　並進系摩擦

2.6.6　回転系摩擦

EPS モデルにおいて，回転系摩擦モデルはモータシャフトへの負荷モデルとして利用される．

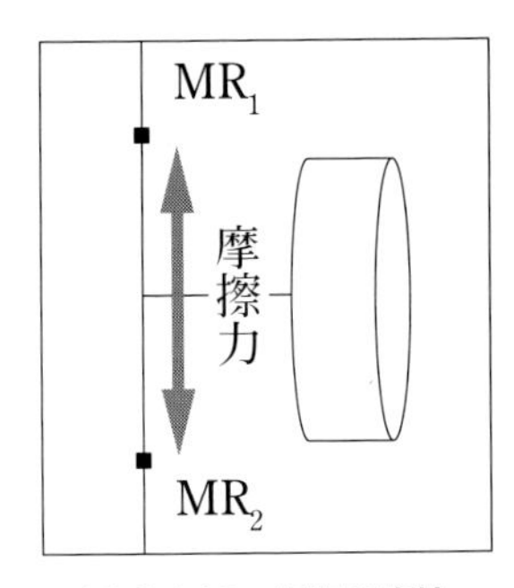

図 2.116　回転系摩擦

このモデルでは，動摩擦係数，静止摩擦係数をパラメータで指定できる．また，process 関数を利用して条件分離処理を実行している．

並進系と計算記述として同一でポートターミナルの属性を Rotational 属性で記述している．

```
 1: library IEEE;
 2: use IEEE.MATH_REAL.all;
 3: use IEEE.MECHANICAL_SYSTEMS.all;
 4:
 5: entity friction_static_r is
 6:   generic (
 7:     friction_torque_static  : REALl := 1.0;
 8:     friction_torque_kinetic : REAL := 0.5;
 9:     d_viscous_rotational    : REAL := 0.1;
10:     w_transition            : REAL := 1.0e-3;
11:     k_eff_rotational_stuck  : REAL := 100.0e3
12:   );
13:   port ( terminal rot1, rot2 : rotational);
14: end entity friction_static_r;
15:
16: architecture ideal of friction_static_r is
17:   quantity w : angular_velocity;
18:   quantity rotation_angle across torque_total through
rot1 to rot2;
19:   quantity torque_d, torque_s_k : torque := 0.0;
-- Viscous damping and static/kinetic torques,
respectively [N*m]
20:   signal is_stuck : boolean := True;
21:   signal angle_lock : boolean := False;
22:   signal stuck_angle : angle := 0.0;
23:
24: begin
25:   w == rotation_angle'DOT;
26:
27:   process (w'ABOVE(w_transition), w'ABOVE(-1.0*w_
transition), torque_s_k'ABOVE(friction_torque_static),
torque_s_k'ABOVE(-1.0*friction_torque_static)) is
28:   begin
29:     if not w'ABOVE(w_transition) and w'ABOVE(-1.0*w_
transition) then
30:       is_stuck <= True;
31:       if not angle_lock then
32:         stuck_angle <= rotation_angle;
33:       end if;
34:     end if;
35:     if torque_s_k'ABOVE(friction_torque_static) or not
torque_s_k'ABOVE(-1.0*friction_torque_static) then
36:       is_stuck <= False;
37:       angle_lock <= False;
38:     end if;
39:   end process;
40:
41:   if is_stuck use
42:     torque_s_k == k_eff_rotational_stuck*(rotation_
angle - stuck_angle);
43:   else
44:     torque_s_k == SIGN(w)*friction_torque_kinetic;
45:   end use;
46:
47:   torque_d == d_viscous_rotational*w;
48:   torque_total == torque_d + torque_s_k;
49:
50: end architecture ideal;
```

図 2.117　回転系摩擦

参考文献

(1) VDA FAT-AK30: http://fat-ak30.eas.iis.fraunhofer.de/
(2) 玉井，関末，横山，寺原，辻，加藤，自動車シミュレーションのためのワイヤーハーネスモデルの検討，自動車技術会 2013 年春季学術講演会，No.80-13, 20135492, (2013)

第３章　要素モデル

3.1　はじめに

本章では，２章「基本モデル」による知識を利用し，4章「実用モデル」での各システムに利用可能な要素モデルを，具体的な回路例と記述例を示し，個別に解説していく．

まず車両燃費計算モデルに利用される各要素部品の内容について紹介し，続いてEPSシステム演算モデルについて紹介する．どちらも多彩なモデリング技法を応用しており，それぞれのモデル式や構成図とモデルパラメータなどの詳細と，動作の解説を基に今後のモデル開発の参考として頂きたい．

なお，各モデルのうち代表的な部品の単体試験結果や全体シミュレーションの結果に関しては次の章にて紹介する．

3.2　車両燃費計算モデル

3.2.1　概要

車両燃費計算モデルは信号処理を行うドライバモデルやECU，機械系ドメインを有するエンジンやトランスミッション，車両モデル，電気系ドメインとしてオルタネータ，バッテリ等，計16個の要素部品から構成され，**図3.1**に示すように接続されている．**表3.1**に各構成要素の名称と，モデル定義名の一覧を記す．

本節ではこれら各要素の内容について詳細に紹介していくが，各モデルを作成するに当たり部品間の接続インタフェースを次のように規定した．

・シグナルフローのインタフェース変数はすべてアナログ量(quantity)とし，デジタル信号(signal)は利用しない．

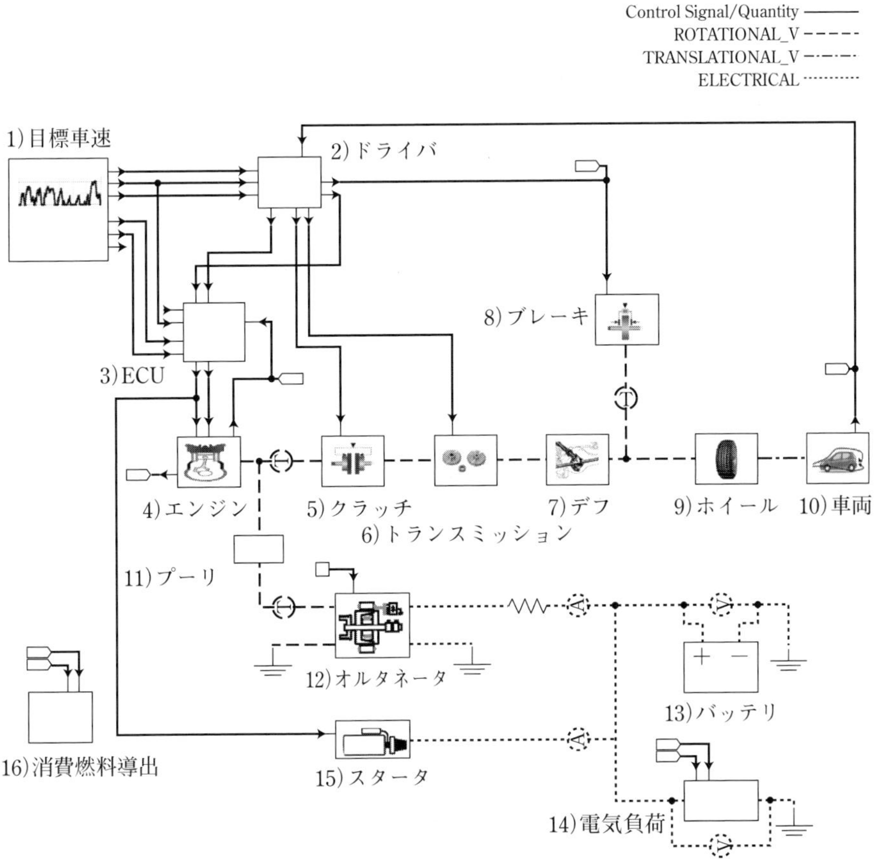

図3.1　車両燃費計算モデル全体

・回転系のドメイン定義はアクロス量が角速度，スルー量がトルクであるROTATIONAL_VELOCITY（省略形ROTATIONAL_V）とする．
・並進運動系のドメイン定義はアクロス量が速度，スルー量が力であるTRANSLATIONAL_VELOCITY（省略形TRANSLATIONAL_V）とする．

また，シグナルフローのインタフェース変数の単位系に関しては特に規定せず，各部品間で整合を取っている．これらを踏まえ，各構成要素部品について解説する．なお，各部品定義であるVHDL-AMSモデルソースでは各入出力信号や変数に対し，1.4節「基本文法と構成」で示した記号（Q_IN_，Q_OUT_など）の接頭語を付与しているが，可読性を考慮した結果，本文中で示す変数，シグナルフロー図やパラメータ表などからは接頭語を排した記述を用いている．

表3.1 車両燃費計算モデル構成要素

構成要素	モデル名
1) 目標車速	Controller
2) ドライバ	DriverModel
3) ECU	ECU_Model
4) エンジン	ENGINE_MODEL
5) クラッチ	CLUTCH
6) トランスミッション	Gearbox_model
7) ディファレンシャルギヤ	DF_MODEL
8) ブレーキ	BRAKE
9) ホイール	WHEELS
10) 車両	VEHICLE
11) プーリ	PULLEY_MODEL
12) オルタネータ	ACG_80A（定格電流別に定義）
13) バッテリ	N_M42（定格容量，種類別に定義）
14) 電気負荷	EL_LOAD
15) スタータ	Starter
16) 消費燃料導出	FC_CALC

3.2.2 目標車速

本車両燃費計算モデルは，目標車両速度に追従するようにドライバが車両を制御する順方向シミュレーション(1)のため，JC08モード走行プロファイルを時間テーブルを用いて表現する．シフトポジションは車重クラスに応じてJC08モードに規定される標準変速位置Aを採用し，クラッチは停止時および減速停止前25km/hに切断する信号としてデータを生成した．これらを時系列データファイルから読み込み，出力するブロックを構成する．また，車両の動作モードとしてアイドリングストップ（IS）の有無やアイドル時回転速度を設定する機能を含んでいる．これら動作モードやアイドル回転数はシミュレーション前に利用者が自由に設定することができ，シミュレーションのパラメータとして扱われる．モデルのインタフェースを**図3.2**，パラメータを**表3.2**に示す．図中，破線矢印は定数の

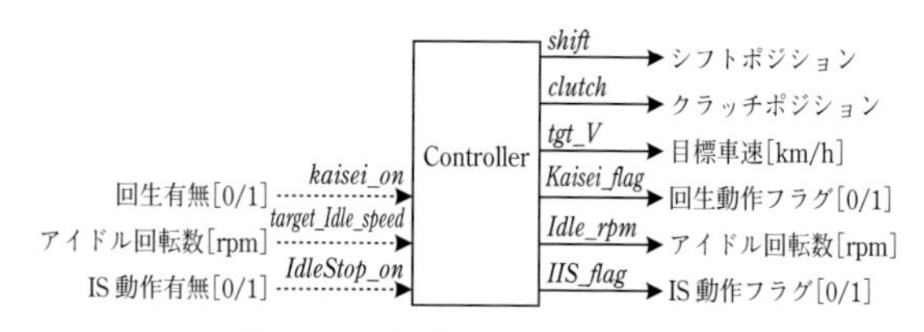

図3.2 目標車速インタフェース

入力パラメータ，実線矢印は入出力信号を意味し，表中，入力パラメータ名＝数値で示す数値はパラメータのデフォルト値を意味している．

VDA FAT-AK30が提供するライブラリにはルックアップテーブルを用いるための部品tlu_1d_vda，tlu_1d_file_vda等が存在する．後者はマップをTAB区切りのテキストファイルとして指定することができるためにこれを利用し，走行モードの変更に対応している．**図3.3**にテーブル参照部のシグナルフローを示す．テーブル定義部品にシミュレーション中の時刻Qtimeを渡すことで，**図3.4**に示すようなTAB区切りデータファイルを時系列データとして扱うことができる．ここで第1カラムが時刻［s］，第2カラムがJC08モード走行速度［km/h］であり，単位換算は読み込むモデル側で処理する（図には行番号を含む）．**図3.6**に示すモデル記述30行目にてモデル中Qtimeに代入しているnowはVHDL-AMSの組み込み関数であり，シミュレーションにおける時刻を返す．40~42行目が速度プロファイルを取り込む部品の定義であり，データファイルに記載されている速度［km/h］を変数tgt_Vとして取得している．JC08走行プロファイルは1s毎のサンプリングとなっているため，この区間は線形補間した結果が得られる一方，シフトポジションやクラッチ信号は線形補間されるアナログ信号ではなく，離散的な信号として扱うべきである．しかし，TLU_VDAパッケージには離散系のテーブル参照関数が存在しないためTLU_VDAパッケージを参考に関数を実装するか，信号を受領する部品側で連続的なアナログ信号でも対応できるようにモデルを実装する必要がある．本車両燃費計算モデルでは後者を採用し，

表3.2 目標車速度モデルパラメータ

入力パラメータ	
回生有無［0/1］	*kaisei_on* ＝ 0
アイドル回転数［rpm］	*target_idle_speed* ＝ 750
IS動作有無［0/1］	*IdleStop_on* ＝ 1
入力信号	
なし	
出力信号	
シフトポジション	*shift*
クラッチポジション	*cluch*
目標車速［km/h］	*tgt_V*
IS動作フラグ［0/1］	*ISS_Flag*
アイドル回転数［rpm］	*Idle_rpm*
回生動作フラグ［0/1］	*Kaisei_flag*

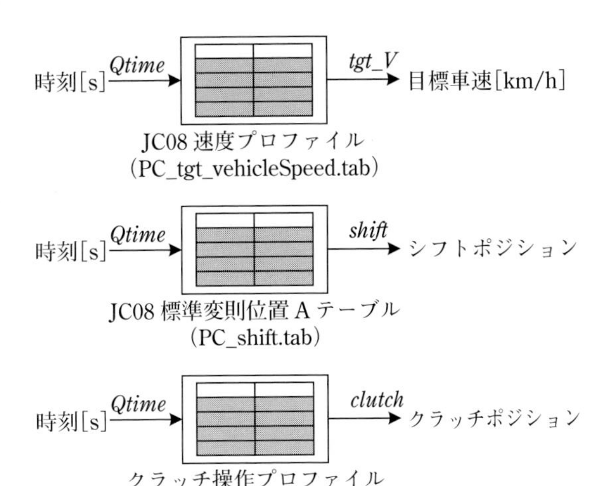

図 3.3　JC08 テーブル参照の仕組み

	時刻［s］	速度［km/h］
1:	0	0
2:	1	0
	…（略）…	
27:	26	0
28:	27	4.9
29:	28	9.8
30:	29	13.8
	…（略）…	
1203:	1202	6.7
1204:	1203	3.5
1205:	1204	0
1206:	1210	0
	［EOF］	

図 3.4　JC08 速度プロファイル
データファイル(PC_tgt_vehicleSpeed.tab)

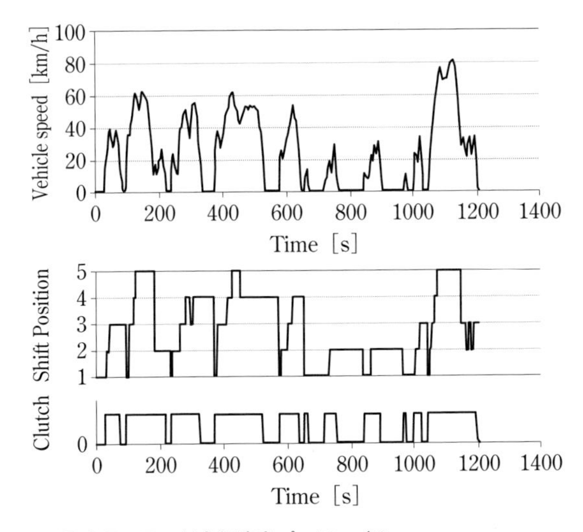

図 3.5　モード走行速度プロファイル，シフトポジション，クラッチポジション

3.2.3 項「ドライバ」や 3.2.8 項「トランスミッション」などで対応している．

図 3.5 に目標速度としてのモード走行速度プロファイルおよびシフトポジション，クラッチポジションを示す．JC08 が規定する標準変速位置 A では，減速から停止に至る前にシフトポジションを N(ニュートラル)に落とすが，本モデルではクラッチ操作による切り離しを実行しているために停止直前までそのままのポジションを保持するように加工している．これは減速時におけるシミュレーションの破綻を防ぐための処理であり，より精密なドライバモデルの実装などにより回避すべき課題である．

```
 1: ------------------------------------------
 2: -- 1. Controller :
 3: --
 4: -------------------------------------------
 5: library IEEE;
 6: use IEEE.all;
 7: library FUNDAMENTALS_VDA;
 8: library FUNDAMENTALS_JSAE;
 9: -------------------------------------------
10: entity Controller is
11:   generic (
12:     target_idle_speed : real := 750.0 ; -- [rpm]
13:     kaisei_on           : real := 0.0 ;
-- 0 : re_generation off/ 1:re generation on (not used)
14:     IdleStop_on        : real := 1.0
-- 0:Idle stop off / 1:Idle stop on
15:   ) ;
16:   port (
17:     quantity Q_out_Kaisei_flag : out REAL; --0/1
18:     quantity Q_out_Idle_rpm : out REAL;  --[rpm]
19:     quantity Q_out_ISS_Flag : out REAL;  --0/1
20:     quantity Q_out_clutch : out REAL;  --0/1
21:     quantity Q_out_tgt_V : out REAL;  --[km/h]
22:     quantity Q_out_shift : out REAL  --0 to 5
23:   );
24: end entity Controller;
25:------------------------------------------
26: architecture struct of Controller is
27:   quantity Qtime : REAL := 0.0;
28: begin
29:
30:   Qtime == now ;
31:
32:   clutchdata1 : entity FUNDAMENTALS_VDA.
                        tlu_1d_file_vda(basic)
33:     generic map (tlufile => "PC_clutch.tab")
34:     port map ( q_in => Qtime, q_out =>
                   Q_out_clutch );
35:
36:   shiftdata1 : entity FUNDAMENTALS_VDA.
                        tlu_1d_file_vda(basic)
37:     generic map (tlufile => "PC_shift.tab")
38:     port map ( q_in => Qtime, q_out => Q_out_shift );
39:
40:   tgt_vehicle1 : entity FUNDAMENTALS_VDA.
                        tlu_1d_file_vda(basic)
41:     generic map (tlufile => "PC_tgt_vehicleSpeed.tab")
42:     port map ( q_in => Qtime, q_out => Q_out_tgt_V );
43:
44:   Q_out_Idle_rpm   == target_idle_speed ;
45:   Q_out_ISS_Flag   == IdleStop_on ;
46:   Q_out_Kaisei_flag == kaisei_on ;
47:
48: end architecture struct;
```

図 3.6　目標車速モデルの記述

3.2.3　ドライバ

ドライバモデルは主に目標車速に応じてアクセル開度とブレーキ踏み込み量を出力するためのアナログ制御処理を担当する．また，入力されたシフトポジションとクラッチポジション信号の上下限などを設定して出力する．モデルのインタフェースを図 3.7 と表 3.3 に示す．

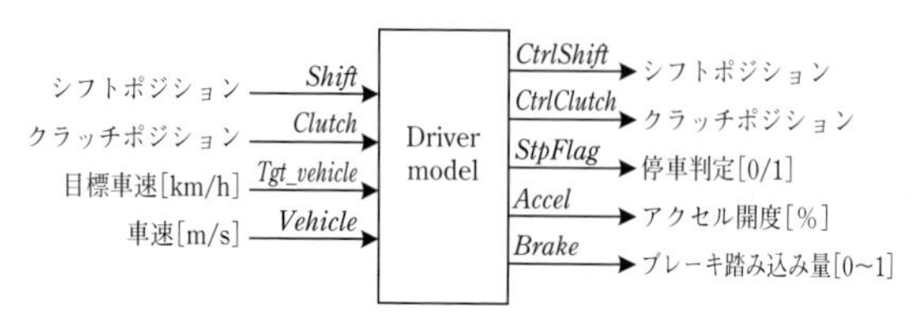

図 3.7　ドライバインタフェース

表 3.3　ドライバモデルパラメータ

入力パラメータ	
なし	
入力信号	
シフトポジション	*Shift*
クラッチポジション	*Clutch*
目標車速［km/h］	*Tgt_vehicle*
車速［m/s］	*Vehicle*
出力信号	
シフトポジション	*CtrlShift*
クラッチポジション	*CtrlClutch*
停車判定［0/1］	*StpFlag*
アクセル開度［%］	*Accel*
ブレーキ踏み込み量［0～1］	*Brake*

シフトポジションとクラッチポジション，停車判定に関する処理を図 3.8 に示す．3.2.8 項「トランスミッション」で設定しているシフトポジションに合わせて上下限を設定し，クラッチ信号が連続的な信号で入力された場合にコンパレータを用いて閾値判定を処理している．停車判定は目標速度が 0.1m/s 以下になった際に正(1)となるような信号を生成し，アイドリングストップ動作を行うために 3.2.4 項「ECU」などで利用している．

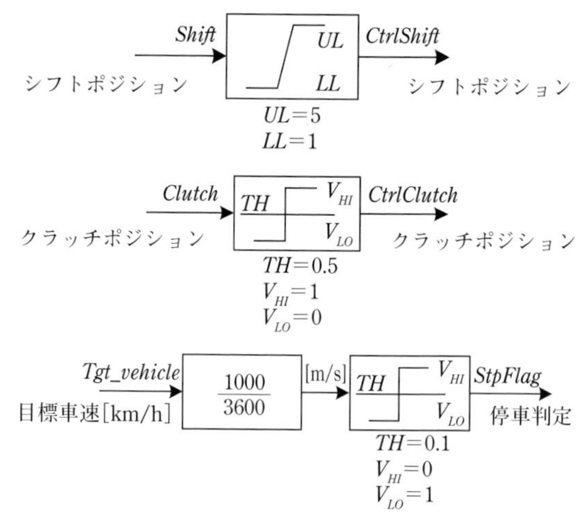

図 3.8　シフト，クラッチポジション，停車判定処理

アクセル開度は目標車速 *Tgt_vehicle* に対してシミュレーション結果として得られた車両速度 *Vehicle* との差分に対し，比例制御を行うモデルである．処理フローを図 3.9 に示す．比例ゲイン *Kp* は速度に応じて式(3-1)に示すように強度を変更している．また，出力制限とクラッチ踏み込み時でのアクセル閉鎖，0.5 秒の反応遅れなどをモデル化し，0～100% の値を出力する．

$$Kp = 120 \;\Big|_{Tgt\_Vehicle \geq 40km/h} \qquad Kp = 80 \;\Big|_{Tgt\_Vehicle < 40km/h} \tag{3-1}$$

ブレーキ踏み込み量も，アクセル開度と同様，目標車速と車両速度とのフィードバック量に対する比例制御を行っている．処理フローを図 3.10 に示す．比例ゲイン *Kp* は速度に応じて可変とし，式(3-2)に示す値を持つ．先に求めた停車判定 *StpFlag* が正(1)の場合には最大踏み込み量とし，最終的に 0~1 の値を出力する．

$$Kp = -200 \;\Big|_{Tgt\_Vehicle \geq 20km/h} \qquad Kp = -150 \;\Big|_{Tgt\_Vehicle < 20km/h} \tag{3-2}$$

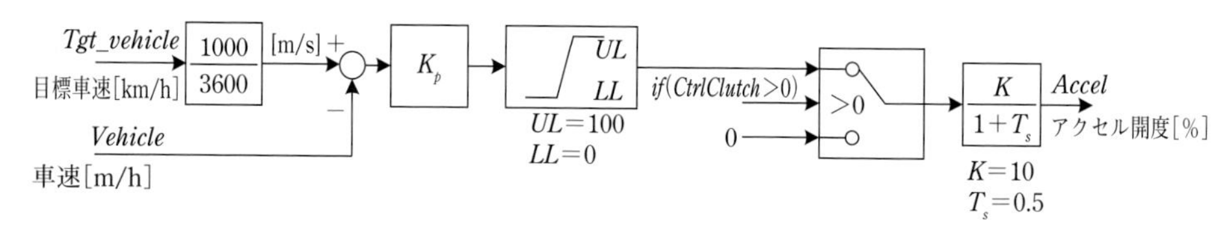

図 3.9　アクセル開度制御

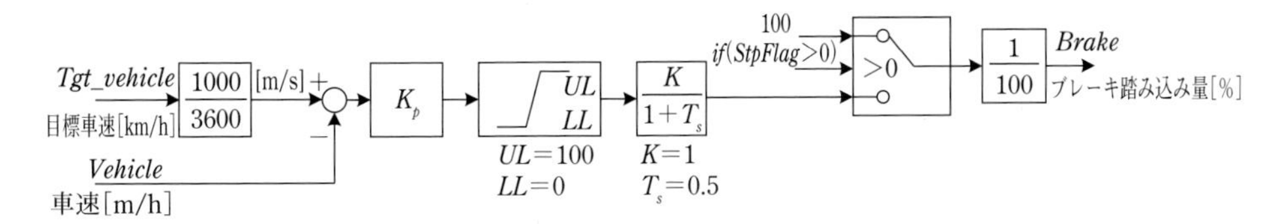

図 3.10　ブレーキ踏み込み量制御

これらのモデルはアナログブロック部品を用いてグラフィカルに構成され，VHDL-AMS 構造モデル形式として記述したものを図 3.11 に示す．図 3.8〜図 3.10 で示した順にブロック図部品を用いてシグナルフローを形成している．各ブロック間のシグナルはツールにより自動的に決定された変数 Q_1〜Q_16 を介して接続されている．先のブロック図を再構築するには，これらの接続関係を読み解かなければならない．各ブロック部品の詳細は 2.5.3 項「アナログ信号処理」に記載しているが，主に port map 文において q_in=> Q_* または input=> Q_* が各ブロックの入力信号，q_out=> Q_* または val=> Q_* がブロックからの出力信号になる．各処理ブロックの最後の部品から直接出力信号へと値が伝えられ，本部品外部へと信号が出力される仕組みである．

```
 1: ---------------------------------------------------------------------
 2: -- 2. Driver Model :
 3: --
 4: ---------------------------------------------------------------------
 5: library IEEE;
 6: use IEEE.all;
 7: library FUNDAMENTALS_VDA;
 8: library FUNDAMENTALS_JSAE ;
 9: ---------------------------------------------------------------------
10: entity DriverModel is
11:   port (
12:     quantity Q_in_clutch :  in REAL := 0.0;   -- Clutch signal [0/1]
13:     quantity Q_in_shift :   in REAL := 0.0;   -- Shift position
14:     quantity Q_in_vehicle : in REAL := 0.0;   -- Vehicle speed [m/s]
15:     quantity Q_in_tgt_vehicle : in REAL := 0.0 ;  -- Target speed [km/h]
16:     quantity Q_out_stp_flag : out REAL;    -- Speed = 0 or not
17:     quantity Q_out_brake    : out REAL;    -- Brake stroke [%]
18:     quantity Q_out_ctrl_cluch : out REAL; -- Clutch stroke [0/1]
19:     quantity Q_out_ctrl_shift : out REAL; -- Shift position
20:     quantity Q_out_accel    : out REAL     -- Throttle Stroke [%]
21:   );
22: end entity  DriverModel;
23: ------------------------------------
24: architecture struct of DriverModel is
25:   quantity Q_clutch, Q_stpflag : REAL ;
26:   quantity Q_Speed_mps : REAL := 0.0;
27:   quantity Q_2 : REAL := 0.0;
28:   quantity Q_3 : REAL := 0.0;
29:   quantity Q_7 : REAL := 0.0;
30:   quantity Q_9 : REAL := 0.0;
31:   quantity Q_11 : REAL := 0.0;
32:   quantity Q_12 : REAL := 0.0;
33:   quantity Q_13 : REAL := 0.0;
34:   quantity Q_14 : REAL := 0.0;
35:   quantity Q_15 : REAL := 0.0;
36:   quantity Q_16 : REAL := 0.0;
37:
38:   quantity comp_jsae1_th, comp_jsae1_vhi, comp_jsae1_vlo : REAL ;
39:   quantity comp_jsae4_th, comp_jsae4_vhi, comp_jsae4_vlo : REAL ;
40:   quantity comp_jsae5_th, comp_jsae5_vhi, comp_jsae5_vlo : REAL ;
41:   quantity comp_jsae6_th, comp_jsae6_vhi, comp_jsae6_vlo : REAL ;
42:   quantity qsw_jsae4_qinf : REAL ;
43:   quantity qsw_jsae1_qint : REAL ;
44: begin
45:
46:   -- (1) Shift position
47:   ---
48:   q_limiter_vda1 : entity FUNDAMENTALS_VDA.q_limiter_vda(basic)
```

図 3.11　ドライバモデルの記述

```
49:       generic map (qmax=>5.0, qmin=>1.0)
50:       port map (q_in=>Q_in_shift, q_out=>Q_out_ctrl_shift);
51:
52:   -- (2) clutch Position
53:   ---
54:   comp_jsae1_th==0.5 ; comp_jsae1_vhi==1.0 ; comp_jsae1_vlo==0.0 ;
55:   comp_jsae1 : entity FUNDAMENTALS_JSAE.comp_jsae(behav)
56:       port map (input=>Q_in_clutch, val=>Q_clutch,
57:                 thres=>comp_jsae1_th, vhi=>comp_jsae1_vhi, vlo=>comp_jsae1_vlo);
58:
59:   Q_out_ctrl_cluch == Q_clutch ;
60:
61:   -- (3) Stop state
62:   ---
63:   comp_jsae4_th==0.1 ; comp_jsae4_vhi==0.0 ; comp_jsae4_vlo==1.0 ;
64:   comp_jsae4 : entity FUNDAMENTALS_JSAE.comp_jsae(behav)
65:       port map (input=>Q_Speed_mps, val=>Q_stpflag,
66:                 thres=>comp_jsae4_th, vhi=>comp_jsae4_vhi, vlo=>comp_jsae4_vlo) ;
67:
68:   Q_out_stp_flag == Q_stpflag ;
69:
70:   -- (4) Accel Control
71:   ---
72:   Q_Speed_mps == Q_in_tgt_vehicle / 3.6 ;
73:
74:   q_feedback_vda1 : entity FUNDAMENTALS_VDA.q_feedback_vda(basic)
75:       port map (q_in2=>Q_in_vehicle, q_in1=>Q_Speed_mps, q_out=>Q_13);
76:
77:   comp_jsae5_th==40.0 ; comp_jsae5_vhi==120.0 ; comp_jsae5_vlo==80.0 ;
78:   comp_jsae5 : entity FUNDAMENTALS_JSAE.comp_jsae(behav)
79:       port map (input=>Q_in_tgt_vehicle, val=>Q_12,
80:                 thres=>comp_jsae5_th, vhi=>comp_jsae5_vhi, vlo=>comp_jsae5_vlo) ;
81:
82:   q_mult_vda1 : entity FUNDAMENTALS_VDA.q_mult_vda(basic)
83:       port map (q_in2=>Q_12, q_in1=>Q_13, q_out=>Q_11);
84:
85:   q_limiter_vda2 : entity FUNDAMENTALS_VDA.q_limiter_vda(basic)
86:       generic map (qmax=>100.0, qmin=>0.0)
87:       port map (q_in=>Q_11, q_out=>Q_9);
88:
89:   qsw_jsae4_qinf == 0.0 ;
90:   qswitch_jsae4 : entity FUNDAMENTALS_JSAE.qswitch_jsae(arch_qswitch_jsae)
91:       port map (ctrl=>Q_clutch, qint=>Q_9, qinf=>0.0, qout=>Q_7);
92:
93:   q_firstorder_vda1 : entity FUNDAMENTALS_VDA.q_firstorder_vda(basic)
94:       generic map (t=>0.5, k=>10.0 )
95:       port map (q_in=>Q_7, q_out=>Q_out_accel);
96:
97:   -- (5) Brake control
98:   ---
99:   comp_jsae6_th==20.0 ; comp_jsae6_vhi==200.0 ; comp_jsae6_vlo==150.0 ;
100:  comp_jsae6 : entity FUNDAMENTALS_JSAE.comp_jsae(behav)
101:      port map (input=>Q_in_tgt_vehicle, val=>Q_16,
102:                thres=>comp_jsae6_th, vhi=>comp_jsae6_vhi, vlo=>comp_jsae6_vlo) ;
103:
104:  Q_15 == Q_16 * Q_13 * (-1.0) ;
105:
106:  q_limiter_vda3 : entity FUNDAMENTALS_VDA.q_limiter_vda(basic)
107:      generic map (qmax=>100.0, qmin=>0.0)
108:      port map (q_in=>Q_15, q_out=>Q_14);
109:
110:  q_firstorder_vda2 : entity FUNDAMENTALS_VDA.q_firstorder_vda(basic)
111:      generic map (t=>0.5, k=>1.0)
112:      port map (q_in=>Q_14, q_out=>Q_3);
113:
114:  qsw_jsae1_qint == 100.0 ;
115:  qswitch_jsae1 : entity FUNDAMENTALS_JSAE.qswitch_jsae(arch_qswitch_jsae)
116:      port map (ctrl=>Q_stpflag, qinf=>Q_3, qint=>qsw_jsae1_qint, qout=>Q_2);
117:
118:  Q_out_brake == Q_2 * 0.01 ;
119:
120: end architecture struct;
```

図 3.11　ドライバモデルの記述（続き）

3.2.4 ECU

ECU は主に，アイドリング時におけるエンジン回転数を目標回転数で保持する ISC 制御（Idol Speed Control）を行い，ドライバモデルより入力されたアクセル開度信号をエンジンへと通知する処理を行う．モデルインタフェースを**図 3.12** と**表 3.4** に示す．

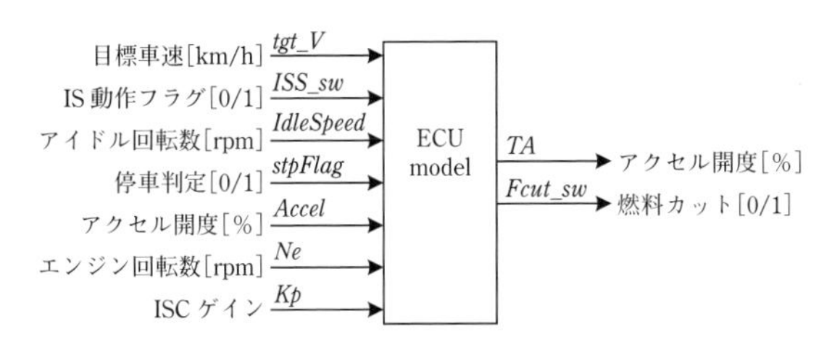

図 3.12　ECU モデルインタフェース

表 3.4　ECU モデルパラメータ

入力パラメータ	
ISC ゲイン	*Kp*=0.1
入力信号	
目標車速［km/h］	*tgt_V*
IS 動作フラグ［0/1］	*ISS_sw*
アイドル回転数［rpm］	*IdleSpeed*=750
停車判定［0/1］	*stpFlag*
アクセル開度［%］	*Accel*
エンジン回転数［rpm］	*Ne*
出力信号	
スロットル開度［%］	*TA*
燃料カット［0/1］	*Fcut_sw*

アイドル回転数 *IdleSpeed* は 3.2.2 項「目標車速ブロック」にて設定され，デフォルト 750rpm としている．この目標値に対してエンジン回転数 *Ne* との偏差を用いた PI 制御により補正し，スロットル開度の下限値として利用される．停車時，ドライバからのアクセル開度が 0 の状態でもアイドル回転数を維持するためのスロットル開度を保証している．制御のフローを**図 3.13** に示す．これらの機能を主にブロック部品を用いてツール上にグラフィカルに構築し，作成した構造モデルによる記述を**図 3.15** に示す．3.2.3 項「ドライバ」のモデル定義と同様，各ブロック部品の接続は変数 Q_* を介して行っているが，91～95 行目にてアイドリングストップ機能を利用する場合（*ISS_sw* が 1 の場合）にはエンジンへ通知するための燃料カット信号 *Fcut_sw* を停車時に真(1)として生成している．

図 3.14 に *ISS_sw* を ON とした際の *Fcut_sw* の変化を示す．車両速度が停止中に *Fcut_sw* が ON になっていることが確認できる．燃料カット信号生成処理は if 文を用いた記述として追記しているが，構造モデルによる分岐処理が冗長で可読性を損なう場合には構文定義に置き換えてしまうのも，速やかなモデル構築には有効である．

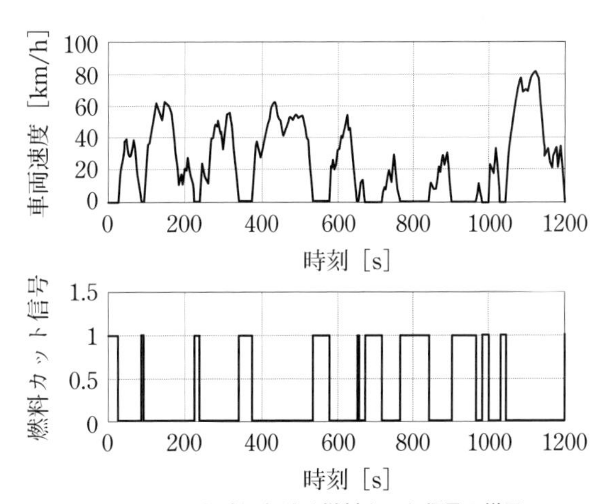

図 3.14　IS 時における燃料カット信号の様子

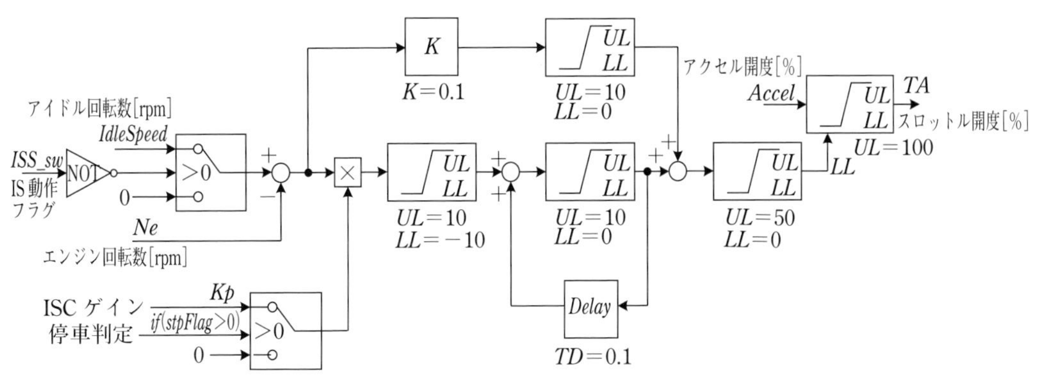

図 3.13　ISC 制御によるスロットル制御

```
 1: ----------------------------------------------------------------------
 2: -- 3. ECU Model
 3: --
 4: ----------------------------------------------------------------------
 5: library IEEE;
 6: use IEEE.all;
 7: library FUNDAMENTALS_VDA;
 8: library FUNDAMENTALS_JSAE ;
 9: ----------------------------------------------------------------------
10: entity ECU_Model is
11:   port (
12:     quantity Q_in_tgt_V      : in REAL := 0.0;  -- Target speed [km/h]
13:     quantity Q_in_ISS_SW     : in REAL := 0.0;  -- IStop flag[0/1]
14:     quantity Q_in_IdleSpeed : in REAL := 0.0;  -- Idle speed[rpm]
15:     quantity Q_in_stp_flag   : in REAL := 0.0;  -- Stop flag[0/1]
16:     quantity Q_in_Kp     : in REAL := 0.01 ;    -- [-]
17:     quantity Q_in_ACCEL : in REAL := 0.0;  -- Throttle stroke[%]
18:     quantity Q_in_Ne     : in REAL := 0.0;  -- Engine speed [rpm]
19:     quantity Q_out_TA       : out REAL;  -- Throttle stroke[%]
20:     quantity Q_out_FCut_SW : out REAL   --[0/1]
21:   );
22: begin
23: end entity ECU_Model;
24: ----------------------------------------------------------------------
25: architecture struct of ECU_Model is
26:
27:   quantity Q_2,  Q_3, Q_4,  Q_5, Q_6, Q_7 : REAL := 0.0;
28:   quantity Q_8,  Q_9, Q_10, Q_11  : REAL := 0.0;
29:   quantity Q_14, Q_15 : REAL := 0.0;
30:   quantity Q_17 : REAL := 0.0;
31:
32:   quantity qsw_jsae2_qinf : REAL ;
33:   quantity qsw_jsae1_qinf : REAL ;
34:   quantity qlim_jsae1_ul  : REAL ;
35: begin
36:
37:   -- (1) ISC control
38:   ----
39:   qnot_jsae1 : entity FUNDAMENTALS_JSAE.qnot_jsae(arch_qnot)
40:       generic map (td=>0.0)
41:       port map (yb=>Q_17, xb=>Q_in_ISS_SW);
42:
43:   qsw_jsae2_qinf==0.0 ;
44:   qswitch_jsae2 : entity FUNDAMENTALS_JSAE.qswitch_jsae(arch_qswitch_jsae)
45:       port map (ctrl=>Q_17, qinf=>qsw_jsae2_qinf, qint=>Q_in_IdleSpeed, qout=>Q_15);
46:
47:   q_feedback_vda1 : entity FUNDAMENTALS_VDA.q_feedback_vda(basic)
48:       port map (q_out=>Q_11, q_in2=>Q_in_Ne, q_in1=>Q_15 );
49:
50:   -- (2.1) PI control : P
51:   ---
52:   q_proportional_vda1 : entity FUNDAMENTALS_VDA.q_proportional_vda(basic)
53:       generic map (k=>0.1)
54:       port map (q_out=>Q_14, q_in=>Q_11);
55:
56:   q_limiter_vda1 : entity FUNDAMENTALS_VDA.q_limiter_vda(basic)
57:       generic map (qmax=>10.0, qmin=>0.0)
58:       port map (q_out=>Q_8, q_in=>Q_14);
59:
60:   qsw_jsae1_qinf==0.0 ;
61:   qswitch_jsae1 : entity FUNDAMENTALS_JSAE.qswitch_jsae(arch_qswitch_jsae)
62:       port map (ctrl=>Q_in_stp_flag, qinf=>qsw_jsae1_qinf, qint=>Q_in_Kp, qout=>Q_10);
63:
64:   -- (2.2) PI control : I
65:   ---
66:   q_mult_vda1 : entity FUNDAMENTALS_VDA.q_mult_vda(basic)
67:       port map (q_out=>Q_9, q_in2=>Q_10, q_in1=>Q_11);
68:
69:   q_limiter_vda2 : entity FUNDAMENTALS_VDA.q_limiter_vda(basic)
70:       generic map (qmax=>10.0, qmin=>(-10.0) )
71:       port map (q_out=>Q_5, q_in=>Q_9);
72:
73:   q_add_vda1 : entity FUNDAMENTALS_VDA.q_add_vda(basic)
```

図 3.15　ECU モデルの記述

```
 74:       port map (q_out=>Q_3, q_in2=>Q_4, q_in1=>Q_5);
 75:
 76:   q_limiter_vda3 : entity FUNDAMENTALS_VDA.q_limiter_vda(basic)
 77:       generic map (qmax=>10.0, qmin=>0.0)
 78:       port map (q_out=>Q_2, q_in=>Q_3 );
 79:
 80:   qdelay_jsae1 : entity FUNDAMENTALS_JSAE.qdelay_jsae(behav)
 81:       generic map (td=>0.1)
 82:       port map (input=>Q_2, val=>Q_4 );
 83:
 84:
 85:   q_add_vda2 : entity FUNDAMENTALS_VDA.q_add_vda(basic)
 86:       port map (q_out=>Q_7, q_in2=>Q_8, q_in1=>Q_2 );
 87:
 88:   q_limiter_vda4 : entity FUNDAMENTALS_VDA.q_limiter_vda(basic)
 89:       generic map (qmax=>50.0, qmin=>0.0 )
 90:       port map (q_out=>Q_6, q_in=>Q_7 );
 91:
 92:   qlim_jsae1_ul == 100.0 ;
 93:   q_limiter_jsae1 : entity FUNDAMENTALS_JSAE.q_limiter_jsae(basic)
 94:       port map (q_out=>Q_out_TA, q_in=>Q_in_ACCEL, ul=>qlim_jsae1_ul, ll=>Q_6 );
 95:
 96:   -- (3) FC control
 97:   ----
 98:   if(Q_in_ISS_SW > 0.0 and Q_in_tgt_v <= 0.01 and Q_in_tgt_V >= -0.01) use
 99:     Q_out_FCut_SW == 1.0 ;
100:   else
101:     Q_out_FCut_SW == 0.0 ;
102:   end use ;
103:
104: end architecture struct;
```

図 3.15　ECU モデルの記述（続き）

3.2.5　エンジン

本車両燃費計算モデルで利用するエンジンは指定されたスロットル開度に応じたトルク生成と，その時の回転数に応じた燃料消費マップより構成される．**図 3.16** にエンジンモデルのインタフェースを示す．ECU モデルで算出されたスロットル開度，燃料カット信号に応じ，モデル内部にてトルクマップを参照しエンジントルクと燃料消費量を算出し，機械回転系軸にトルクを供給する．また，その他のモデルで参照する必要があるエンジン回転数と瞬時燃料消費量の計算結果を出力している．

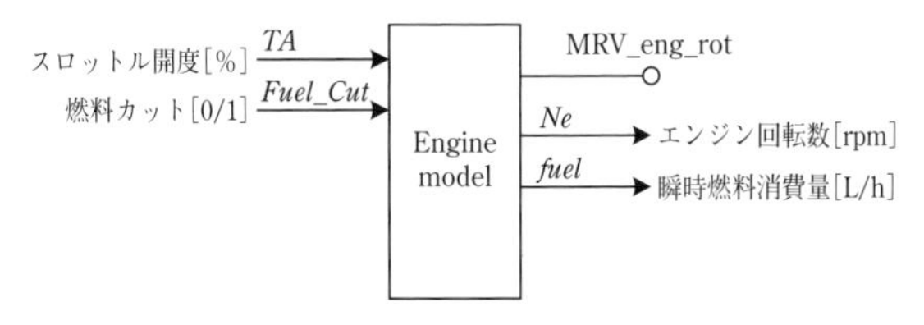

図 3.16　エンジンモデルインタフェース

図 3.17 にエンジンモデルの内部構成を示す．スロットル開度と回転速度に応じた**図 3.18** に示すエンジントルクマップを参照し，エンジン回転数に応じたフリクションと最大トルクを上下限とするトルク源として表現する．エンジン回転数はその先に接続される各種機械的要素の負荷により一意に計算される．また，アイドリングストップ機構を簡易的に表現するため，エンジン停止時に減衰器の値を変化させて，エンジン回転を 0 に落とすための動作を行う．エンジンの瞬時燃料消費量はエンジン回転数とトルクに応じた**図 3.19** に示す消費燃料マップを参照し，ある回転数での最大トルクにおける消費燃料値を超えない範囲で算出する．一般にエンジン性能マップは単位出力と単位時間当たりの燃料消費量［g/kWh］で表されるが，本モデルではエンジン効率マップを元に理想空燃比下におけるガソリンの燃焼(発熱量 43MJ/kg)と仮定して換算したマップ［L/h］を用いた．これらのマップ情報は VDA FAT-AK30[2] ワーキンググループが作成し，オープンライブラリとして公開しているテーブル情報を加工して利用している．

図 3.20 に作成した構造モデルによるエンジンモデルの記述を示す．エンジントルクマップと瞬時燃料消費マップの参照は独立したブロックモデルとして個別に定義し，エンジンモデルより 44 行目，90 行目にて接続している．ここで entity 指示文として WORK ライブラリを指定している．WORK ライブラリとは，現在利用している全ての部品が格納され，参照することができる仮想的なライブラリでありシミュレーションモデル全体と同一の階層を指す．WORK ライブラリは 3.2.8 項「トランスミッション」でも利用しているので，そちらも参考にして頂きたい．マップ参照されたエンジントルクは 55 行目トルク源 trqsrcls により回転機械系の軸トルクとして注入される．62～77 行はフリクション要素であり，**図 3.17** に示すように

回転軸と静止系との間で減衰させ燃料カット信号 *Fuel_Cut* がON(=1)の際にはAND機能の代わりに掛け算ブロックを用いてフリクションfriction_dinamicを1.0 Nms/radとし，軸の回転を停止させる．アイドリングストップ機能を利用しない場合には *Fuel_Cut* はOFFであり，トルクマップより得られるフリクショントルクにより指定したアイドリング回転数を保持する．**図3.21**の88～97行目は消費燃料の算出部であり，テーブル参照の結果得られた消費燃料を *Fuel_Cut* がOFFの時には燃料消費が0であるとして出力信号fuelに渡される．

図3.21，**図3.22**にはそれぞれエンジントルク生成モデルと消費燃料算出モデルの定義を示す．VDA-AK30が提供するFUNDAMENTALS_VDAライブラリに含まれるテーブル参照関数lookup_1d( )およびlookup_2d( )を用いた索引処理を行っている．エンジントルクは72～78行目のif文判定により，最大トルクq_trq_maxを超えないように制限され，またフリクションq_trq_fric以下の負のトルクも生成しないように制限されている．これは元となる軸トルクマップが指定した回転速度，スロットル開度全域に渡り計算により導出されたものであるため，実際には動作できない領域の値も含まれており，そのような領域での動作を抑制する仕組みとして実装している．消費燃料算出モデルも同様に，最大燃料消費量Q_FUEL_MAXを超えないように制限され，その結果がQ_out_ENG_FUELとして出力される．尚，エンジントルク生成モデルの出力信号としてフリクショントルクQ_ENG_FRICが用意されているが，これはエンジンモデル内部で別途フリクショントルクを必要とした場合に対して用意されているもので，本エンジンモデルでは利用していない．

表3.5　エンジンモデルパラメータ

入力パラメータ	
なし	
入力信号	
スロットル開度［%］	*TA*
燃料カット［0/1］	*Fuel_Cut*
出力信号	
エンジン回転数［rpm］	*Ne*
瞬時燃料消費量［L/h］	*fuel*
端子名	
エンジン出力軸	MRV_eng_rot

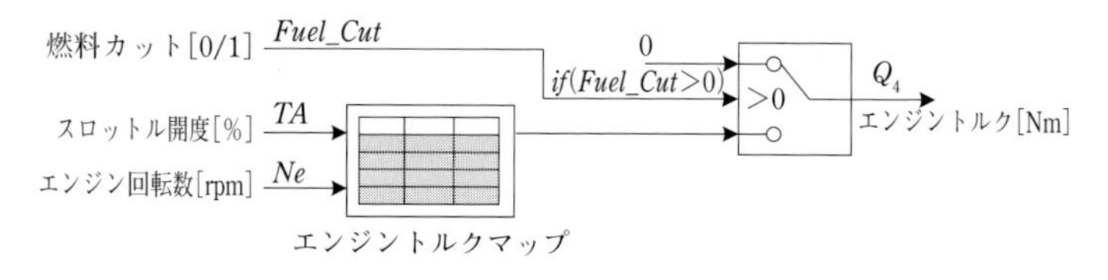

エンジントルク生成ブロック

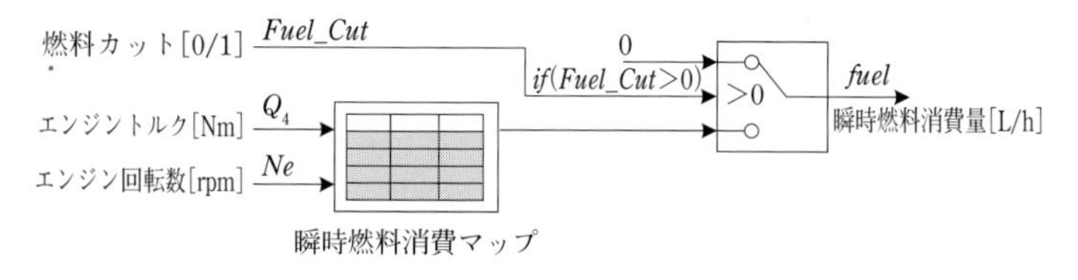

消費燃料算出ブロック

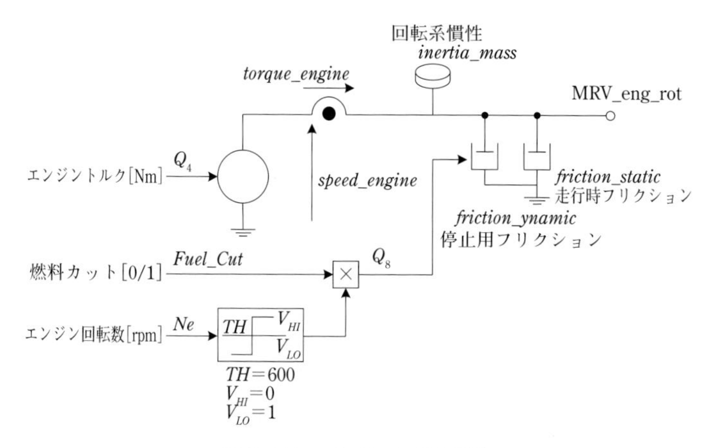

図3.17　エンジンモデル構造

表 3.6 エンジントルク生成モデルパラメータ

入力パラメータ	
なし	
入力信号	
スロットル開度 [%]	*Q_TA*
エンジン回転数 [rpm]	*Q_ENG_NE*
出力信号	
エンジントルク [Nm]	*Q_ENG_TRQ*
フリクショントルク [Nm]	*Q_ENG_FRIC*

表 3.7 消費燃料算出モデルパラメータ

入力パラメータ	
なし	
入力信号	
エンジン回転数 [rpm]	*Q_ENG_NE*
エンジントルク [Nm]	*Q_ENG_TRQ*
出力信号	
瞬時燃料消費量 [L/h]	*Q_ENG_FUEL*

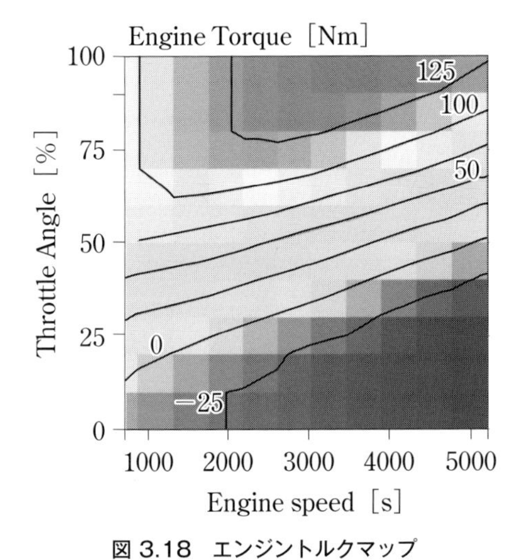

図 3.18 エンジントルクマップ

図 3.19 瞬時燃料消費マップ

```
 1: ---------------------------------------------------------------------
 2: -- 4. Engine Model
 3: --   4.1 Engine torque map
 4: --   4.2 Engine fuel map
 5: --
 6: ---------------------------------------------------------------------
 7: library IEEE;
 8: use IEEE.MECHANICAL_SYSTEMS.all ;
 9: library FUNDAMENTALS_VDA;
10: library FUNDAMENTALS_JSAE ;
11: ---------------------------------------------------------------------
12: entity ENGINE_MODEL is
13:   port (
14:     terminal MRV_eng_rot : ROTATIONAL_V;
15:     quantity Q_in_Fuel_Cut : in REAL := 0.0;  -- fuel cut flag [0/1]
16:     quantity Q_in_TA          : in REAL := 0.0;  -- Throttle Angle [%]
17:     quantity Q_out_Ne    : out REAL;         -- Engine speed [rpm]
18:     quantity Q_out_fuel : out REAL;         -- engine fuel [L/h]
19:     quantity Q_out_power_engine : out REAL -- Engine power [W]
20:   );
21: end entity ENGINE_MODEL;
22: ---------------------------------------------------------------------
23: architecture STRUCT of ENGINE_MODEL is
24:   terminal n0024 : ROTATIONAL_V;
25:   quantity Q_2, Q_4, Q_8, Q_9 : REAL := 0.0;
26:   quantity Q_speed_rpm : REAL := 0.0;
27:   quantity torque_map : REAL := 0.0;
28:   quantity speed_engine : REAL := 0.0;
29:   quantity torque_engine : REAL := 0.0;
30:
31:   quantity qsw1_qint : REAL ;
32:   quantity jmass1_j : REAL ;
33:   quantity friction_static_d : REAL ;
34:   quantity comp1_th, comp1_vhi, comp1_vlo : REAL ;
35:   quantity qsw2_qint : REAL ;
36: begin
```

図 3.20 エンジンモデルの記述

```
37:
38:   Q_out_power_engine == torque_engine * speed_engine ;
39:   Q_speed_rpm == speed_engine * 60.0/3.14/2.0 ;
40:   Q_out_Ne == Q_speed_rpm ;
41:
42:   -- (1) Engine torque map
43:   ---
44:   engine_torque_tbl1 : entity WORK.engine_torque_tbl(arch_engine_torque_map)
45:       port map (q_out_eng_trq=>torque_map, q_in_eng_ne=>Q_speed_rpm, q_in_ta=>Q_in_TA );
46:
47:   -- switch (FuelCut=ON ? 0.0 : Torque)
48:   ----
49:   qsw1_qint == 0.0 ;
50:   qswitch1 : entity FUNDAMENTALS_JSAE.qswitch_jsae(arch_qswitch_jsae)
51:       port map (qout=>Q_4, qinf=>torque_map, qint=>qsw1_qint, ctrl=>Q_in_Fuel_Cut );
52:
53:   -- Mechanical Components
54:   ----
55:   trqsrc1s : entity FUNDAMENTALS_JSAE.trqsrc_rotv_jsae(behav)  -- Engine source
56:       port map (rot2=>N0024, rot1=>ROTATIONAL_VELOCITY_REF, torque=>Q_4 );
57:
58:   jmass1_j == 0.14568 ;
59:   inertia_mass1 : entity FUNDAMENTALS_JSAE.mass_rotv_jsae(behav)
60:       port map (rot1=>MRV_eng_rot, j=>jmass1_j) ;
61:
62:   -- Frictions
63:   ----
64:   friction_static_d == 0.01 ;
65:   friction_static : entity FUNDAMENTALS_JSAE.damp_rotv_jsae(beh)
66:       port map (r2=>ROTATIONAL_VELOCITY_REF, r1=>MRV_eng_rot, d=>friction_static_d );
67:
68:   comp1_th == 600.0 ; comp1_vhi == 0.0 ; comp1_vlo==1.0 ;
69:   comp_jsae1 : entity FUNDAMENTALS_JSAE.comp_jsae(behav)
70:       port map (input=>Q_speed_rpm, val=>Q_9,
71:                 thres=>comp1_th , vhi=>comp1_vhi , vlo=>comp1_vlo) ;
72:
73:   mul1 : entity FUNDAMENTALS_VDA.q_mult_vda(basic)  --Friction=0 when FuelCut=OFF
74:       port map (q_out=>Q_8, q_in2=>Q_in_Fuel_Cut, q_in1=>Q_9 );
75:
76:   friction_dynamic : entity FUNDAMENTALS_JSAE.damp_rotv_jsae(beh)
77:       port map (r2=>ROTATIONAL_VELOCITY_REF, r1=>MRV_eng_rot, d=>Q_8 );
78:
79:   -- Engine Torque and Speed sensing
80:   ----
81:   torque_sensor1 : entity FUNDAMENTALS_VDA.torque_mrv2q_sensor_vda(simple)
82:       port map (mrv_2=>MRV_eng_rot, mrv_1=>N0024, q_out=>torque_engine );
83:
84:   NEm : entity FUNDAMENTALS_VDA.angular_velocity2q_sensor_vda(simple)
85:       port map (mrv_2=>ROTATIONAL_VELOCITY_REF, mrv_1=>MRV_eng_rot, q_out=>speed_engine );
86:
87:
88:   -- (2) Fuel map table
89:   ----
90:   engine_fuel_tbl1 : entity WORK.engine_fuel_tbl(arch_engine_fuel_tbl)
91:       port map (q_out_eng_fuel=>Q_2, q_in_eng_trq=>Q_4, q_in_eng_ne=>Q_speed_rpm );
92:
93:   -- switch (FuelCut=ON ? 0.0 : Fuel)
94:   ----
95:   qsw2_qint == 0.0 ;
96:   qswitch2 : entity FUNDAMENTALS_JSAE.qswitch_jsae(arch_qswitch_jsae)
97:       port map (qout =>Q_out_fuel, qinf=>Q_2, qint=>qsw2_qint, ctrl=>Q_in_Fuel_Cut );
98:
99: end architecture STRUCT;
```

図 3.20　エンジンモデルの記述（続き）

```
 1: -----------------------------------------------------------------------
 2: -- 4.1 Engine torque map
 3: -----------------------------------------------------------------------
 4: library FUNDAMENTALS_VDA ;
 5: use FUNDAMENTALS_VDA.TLU_VDA.all ;
 6: -----------------------------------------------------------------------
 7: entity ENGINE_TORQUE_TBL is
 8:   port(
 9:     quantity Q_in_TA : in REAL ; -- Throttle Angle [%]
10:     quantity Q_in_ENG_NE : in REAL ; -- Engine speed [rpm]
11:     quantity Q_out_ENG_TRQ : out REAL ; -- Engine torque output [Nm]
12:     quantity Q_out_ENG_FRIC : out REAL  -- Engine friction torque [Nm]
13:   ) ;
14:
15: end entity ENGINE_TORQUE_TBL;
16: -----------------------------------------------------------------------
17: architecture arch_engine_torque_map of ENGINE_TORQUE_TBL is
18:
19:   -- Ne arry [rpm]
20:   constant NE_Arry : REAL_VECTOR :=
21:     (700.0, 865.0, 1320.0, 1760.0, 2200.0, 2640.0, 3080.0, 3520.0, 3960.0, 4400.0, 4840.0, 5280.0);
22:
23:   -- Ta arry [%]
24:   constant TA_Arry : REAL_VECTOR :=
25:     (0.0, 10.0, 20.0, 30.0, 40.0, 50.0, 60.0, 70.0, 80.0, 90.0, 100.0);
26:
27:   -- Engine generate torque (Jiku) Torque
28:   -- TRQ(Ta[%], Ne[rpm])[Nm]
29:   --       Ta[0], Ta[1], Ta[2],  ...
30:   --
31:   constant JikuTRQ_Map : REAL_VECTOR :=
32:     (-18.0, -5.0, 10.0, 26.0, 48.0, 75.0, 93.0, 93.0, 93.0, 93.0, 93.0,  --Ne[0]
33:      -20.0, -9.0, 6.0, 23.0, 46.0, 73.0, 99.44, 99.44, 99.44, 99.44, 99.44,   --Ne[1]
 ・・・(略)・・・
43:      -40.0, -40.0, -40.0, -40.0, -29.0, -3.0, 23.0, 57.0, 86.0, 112.0, 127.68
44:     );
45:
46:   -- Torque Limtation(Ne[rpm])[Nm] ;
47:   constant MaxTRQ_Map : REAL_VECTOR :=
48:     (93.0, 99.4, 112.37, 121.26, 126.98, 130.24, 133.49, 137.19, 137.72, 137.72, 135.34 , 127.68);
49:
50:   -- Friction(Ne[rpm])[Nm] ;
51:   constant Friction_Map : REAL_VECTOR :=
52:     (-18.0, -20.0, -22.0, -24.0, -26.0, -28.0, -30.0, -32.0, -34.0, -36.0, -38.0, -40.0) ;
53:
54:   quantity q_trq_max : REAL ;
55:   quantity q_trq_gen : REAL ;
56:   quantity q_trq_fric : REAL ;
57:   quantity q_value : REAL ;
58:
59: begin
60:
61:   q_trq_max  == lookup_1d(Q_in_ENG_NE, Ne_Arry, MaxTRQ_Map) ;
62:   q_trq_gen  == lookup_2d(Q_in_TA, Q_in_ENG_NE, Ta_Arry, Ne_Arry, JikuTRQ_Map) ;
63:   q_trq_fric == lookup_1d(Q_in_ENG_NE, Ne_Arry, Friction_Map) ;
64:
65:   -----
66:   -- q_value == q_trq_gen + q_trq_fric ;--if ZushiTorque is used as TorqueMap;
67:   -----
68:   q_value == q_trq_gen ;
69:
70:   Q_out_ENG_FRIC == q_trq_fric ;
71:
72:   if(q_value < q_trq_fric) use
73:     Q_out_ENG_TRQ == q_trq_fric ;
74:   elsif (q_value > q_trq_max) use
75:     Q_out_ENG_TRQ == q_trq_max ;
76:   else
77:     Q_out_ENG_TRQ == q_value ;
78:   end use ;
79:
80: end architecture arch_engine_torque_map;
```

図 3.21　エンジントルク生成モデルの記述

```
 1: -----------------------------------------------------------------
 2: -- 4.2 Engine Fuel map
 3: -----------------------------------------------------------------
 4: library FUNDAMENTALS_VDA ;
 5: use FUNDAMENTALS_VDA.TLU_VDA.all ;
 6:
 7: library IEEE ;
 8: use IEEE.MATH_REAL.all ;
 9: -----------------------------------------------------------------
10: entity ENGINE_FUEL_TBL is
11:   port (
12:     quantity Q_in_ENG_NE : in  REAL;  -- Engine speed [rpm]
13:     quantity Q_in_ENG_TRQ : in  REAL; -- Engine torque [Nm]
14:     quantity Q_out_ENG_FUEL : out REAL  -- Fuel[L/h]
15:   ) ;
16: end entity ENGINE_FUEL_TBL ;
17: -----------------------------------------------------------------
18: architecture arch_engine_fuel_tbl of ENGINE_FUEL_TBL is
19:
20:   -- Ne arry [rpm]
21:   constant NE_Arry : REAL_VECTOR :=
22:     (700.0, 865.0, 1320.0, 1760.0, 2200.0, 2640.0, 3080.0, 3520.0, 3960.0, 4400.0, 4840.0, 5280.0);
23:
24:   -- Engine torque Arry [Nm]
25:   constant Trq_Arry : REAL_VECTOR :=
26:     (-40.0, 0.0, 10.0, 20.0, 30.0, 40.0, 50.0, 60.0, 70.0, 80.0, 90.0, 100.0, 110.0, 120.0, 130.0, 140.0);
27:
28:   -- Engine Fuel Arry fuel(Ne[rpm], Ta[%])
29:   constant Engine_Fuel_Map : REAL_VECTOR :=
30:     (-0.6048191 , -0.6114960, -0.7248559, -0.8212927, -0.8100244 , -0.8051023 ,
          -0.7533227 , -0.6454853 , -0.4932355 , -0.3610393 , -0.1900856 , 0.0000000 , -- Ta[0]
31:       0.4948520 , 0.6114960 , 0.8859350 , 1.2319390 , 1.5043310 ,  1.8785720 ,
          2.2599680 ,  2.5819410 ,  2.7950010 , 3.2493540 , 3.6116260 , 3.9708400 ,    -- Ta[1]
…（略）…
45:       3.3139970 , 4.0951530 , 6.7249860 , 9.4509650 , 11.0694290 , 14.3178740 ,
          16.8986910 , 18.9470970 , 21.8508650 , 24.9524770 , 28.2860380 , 32.0764590
46:     ) ;
47:
48:   -- Engine Fuel Arry MaxFuel(Ne[rpm])
49:   constant Max_Fuel_Map : REAL_VECTOR :=
50:     (2.50236, 3.0922020, 5.3198172, 7.7765544, 9.9387576, 12.9721752, 15.6305196,
                           18.4965732, 21.4363728, 24.5136132, 27.3455028, 29.4012864) ;
51:
52:   quantity q_fuel_gen : REAL ;
53:   quantity Q_FUEL_MAX : REAL ;
54:
55: begin
56:
57:   q_fuel_gen == LOOKUP_2D(Q_in_ENG_NE, Q_in_ENG_TRQ, NE_Arry, Trq_Arry, Engine_Fuel_Map);
58:
59:   Q_FUEL_MAX == LOOKUP_1D(Q_in_ENG_NE, NE_Arry, Max_Fuel_Map);
60:
61:   Q_out_ENG_FUEL == realmin(q_fuel_gen, Q_FUEL_MAX) ;
62:
63: end architecture  arch_engine_fuel_tbl;
```

図 3.22　消費燃料算出モデルの記述

3.2.6　クラッチ

クラッチはエンジンとトランスミッション間に設置され，ドライバが指示したクラッチ操作信号に応じてトルクの伝達を行う機構である．モデル概念図を**図 3.23** に示す．クラッチ信号 $clutch = 1$ の時，式(3-3)に示すように理想的に結合するものとし，

$$T_{in} = T_{out} \qquad \omega_{in} = \omega_{out} \tag{3-3}$$

$clutch = 0$ の時に式(3-4)に示すように伝達されるトルクが0となり，フリーとなる．

$$T_{in} = 0 \qquad T_{out} = 0 \tag{3-4}$$

ここで，フリー状態での両端での回転速度に関してクラッチモデルは感知せず，端子に接続される回転機械運動系の構成要素の状態によって決定される．モデル記述を**図 3.24** に示す．

本モデルは VDA FAT-AK30 によって提供されているライブラリより機能を抜粋して単純化したものであり，クラッチ結合時に大きなトルク変動を引き起こ

す原因となり得る．オリジナルのモデルでは滑りを考慮したトルク伝達にも対応できるようにモデル化されているため，より詳細な動作を求める際には，そちらも参考にして頂きたい．

表 3.8　クラッチモデルパラメータ

入力パラメータ	
なし	
入力信号	
クラッチ操作信号［0/1］	*clutch*
出力信号	
なし	
端子名	
エンジンへの接続	MRV_IN
トランスミッションへの接続	MRV_OUT

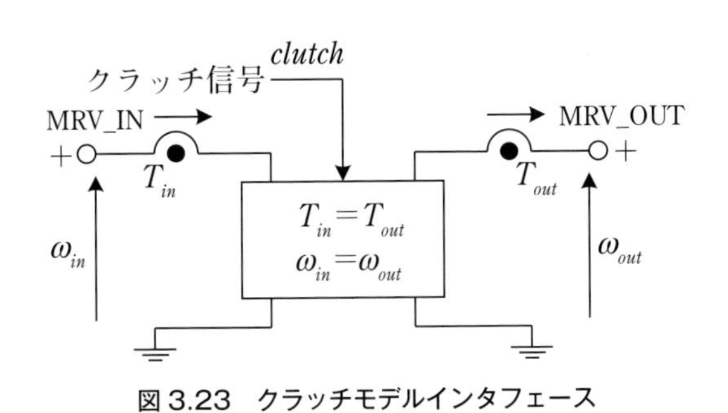

図 3.23　クラッチモデルインタフェース

```
 1: -------------------------------------------------------------------
 2: -- 5. Clutch Model :
 3: --
 4: -------------------------------------------------------------------
 5: library IEEE;
 6: use IEEE.MECHANICAL_SYSTEMS.all;
 7: -------------------------------------------------------------------
 8: entity CLUTCH is
 9:   port    (
10:     quantity Q_in_clutch : in REAL ;
11:     terminal MRV_IN   : ROTATIONAL_VELOCITY;
12:     terminal MRV_OUT  : ROTATIONAL_VELOCITY
13:   );
14: end entity CLUTCH;
15: -------------------------------------------------------------------
16: architecture SYSTEM of  CLUTCH is
17:
18:   quantity ANGULAR_VELOCITY_IN  across TORQUE_IN  through MRV_IN;
19:   quantity ANGULAR_VELOCITY_OUT across                     MRV_OUT;
20:   quantity TORQUE_OUT through ROTATIONAL_VELOCITY_REF to MRV_OUT;
21:
22: begin
23:
24:   if Q_in_clutch = 0.0 use
25:     TORQUE_IN  == 0.0;
26:     TORQUE_OUT == 0.0;
27:   else
28:     TORQUE_IN           == TORQUE_OUT;
29:     ANGULAR_VELOCITY_IN == ANGULAR_VELOCITY_OUT;
30:   end use;
31:
32: end architecture SYSTEM;
```

図 3.24　クラッチモデルの記述

3.2.7　プーリ，ディファレンシャルギヤ

次にギヤによる回転角速度の変換機能を利用したプーリと，ディファレンシャルギヤについて紹介する．

プーリは図 3.25 に示すようなギヤ比に応じた角速度，トルクの変換器として単純化している．ギヤ比 *Ratio* を用いて回転角速度 ω とトルク T の関係は式(3-5)にて表される．

$$\omega_{in} = Ratio \cdot \omega_{out}$$
$$T_{out} = Ratio \cdot T_{in} \tag{3-5}$$

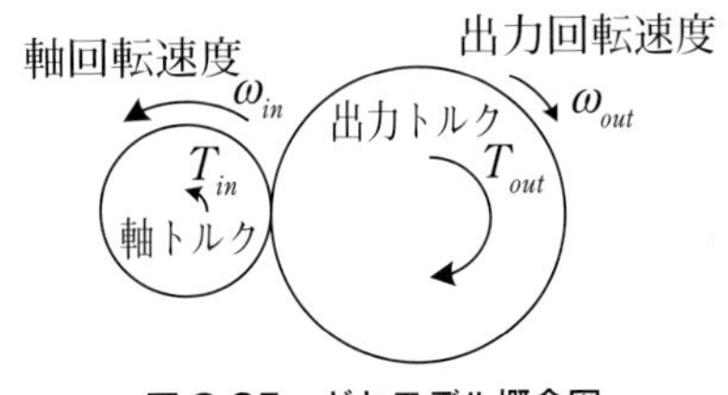

図 3.25　ギヤモデル概念図

プーリはエンジンとオルタネータ間に接続され，オルタネータは発電のみであり常にエンジン生成トルクにより駆動されることを考慮している．

また，本来ディファレンシャルギヤは駆動輪の速度差を吸収するための差動機構を有するが，燃費計算のための車両モデルでは旋回運動を行うことを考慮していないため，単純な変速機として表現できる．但し，減速時には車軸に負(タイヤ→エンジンの向き)のトルクが生じるため，トルクの関係式は効率 Eta を考慮すると回転軸トルクの方向により式(3-6)で表現する必要がある．

$$T_{out} = Eta \cdot Ratio \cdot T_{in} \Big|_{T_{out} \geq 0}$$
$$T_{out} \cdot Eta = T_{in} \cdot Ratio \Big|_{T_{out} < 0} \qquad (3\text{-}6)$$

ディファレンシャルギヤモデルのインタフェースを**図 3.26** に，モデル記述を**図 3.27**，**図 3.28** に示す．

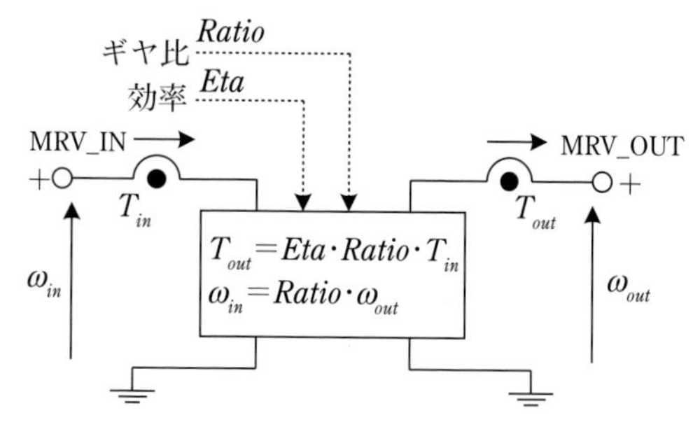

図 3.26　プーリ，ディファレンシャルギヤモデルインタフェース

表 3.9　プーリ，ディファレンシャルギヤモデルパラメータ

入力パラメータ	
ギヤ比［-］	*Ratio* =3.0（プーリ） =4.058（デフ）
効率［-］	*Eta* =1.0（プーリ） =0.98（デフ）
入力信号	
なし	
出力信号	
なし	
端子名	
エンジン側への接続	MRV_IN
負荷側への接続	MRV_OUT

```
 1: ----------------------------------------------------------------------
 2: -- 11. Pulley :
 3: --
 4: ----------------------------------------------------------------------
 5: library IEEE;
 6:     use IEEE.MECHANICAL_SYSTEMS.all;
 7:     use IEEE.MATH_REAL.all;
 8: ----------------------------------------------------------------------
 9: entity PULLEY_MODEL is
10:   generic (
11:     Ratio : REAL := 3.0; -- gear ratios
12:     Eta   : REAL := 1.0  -- efficiency
13:   );
14:   port (
15:     terminal MRV_IN  : ROTATIONAL_VELOCITY;  -- provides torque
16:     terminal MRV_OUT : ROTATIONAL_VELOCITY   -- output torque
17:   );
18: end entity  PULLEY_MODEL;
19: ----------------------------------------------------------------------
20: architecture A0 of PULLEY_MODEL is
21:
22:   constant RATIO_INTERN : REAL := Ratio ;
23:   quantity ANGULAR_VELOCITY_IN  across TORQUE_IN  through MRV_IN;
24:   quantity ANGULAR_VELOCITY_OUT across                    MRV_OUT;
25:   quantity                             TORQUE_OUT through ROTATIONAL_VELOCITY_REF to MRV_OUT;
26:
27: begin
28:
29:   ANGULAR_VELOCITY_IN == Ratio * ANGULAR_VELOCITY_OUT;
30:   TORQUE_OUT == Eta * Ratio * TORQUE_IN;
31:
32: end architecture A0;
```

図 3.27　プーリモデルの記述

```
 1: ----------------------------------------------------------------------
 2: -- 7. Differentail gear Model :
 3: --
 4: ----------------------------------------------------------------------
 5: library IEEE;
 6: use IEEE.MECHANICAL_SYSTEMS.all;
 7: ----------------------------------------------------------------------
 8: entity DF_MODEL is
 9:   generic (
10:     Ratio : REAL := 4.058;     -- gear ratios
11:     Eta : REAL := 0.98 -- efficiency
12:   );
13:   port (
14:     terminal MRV_IN  : ROTATIONAL_VELOCITY;  -- provides torque
15:     terminal MRV_OUT : ROTATIONAL_VELOCITY   -- output torque
16:   );
17: end entity  DF_MODEL;
18: ----------------------------------------------------------------------
19: architecture A0 of DF_MODEL is
20:
21:   constant RATIO_INTERN : REAL := Ratio ;
22:   quantity ANGULAR_VELOCITY_IN  across TORQUE_IN  through MRV_IN;
23:   quantity ANGULAR_VELOCITY_OUT across                    MRV_OUT;
24:   quantity                             TORQUE_OUT through ROTATIONAL_VELOCITY_REF to MRV_OUT;
25:
26: begin
27:
28:   ANGULAR_VELOCITY_IN== RATIO*ANGULAR_VELOCITY_OUT;
29:
30:   if TORQUE_OUT > -0.01 USE
31:     TORQUE_OUT == Eta * Ratio * TORQUE_IN ;
32:   else
33:     TORQUE_OUT * Eta == TORQUE_IN * Ratio ;
34:   end use;
35:
36: end architecture A0;
```

図 3.28　ディファレンシャルギヤモデルの記述

3.2.8　トランスミッション

トランスミッションは，先に紹介したギヤモデル 3.2.7 項「プーリ，ディファレンシャルギヤ」を拡張し，シフトポジションに応じた複数のギヤ比を適用する機能を実装したものである．また，トランスミッション自身の慣性も大きいため，これを考慮すべきである．**図 3.29** にトランスミッションと内部ギヤボックスのモデルインタフェースを示す．

トランスミッションモデルは，慣性とギヤボックスを接続した構造モデルとして記述し，シフト切り替え機能を有するギヤボックスモデルを別途記述した階層構造となっている．モデル記述を**図 3.30**，**図 3.31** に示す．

トランスミッションモデルの記述は慣性 J_intern とギヤボックスモデル gear_1 の 2 つの要素から構成されている．ここで 25 行目にてギヤボックスモデルの指定 entity WORK.gearbox にて指定されている WORK ライブラリとは，現在利用している全ての部品が格納され，参照することができる仮想的なライブラリで，一般的には全体シミュレーションを管理しているプロジェクトやスケマテックと同一階層を指す．即ち，これまでに紹介してきた全ての部品は全て

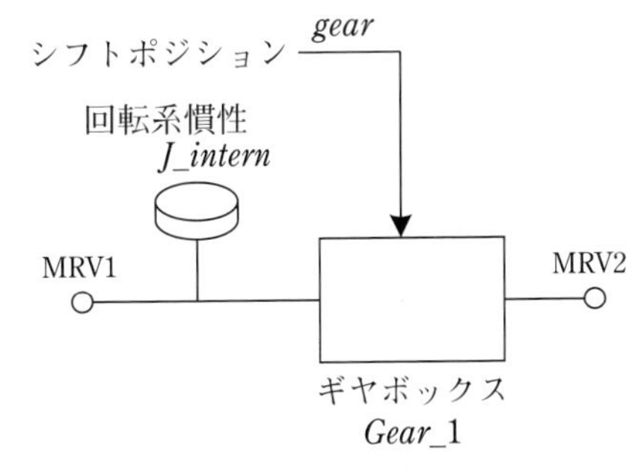

(a) トランスミッションモデルインタフェース

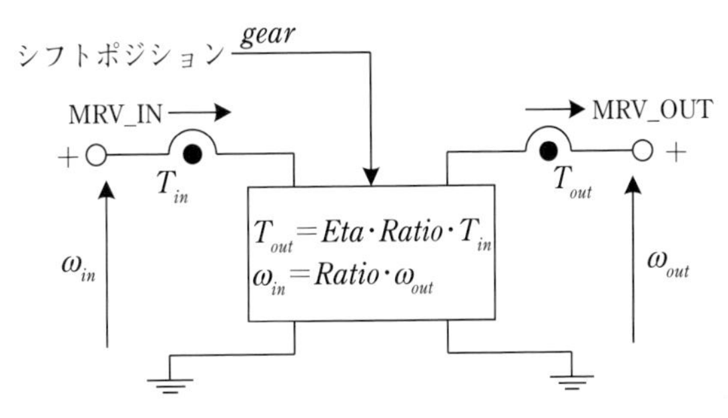

(b) 内部ギヤボックスモデルインタフェース

図 3.29　トランスミッションモデルインタフェース

表 3.10　トランスミッションモデルパラメータ

入力パラメータ	
内部慣性［kgm^2］	J=0.1
入力信号	
シフトポジション	*gear*
出力信号	
なし	
端子名	
エンジン側への接続	MRV1
駆動輪側への接続	MRV2

表 3.11　ギヤボックスモデルパラメータ

入力パラメータ	
時定数［s］	TC=0.1
入力信号	
シフトポジション	*gear*
出力信号	
なし	
端子名	
エンジン側への接続	MRV_IN
駆動輪側への接続	MRV_OUT

WORK ライブラリに格納されているとみなすことができ，慣性 J_intern は FUNDAMENTALS_JSAE ライブラリファイルに格納されているため，そのモデル定義は FUNDAMENTALS_JSAE ライブラリを参照する必要がある．

ギヤボックスモデルでは入力されたシフトポジション gear に応じたギヤ比 RATIO，効率 ETA を利用した変速機構であり，前述のディファレンシャルギヤと同じ仕組みである．ギヤ比 RATIO，効率 ETA は 20～21 行目にて配列定義されており，**表 3.12** に示す値

表 3.12　ギヤ比率・効率

ギヤ	ポジション番号	ギヤ比	効率
N	0	0	0.96
1 速	1	3.250	0.96
2 速	2	1.782	0.96
3 速	3	1.172	0.96
4 速	4	0.909	0.96
5 速	5	0.702	0.96

が設定されている．これらは gear が離散的な値として得られる事が確実ならば，先に紹介した lookup_1d( ) テーブル参照関数を用いてギヤ比を導出する方が可読性は高い．ここでは直接配列の引数として値を取り出す手法を紹介するために 34～38 行目に示す process 文を用いた記述を行っている．基本的なモデルの挙動は 2.5.5 項「デジタル－アナログ信号変換」を参照頂きたいが，入力信号としてのシフトポジション（Q_in_gear）から配列の参照引数 S_GEAR をデジタルプロセス文にて 0.1 秒毎に更新している．また，参照されたギヤ比 RATIO_GEAR，効率 ETA_GEAR もデジタル信号であるが，変速比率の定義式にて RATIO_GEAR'RAMP（TC）として時刻 TC=0.1s で立ち上がる量として利用している．この処理を行わない場合，ギヤ比の変化が急峻となりシミュレーションが不安定になる恐れがあるが，一方で本モデルは利用されるシミュレーションの設定において時間刻みが TC 以下であることを強いるため，運用に制限を課すことになる．

```
 1: -----------------------------------------------------------------------
 2: -- 6. Transmission Model :
 3: --   6.1 gearbox model
 4: --
 5: -----------------------------------------------------------------------
 6: library IEEE ;
 7: use IEEE.MECHANICAL_SYSTEMS.all ;
 8:
 9: library FUNDAMENTALS_JSAE ;
10: -----------------------------------------------------------------------
11: entity Gearbox_model is
12:   generic (
13:     J : MOMENT_INERTIA := 0.1
14:   ) ;
15:   port(
16:     quantity Q_in_gear : in REAL  ;
17:     terminal mrv1, mrv2 : ROTATIONAL_V
18:   ) ;
19: end entity Gearbox_model;
20: -----------------------------------------------------------------------
21: architecture struct of Gearbox_model is
22:
23: begin
24:
25:   gear_1 : entity WORK.gearbox(a0)
26:     port map(q_in_gear=>Q_in_gear, MRV_IN=>MRV1, MRV_OUT=>MRV2) ;
27:
28:   J_intern : entity FUNDAMENTALS_JSAE.mass_rotv_jsae(behav)
29:     port map(J=>J, rot1=> MRV2) ;
30:
31: end architecture struct;
```

図 3.30　トランスミッションモデルの記述

```
 1: ---------------------------------------------------------------------
 2: -- 6.1 Gear box model
 3: ---------------------------------------------------------------------
 4: library IEEE ;
 5: use IEEE.MECHANICAL_SYSTEMS.all;
 6: use IEEE.MATH_REAL.all;
 7: ---------------------------------------------------------------------
 8: entity GEARBOX is
 9:   generic (
10:     TC     : REAL := 0.1 -- rise/fall times
11:   );
12:   port    (
13:     quantity Q_in_gear :in REAL ;
14:     terminal MRV_IN   : ROTATIONAL_VELOCITY;  -- provides torque
15:     terminal MRV_OUT : ROTATIONAL_VELOCITY   -- output torque
16:   );
17: end entity GEARBOX;
18: ---------------------------------------------------------------------
19: architecture A0 of  GEARBOX is
20:   constant RATIO : REAL_VECTOR := (0.0, 3.250, 1.782, 1.172, 0.909, 0.702);    -- gear ratios
21:   constant ETA   : REAL_VECTOR  := (0.96, 0.96, 0.96, 0.96, 0.96, 0.96);    -- efficiency
22:
23:   quantity ANGULAR_VELOCITY_IN  across TORQUE_IN  through MRV_IN;
24:   quantity ANGULAR_VELOCITY_OUT across                  MRV_OUT;
25:   quantity                            TORQUE_OUT through ROTATIONAL_VELOCITY_REF to MRV_OUT;
26:
27:   constant sample_time : TIME := 0.1 * 1 sec;
28:   signal   S_GEAR  : NATURAL;             -- gear position
29:
30:   signal RATIO_GEAR : REAL :=  0.0;
31:   signal ETA_GEAR    : REAL :=  0.0;
32: begin
33:
34:   process
35:   begin
36:     s_gear <= integer(Q_in_gear);
37:     wait for sample_time;
38:   end process ;
39:
40:   RATIO_GEAR <= RATIO(S_GEAR);
41:   ETA_GEAR <= ETA(S_GEAR);
42:
43:
44:   ANGULAR_VELOCITY_IN  == RATIO_GEAR'RAMP(TC)*ANGULAR_VELOCITY_OUT;
45:
46:   if TORQUE_OUT > -0.1 use
47:     TORQUE_OUT           == ETA_GEAR'RAMP(TC)*RATIO_GEAR'RAMP(TC)*TORQUE_IN;
48:   else
49:     TORQUE_OUT*ETA_GEAR'RAMP(TC) == RATIO_GEAR'RAMP(TC)*TORQUE_IN;
50:   end use;
51:
52: end architecture A0;
```

図 3.31　ギヤボックスモデルの記述

3.2.9　ブレーキ

ブレーキはドライバよりブレーキ信号 *CTRL* が与えられた際に式(3-7)で示すトルク *T* をホイール軸 MRV_B より消費するトルク源モデルとして表現する．

$$T = sign(\omega)\mu F_{N\_MAX}\, C_{GEO}\, CTRL \tag{3-7}$$

ここでホイール回転速度ω，動摩擦係数μ，形体係数C_{GEO}および圧接力F_Nであり，これらの値は VDA FAT-AK30 ワーキンググループが作成し，オープンライブラリとして公開しているモデルを利用している．ブレーキ信号 *CTRL* は0~1の範囲の実数であり，1.0の時に最大踏み込み量となる．動摩擦係数μは配列として定義され回転速度に応じたマップを利用可能としているが，現状は0.5 [-] 固定値である．

表 3.13　ブレーキモデルパラメータ

入力パラメータ	
圧着力スケール	$PEAK$=1.0
形体係数	C_{GEO}=1.0
最大圧着力 [N]	F_{N_MAX}=650
回転速度閾値 [rad/s]	W_SMALL=0
入力信号	
ブレーキ信号 [0~1]	*CTRL*
出力信号	
なし	
端子名	
ホイール軸への接続	MRV_B

```
 1: ---------------------------------------------------------------------
 2: -- 8. Brake Model :
 3: --
 4: ---------------------------------------------------------------------
 5: library IEEE, FUNDAMENTALS_VDA;
 6: use IEEE.MECHANICAL_SYSTEMS.all;
 7: use IEEE.MATH_REAL.all;
 8: use FUNDAMENTALS_VDA.TLU_VDA.all;
 9: ---------------------------------------------------------------------
10: entity BRAKE is
11:   generic  (
12:      PEAK    : REAL := 1.0;    -- scalling
13:      CGEO    : REAL := 1.0;    -- Geometry coef.
14:      FN_MAX  : REAL := 650.0; -- Max Force[N]
15:      W_SMALL : REAL := 0.1     -- speed threshold [rad/s]
16:     );
17:   port     (
18:     quantity Q_in_CTRL      : in REAL;  -- Braking power [0 to 1]
19:     terminal MRV_B  : ROTATIONAL_VELOCITY
20:     );
21:
22: end entity BRAKE;
23: ---------------------------------------------------------------------
24: architecture BASIC of BRAKE is
25:   constant W        : REAL_VECTOR    := (0.0, 1.0); -- wheel speed arry
26:   constant MUE      : REAL_VECTOR    := (0.5, 0.5); -- mue arry
27:   constant FN_SMALL  : REAL := FN_MAX*1.0E-3;
28:   constant MUE_0     : REAL := LOOKUP_1D(0.0, W, MUE);
29:   constant PEAK_FRIC : REAL := PEAK;
30:
31:   quantity W_FRIC  across TAU_FRIC  through MRV_B;
32:
33:   quantity FN                : REAL;
34:   quantity FN_NORMALIZED     : REAL;
35:
36: begin
37:
38:   FN_NORMALIZED  == REALMAX(0.0, REALMIN(1.0, Q_in_CTRL));
39:   FN             == FN_MAX*FN_NORMALIZED;
40:
41:   if not W_FRIC'ABOVE(-W_SMALL) or W_FRIC'ABOVE(W_SMALL) use
42:      ----
43:      -- Stopping torque
44:      ----
45:      TAU_FRIC   ==  PEAK_FRIC*CGEO*LOOKUP_1D(abs(W_FRIC),W,MUE)*FN*SIGN(W_FRIC);
46:   else
47:      ----
48:      -- Range in small speed
49:      ----
50:      if not FN'ABOVE(FN_SMALL) or FN < FN_SMALL use
51:         TAU_FRIC == 0.0;
52:      else
53:         W_FRIC   == 0.0;
54:      end use;
55:   end use;
56:
57: end architecture BASIC;
```

図 3.32　ブレーキモデル定義

3.2.10　ホイール

ホイールは前章 2.5.4 項「ドメイン変換」にて記載したタイヤモデルと同等である．**図 3.33** にその記述を示す．スリップ率を考慮したモデルや非線形の動摩擦抵抗を実装するための拡張として配列定義がされているが，現在は利用していない．タイヤ回転慣性 J は，4 輪分の値になることに留意する．

表 3.14　ホイールモデルパラメータ

入力パラメータ	
タイヤ慣性［kgm^2］	J=3.05
タイヤ半径［m］	*tire_r*=0.28
時定数［s］：未使用	*TAU*
速度閾値［m/s］：未使用	*V_SMALL*
入力信号	
なし	
出力信号	
なし	
端子名	
ホイール軸への接続	MRV_IN
車両側への接続	MTV_OUT

```
 1: ----------------------------------------------------------------------
 2: -- 9. Wheel model :
 3: --
 4: ----------------------------------------------------------------------
 5: library IEEE, FUNDAMENTALS_VDA ;
 6: use IEEE.MECHANICAL_SYSTEMS.all;
 7: use IEEE.FUNDAMENTAL_CONSTANTS.all;
 8: use IEEE.MATH_REAL.all;
 9: use FUNDAMENTALS_VDA.TLU_VDA.all;
10: ----------------------------------------------------------------------
11: entity WHEELS is
12:   generic (
13:     J       : REAL        := 3.05;        -- moment of inertia of wheels
14:     TAU     : REAL        := 0.016;       -- time constant for slip
15:     tire_r  : REAL        := 0.28;        -- radius [m]
16:     V_SMALL : REAL        := 1.0E-5       -- limit for velocities
17:   );
18:   port    (
19:     terminal MRV_IN      : ROTATIONAL_VELOCITY;    -- provides torque
20:     terminal MTV_OUT     : TRANSLATIONAL_VELOCITY  -- drives vehicle
21:   );
22:
23: end entity WHEELS;
24: ----------------------------------------------------------------------
25: architecture SIMPLE of WHEELS is
26:   constant SLIP     : REAL_VECTOR := (0.0, 0.05, 0.1, 1.0);  -- wheel slip values
27:   constant MUE      : REAL_VECTOR := (0.0, 1.0,  1.2, 0.8);  -- associated adhesion coefficients
28:
29:   quantity OMEGA  across TORQUE_IN  through MRV_IN;
30:   quantity V      across                    MTV_OUT;
31:   quantity               FORCE_OUT  through TRANSLATIONAL_VELOCITY_REF to MTV_OUT;
32:
33:   quantity omg_j across trq_j through MRV_IN to ROTATIONAL_VELOCITY_REF ;
34:
35: begin
36:
37:     V         == tire_r * OMEGA;
38:     FORCE_OUT * tire_r  == TORQUE_IN;
39:
40:     trq_j == J * omg_j'DOT ;
41:
42: end architecture SIMPLE;
```

図 3.33　ホイールモデルの記述

3.2.11　車両

ホイールで駆動トルクから変換された駆動力により駆動される車両の運動方程式．各種走行抵抗を定義するモデルである．走行抵抗としては式(3-8)～(3-10)に示す転がり抵抗 $F_{rolling}$，空力抵抗 F_{drag}，勾配 F_{grad} を考慮している．

$$F_{rolling} = Mg\cos\alpha\cdot\left(F_{R0}+F_{R1}\frac{3.6\cdot V}{100}\right)+F_{R4}\left(\frac{3.6\cdot V}{100}\right)^2 \tag{3-8}$$

$$F_{drag}=\frac{1}{2}\rho A_F C_D (V+V_W)^2 \tag{3-9}$$

$$F_{grad} = Mg\ \sin\ \alpha \tag{3-10}$$

$$F_{ext} = F_{grad} + sign\ (V)\left(F_{drag} + F_{rolling}\right) \tag{3-11}$$

$$F_{mass}=M\frac{dV}{dt} \tag{3-12}$$

これらの合算として走行抵抗 F_{ext} と車両質量の運動方程式(3-12)が連立している．車両速度 V が小さくなった際，0m/s 近傍でのハンチング現象を回避するために局所関数 F_SMOOTH( )を用いて外力を徐々に小さくする仕組みを用いている．ここで，関数の定義方法として impure function 関数と pure function 関数の二種類があり，省略時のデフォルトはツールにより異なる．impure 関数は関数外部のエンティティ句，アーキテクチャ句やパッケージ句で宣言されている変数を参照可能とし，pure 関数は局所関数に与えられた引数のみを参照するという違いがある．また，モデル中 IF(domain = quiescent_domain) USE 文は初期計算(DC 計算)で利用されるセクションであり，複雑な初期値の設定を明示するための記述方法で，この他に time_domain(過渡応答計算)，frequency_domain(周波数応答計算)が予め用意されている．また，式(3-13)に示す接地面での駆動力 F_{max} よりも走行抵抗

F_{ext} が大きい場合には警告とするような仕組みを 114 行目に実装している.

$$F_{max} = \mu Mg \cos\alpha \cdot \left(L - L_A + F_{R0}\left(1 + \frac{3.6 \cdot V}{100}\right)(H_G - R_D)\right)/L \Big/ \left(1 + \mu \frac{H_G}{L}\right) \quad (3\text{-}13)$$

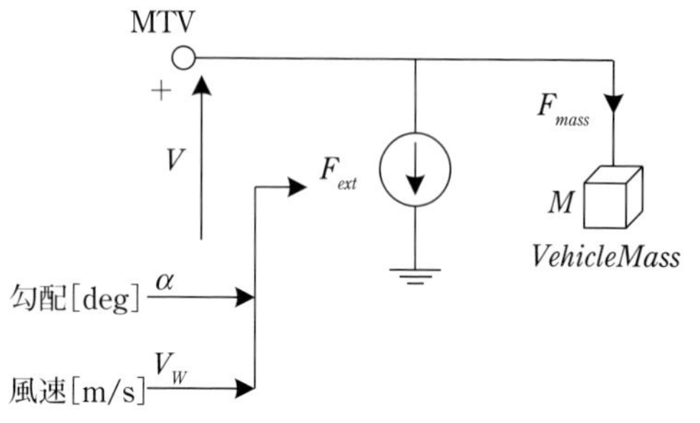

図 3.34　車両モデルインタフェース

表 3.15　車両モデルパラメータ

入力パラメータ	
転がり抵抗係数	F_{R0}=0.01
転がり抵抗係数 速度 [1]	F_{R1}=0
転がり抵抗係数 速度 [4]	F_{R4}=0
摩擦係数	MUE=0.75
空気密度［kg/m³］	RHO=1.2
時定数［s］	TAU=0.016
車両質量［kg］	$VehicleMass$=1500.0
前面投影面積［m²］	A_F=2.0
車長	L=2.0
車輪～重心距離［m］	L_A=0.5
車輪半径［m］	R_D=0.25
重心高さ［m］	H_G=0.5
抗力係数	C_D=0.5
入力信号	
風速［m/s］	V_W
傾斜角［deg］	$ALPHA$
出力信号	
車両速度［m/s］	$Speed$
端子名	
ホイールへの接続	MTV

```
 1: ----------------------------------------------------------------------
 2: -- 10. Vehicle model :
 3: --
 4: ----------------------------------------------------------------------
 5: library IEEE ;
 6: use IEEE.MECHANICAL_SYSTEMS.all;
 7: use IEEE.FUNDAMENTAL_CONSTANTS.all;
 8: use IEEE.MATH_REAL.all;
 9: ----------------------------------------------------------------------
10: entity VEHICLE is
11:   generic (
12:     FR0   : REAL :=    0.01;  -- rolling resistance coefficient
13:     FR1   : REAL :=    0.0;   -- rolling resistance coefficient of v
14:     FR4   : REAL :=    0.0;   -- rolling resistance coefficient of v**4
15:     MUE   : REAL :=    0.75;  -- frictional coefficient
16:     RHO   : REAL :=    1.2;   -- density of air [kg/m^3]
17:     TAU   : REAL :=    0.016;  -- time constant [s]
18:     VehicleMass : REAL :=  1500.0;  -- VehicleMaa [kg]
19:     AF    : REAL := 2.0;      -- Frontal projected area [m^2]
20:     L     : REAL := 2.0;      -- Length of wheel base [m]
21:     LA    : REAL := 0.5;      -- Gravity center position from front wheel[m]
22:     RD    : REAL := 0.25;      -- wheel radius [m]
23:     HG    : REAL := 0.5;      -- Gravity center height [m]
24:     CD    : REAL := 0.5     -- coefficient of aerodynamic resistance
25:   );
26:   port   (
27:     quantity Q_in_VW    : REAL := 0.0 ;          -- wind [m/s]
28:     quantity Q_in_ALPHA : REAL := 0.0 ;          -- grading angle [deg}
29:     quantity Q_out_Speed : out REAL := 0.0 ; --vehicle speed [m/s]
30:     terminal MTV    : TRANSLATIONAL_VELOCITY
31:   );
32: end entity VEHICLE;
33: ----------------------------------------------------------------------
34: architecture FRONT_DRIVEN of VEHICLE is
35:   --------------
36:   function F_SMOOTH(V, EPS : REAL) return REAL is
37:     variable RESULT : REAL;
38:   begin
39:     if abs V < EPS then
40:       RESULT := 1.0 - COS(V/EPS*MATH_PI/2.0);
41:     else
42:       RESULT := 1.0;
```

図 3.35　車両モデルの記述

```
 43:     end if;
 44:     return RESULT;
 45:   end function F_SMOOTH;
 46:   -------------
 47:
 48:   constant EPS : REAL := 1.0;
 49:   constant G   : REAL := PHYS_GRAVITY;  -- gravity constant [m/s^-2]
 50:
 51:   -- V in [m/s], F in N
 52:   quantity V  across F_EXT through MTV;
 53:
 54:   -- Vehicle Mass
 55:   quantity Vmass across Fmass through MTV to TRANSLATIONAL_V_REF ;
 56:
 57:   quantity F_ROLLING : REAL;
 58:   quantity F_CAR     : REAL;
 59:   quantity F_DRAG    : REAL;
 60:   quantity F_GRAD    : REAL;
 61:   quantity F_MAX     : REAL;
 62:
 63: begin
 64:
 65:   IF (domain = quiescent_domain) USE
 66:     -- rolling resistance
 67:     -- normal force times rolling resistance coefficient
 68:     -- (note that V in given in m/s)
 69:     F_ROLLING == VehicleMass*COS(Q_in_ALPHA/180.0*MATH_PI)*G
 70:                *(FR0 + FR1*abs(3.6*V)/100.0)+ FR4*((3.6*V/100.0)**2);
 71:
 72:     -- aerodynamic drag resistance  (V and VW in m/s)
 73:     F_DRAG     == 0.5*RHO*AF*CD*(V+Q_in_VW)**2;
 74:
 75:     -- grading resistance
 76:     F_GRAD     == VehicleMass*SIN(Q_in_ALPHA/180.0*MATH_PI)*G;
 77:
 78:     -- car dynamic
 79:     F_CAR      == 0.0; -- DELTA*M*V'LTF((0.0, 1.0),(1.0,TAU));
 80:
 81:     -- check tire ground adhesion for front-wheel-driven vehicle
 82:     F_MAX      == MUE * VehicleMass*G*COS(Q_in_ALPHA/180.0*MATH_PI) *
 83:                   (L-LA+FR0*(1.0+V/100.0*3.6)*(HG-RD))/L/(1.0+MUE*HG/L);
 84:
 85:     -- determine external force
 86:     F_EXT == F_CAR + F_GRAD + (F_DRAG + F_ROLLING)*SIGN(V)*F_SMOOTH(V, EPS);
 87:
 88:   ELSE
 89:
 90:     -- rolling resistance
 91:     -- normal force times rolling resistance coefficient
 92:     -- (note that V in given in m/s)
 93:     F_ROLLING == VehicleMass*COS(Q_in_ALPHA/180.0*MATH_PI)*G
 94:               *(FR0 + FR1*abs(3.6*V)/100.0)+ FR4*((3.6*V/100.0)**2);
 95:
 96:     -- aerodynamic drag resistance  (V and VW in m/s)
 97:     F_DRAG     == 0.5*RHO*AF*CD*(V+Q_in_VW)**2;
 98:
 99:     -- grading resistance
100:     F_GRAD     == VehicleMass*SIN(Q_in_ALPHA/180.0*MATH_PI)*G;
101:
102:     -- car dynamic
103:     F_CAR      == 0.0 ;--DELTA*M*V'LTF((0.0, 1.0),(1.0,TAU));
104:
105:     -- check tire ground adhesion for front-wheel-driven vehicle
106:     F_MAX      == MUE * VehicleMass*G*COS(Q_in_ALPHA/180.0*MATH_PI) *
107:                   (L-LA+FR0*(1.0+V/100.0*3.6)*(HG-RD))/L/(1.0+MUE*HG/L);
108:
109:     -- determine external force
110:     F_EXT == F_CAR + F_GRAD + (F_DRAG + F_ROLLING)*SIGN(V)*F_SMOOTH(V, EPS);
111:
112:   END USE;
113:
114:   assert F_MAX'ABOVE(F_EXT) or (F_MAX >= F_EXT)
115:       report "WARNING: Tire-Ground adhesion condition is violated."
```

図 3.35　車両モデルの記述（続き）

```
116:        severity WARNING;
117:
118:    Fmass == VehicleMass * Vmass'dot ;
119:    Q_out_Speed == Vmass ;
120:
121: end architecture FRONT_DRIVEN;
```

図 3.35　車両モデルの記述（続き）

3.2.12　オルタネータ

オルタネータのモデル構成を**図 3.36** に示す．回転速度に応じた起電力と平均巻線抵抗 *r_vda*5，インダクタンス *l_vda*5 と整流ダイオードから構成される．起電力はレギュレーション電圧と出力電流により制御される．出力電流制限は JIS D1615 自動車用オルタネータ試験方法に基づく試験結果より得られる出力電流特性のマップデータを用いて線形補間される．同様に回転数より参照される発電効率特性を用いてオルタネータが発電時に消費するトルクを導出し，電気系と機械系のエネルギーバランスが保持されるモデルとした．

本モデルは，制御電圧の積極的な制御や回生制御を視野に，JISD 1615 試験方法より多くの動作領域において発電効率特性を計測し，負荷トルクの 3 次元マップとしている．

表 3.16　オルタネータモデルパラメータ

入力パラメータ	
なし	
入力信号	
制御電圧［V］	*REG_Voltage*=14.0
出力信号	
なし	
端子名	
プーリへ接続	MRV_IN
回転リファレンスへ接続	MRV_GND
電気系へ接続	EL_IN
電気グランドへ接続	EL_GND

図 3.39 にオルタネータモデルの記述を示す．構成図のうち，慣性 *mass_rotv_jsae*1 や巻き線抵抗 *r_vda*5，インダクタンス *l_vda*5 らの接続関係を構造モデルで表現している．電流制限の計算部 climit1 と起電圧の計算部 acg_emf1 および負荷トルク源の計算部 trqmap1 に関するモデルの記述を**図 3.40** ～**図 3.42** に示す．それぞれのモデルの記述について解説する．

（A）**電流制限（図 3.40）**

部品名「ALTA_CURRENT_LIMIT_80A_*」

電流制限モデルは**図 3.37** に示す回転速度に応じた定格電流の 1 次元マップとして表現している．回転速度は *omg*［rad/s］にて与えられるが，マップデータは見易さのために［rpm］にて定義している．このため，lookup_1d( ) 関数で利用する引数 q_rpm へと 28 行目で単位変換している．ここで “math_PI” は IEEE の MATH_REAL パッケージにて定義されている予約語で円周率 π に相当する．この他にも math_2_pi = 2π，math_sqrt_2 = $\sqrt{2}$ など，よく利用される定数が用意されている．マップデータを変更することで様々な定格を持つオルタネータモデルを用意しているが，本書籍では 80A 定格のみ紹介する．

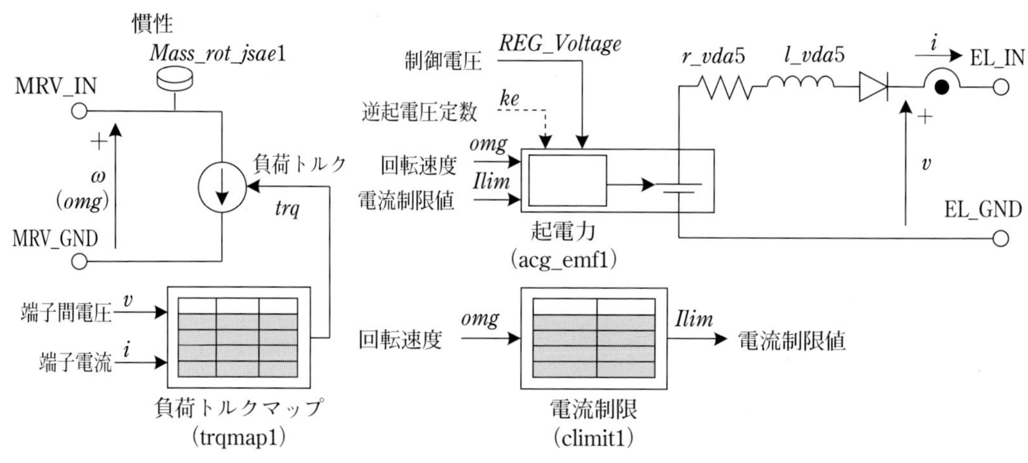

図 3.36　オルタネータモデル構成

表 3.17　電流制限モデルパラメータ

入力パラメータ	
なし	
入力信号	
回転速度［rad/s］	*omg*
出力信号	
電流制限［A］	*Ilim*

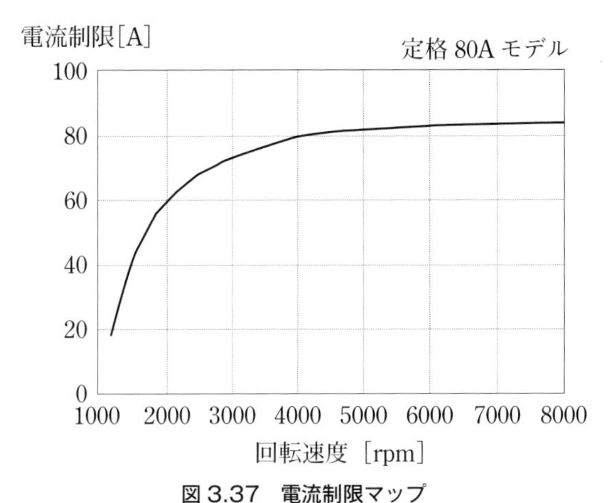

図 3.37　電流制限マップ

(B) 起電圧(図 3.41)

部品名「ACG_emf」

逆起電圧 B_{EMF} はオルタネータの出力電流が生じるカットイン回転速度より導出した逆起電圧定数 Ke を用いて式(3-14)で得られる．

$$B_{EMF} = Ke \cdot \omega \tag{3-14}$$

また，マップより得られた電流制限 I_{lim} と巻線電流 i との偏差を比例制御によって得られる補正電圧を式(3-15)にて得る．比例定数 Kp はデフォルト 1.0 としている．

$$\begin{aligned} FB_{lim} &= Kp\left(I_{lim} - i\right)\Big|_{i \geq I_{lim}} \\ FB_{lim} &= 0\ \Big|_{i < I_{lim}} \end{aligned} \tag{3-15}$$

これらにより，オルタネータ電圧源に供給されるべき電圧 v は，発電指示電圧 V_{reg} を用いて

$$\begin{aligned} v &= V_{reg} + FB_{lim}\Big|_{B_{EMF} \geq V_{reg}} \\ v &= B_{EMF} + FB_{lim}\Big|_{B_{EMF} < V_{reg}} \end{aligned} \tag{3-16}$$

である．

モデル ACG_emf 記述中 48，50 行目に電圧 v の定義式に負の符号が記述されているのは，アクロス変数として電圧 v の定義の向きによるものである．

表 3.18　起電圧モデルパラメータ

入力パラメータ	
逆起電圧定数［-］	Ke=0.205509 （定格電流別に定義）
電圧制御ゲイン［-］	Kp=1.0
入力信号	
回転速度［rad/s］	*omg*
電流制限値［A］	*Ilim*
制御電圧［V］	*Vreg*
出力信号	
なし	
端子名	
GND 側へ接続	EL1
r_vda5 側へ接続	EL2

(C) 負荷トルク源(図 3.42)

部品名「ALTA_TrqMap_80A_*」

負荷トルクモデルは，回転速度 ω，端子電流 i，端子間電圧 v より参照される 3 次元マップを用いている．125 行～127 行で回転速度，電流，電圧の各テーブルより逸脱しないように制約をかけた上で，130 行目にて 3 次元テーブルを参照する lookup_3d( ) 関数を用いて索引し，負荷トルクを生成するトルク源として動作する．ここで，CurrArr'LEFT や CurrArr'RIGHT は宣言した電流索引配列の最初と最後の引数を返すアトリビュートであり，即ち CurrArr(CurrArr'LEFT) が配列の最小値と CurrArr(CurrArr'RIGHT) が最大値となる．配列長が変化した場合でも architecture 本体内部の式を変更しないで済む仕組みになっている．(FUNDAMENTALS_VDA が提供する lookup_*d( ) 関数では，引数配列は昇順に整列されていることが規定されているために利用できる記述でもある．) また，3 次元配列の定義では，先ず 1 行目に電流 CurrArr(0)=0A における回転速度 0～7000rpm に応じた値が配置され，2 行目に CurrArr(1)=7A における回転速度 0～7000rpm に応じた値が配置されている．それを電圧 v=0，12，12.5V… と続くブロックとして定義している．これは見易さの為に行った処理であり，実際には全てカンマ区切りの 1 次元配列である．**図 3.38** に電圧 v=13.5V と 14.5V における負荷トルクマップを示す．

表 3.19　負荷トルク源モデルパラメータ

入力パラメータ	
なし	
入力信号	
端子電流［A］	i
端子間電圧［V］	v
出力信号	
負荷トルク［Nm］	*trq*
端子名	
MRV_IN 側へ接続	mrv1
リファレンス側へ接続	mrv2

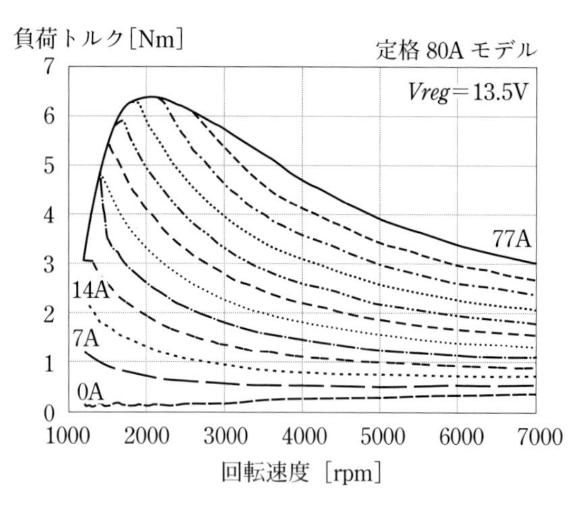

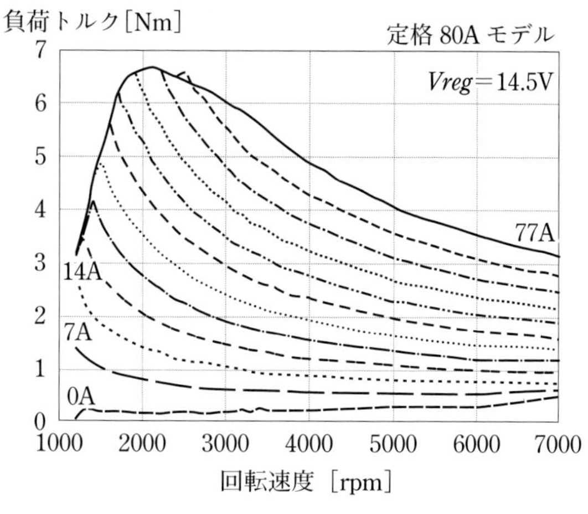

図 3.38　負荷トルクマップ

```
 1: ---------------------------------------------------------------------
 2: -- 12. ACG :
 3: --
 4: ---------------------------------------------------------------------
 5: library IEEE;
 6: use IEEE.ELECTRICAL_SYSTEMS.all ;
 7: use IEEE.MECHANICAL_SYSTEMS.all ;
 8: library FUNDAMENTALS_VDA ;
 9: use FUNDAMENTALS_VDA.all ;
10: library FUNDAMENTALS_JSAE ;
11: use FUNDAMENTALS_JSAE.all ;
12: ---------------------------------------------------------------------
13: entity ACG_80A is
14:   port(
15:     quantity REG_Voltage: in REAL := 14.0 ; --regulation voltage [v]
16:     terminal EL_IN, EL_GND : ELECTRICAL ;
17:     terminal MRV_IN, MRV_GND : ROTATIONAL_V
18:   ) ;
19: end entity ACG_80A ;
20: ---------------------------------------------------------------------
21: architecture struct of ACG_80A is
22:   terminal net_15, net_17 : ELECTRICAL;
23:   terminal n0009,  n0011  : ELECTRICAL;
24:   terminal n0037 : ROTATIONAL_V;
25:   quantity Q_v, Q_i, Q_curr, Q_Ilim, Q_omg : REAL := 0.0;
26:
27:   quantity jmass1_j : REAL ;
28: begin
29:
30:   q_limiter_jsae1 : entity FUNDAMENTALS_JSAE.q_limiter_jsae(basic)
31:       port map (q_out =>Q_curr, q_in=>Q_i, ul=>200.0, ll=>0.0 );
32:
33:   --------
34:   -- Mechanical Components
35:   --------
36:   trqmap1 : entity WORK.alta_trqmap_80a_150413(beh) ---- (C) Torque Map
37:       port map (mrv2=>MRV_GND, mrv1=>N0037, v=>Q_v, i=>Q_curr );
38:
39:   torque_mrv2q_sensor_vda1 : entity FUNDAMENTALS_VDA.torque_mrv2q_sensor_vda(simple)
40:       port map (mrv_2=>N0037, mrv_1=>MRV_IN);
41:
42:   jmass1_j == 1.0e-6 ;
43:   mass_rotv_jsae1 : entity FUNDAMENTALS_JSAE.mass_rotv_jsae(behav)  -- internal inertia
44:       port map (rot1=>N0037, j=>jmass1_j );
45:
46:   angular_velocity2q_sensor_vda1 : entity FUNDAMENTALS_VDA.angular_velocity2q_sensor_vda(simple)
47:       port map (mrv_2=>MRV_GND, mrv_1=>N0037, q_out=>Q_omg);
48:
49:
50:   climit1 : entity WORK.alta_current_limit_80a_140617(arch) ---- (A) Current Limitter
```

図 3.39　オルタネータモデルの記述

```
51:       port map (omg=>Q_omg, Ilim=>Q_Ilim );
52:   --------
53:   -- Electrical components
54:   --------
55:   acg_emf1 : entity WORK.acg_emf(beh)  ---- (B) EMF calculation
56:       generic map (ke=>0.133518 )
57:       port map (EL2=>N0009, EL1=>EL_GND, Vreg=>REG_Voltage, Ilim=>Q_Ilim, omg=>Q_omg );
58:
59:   current2q_sensor_vda1 : entity FUNDAMENTALS_VDA.current2q_sensor_vda(simple)
60:       port map (el_2=>net_17, el_1=>N0011, q_out=>Q_i);
61:
62:   voltage2q_sensor_vda1 : entity FUNDAMENTALS_VDA.voltage2q_sensor_vda(simple)
63:       port map (el_2=>EL_GND, el_1=>N0011, q_out=>Q_v);
64:
65:   l_vda5 : entity FUNDAMENTALS_VDA.l_vda(basic)
66:       generic map (l=>0.031*250.0*0.001)
67:       port map (el2=>net_15, el1=>N0009);
68:
69:   r_vda5 : entity FUNDAMENTALS_VDA.r_vda(basic)
70:       generic map (r=>0.0015/1.0)
71:       port map (el2=>N0011, el1=>net_15);
72:
73:   d_jsae5 : entity FUNDAMENTALS_JSAE.d_jsae(equiv)
74:       generic map (rb=>1.0e-006 , vf=>0.001 , rr=>1000000.0 )
75:       port map (m=>EL_IN, p=>net_17);
76:
77: end architecture struct;
```

図 3.39　オルタネータモデルの記述（続き）

```
 1: ----------------------------------------------------------------------
 2: --  12.1 ACG Current limit map
 3: ----------------------------------------------------------------------
 4: library IEEE;
 5: use IEEE.MATH_REAL.all ;
 6: library FUNDAMENTALS_VDA;
 7: use FUNDAMENTALS_VDA.TLU_VDA.all;
 8: ----------------------------------------------------------------------
 9: entity ALTA_CURRENT_LIMIT_80A_140617  is
10:   port (
11:     quantity omg  : in  REAL;  -- quantity input omega [rad/s]
12:     quantity Ilim : out REAL   -- quantity output
13:   );
14: end entity ALTA_CURRENT_LIMIT_80A_140617;
15: ----------------------------------------------------------------------
16: architecture ARCH of ALTA_CURRENT_LIMIT_80A_140617 is
17:   constant IN_VALUES : REAL_VECTOR :=
18:     (1200.0, 1300.0, 1500.0, 1800.0, 2000.0, 2500.0, 3000.0,
19:      3500.0, 4000.0, 4500.0, 5000.0, 6000.0, 7000.0, 8000.0 ) ;
20:   constant OUT_VALUES: REAL_VECTOR :=
21:     (19.04,  27.16,  41.30,  53.90,  59.15,  67.76,  73.15,
22:      76.58,  79.45,  80.85,  81.55,  82.53,  83.51,  83.86) ;
23:
24:   quantity q_rpm : REAL ;
25:   quantity qlim  : REAL ;
26: begin
27:
28:   q_rpm == omg * 60.0/(math_PI*2.0) ;
29:
30:   qlim == LOOKUP_1D(q_rpm, IN_VALUES, OUT_VALUES); -- evaluation of table
31:   Ilim == realmax(qlim, 0.0) ;
32:
33: end architecture ARCH ;
```

図 3.40　オルタネータ・電流制限の記述

```
 1: ----------------------------------------------------------------------
 2: --  12.2 ACG Back EMF
 3: ----------------------------------------------------------------------
 4: library IEEE;
 5: use IEEE.ELECTRICAL_SYSTEMS.all ;
 6: ----------------------------------------------------------------------
 7: entity ACG_emf is
 8:   generic (
 9:     Ke : REAL := 0.205509 ; -- back emf coeff.
10:     Kp : REAL := 1.0        -- regulation control gain =1
11:   ) ;
12:   port(
13:     quantity omg  : in REAL ; -- rotational speed [rad/s]
14:     quantity Ilim : in REAL ; -- current limitation [A]
15:     quantity Vreg : in REAL ; --regulate voltage ;
16:     terminal EL1, EL2 : ELECTRICAL
17:   ) ;
18: end entity ACG_emf ;
19: ----------------------------------------------------------------------
20: architecture beh of ACG_emf is
21:
22:   quantity v across i through EL1 to EL2 ;
23:
24:   quantity bemf : REAL ;
25:   quantity fblim, swlim : REAL ;
26: begin
27:
28:   bemf == Ke*omg ;
29:
30:   ---
31:   -- Current limit feedback
32:   --
33:   break on i'ABOVE(Ilim) ;
34:   if(i >= Ilim) use
35:     fblim == Kp*(Ilim-i);
36:     swlim == 0.0 ;
37:   else
38:     fblim == 0.0 ;
39:     swlim == 1.0 ;
40:   end use ;
41:
42:   ---
43:   -- voltage regulation
44:   --  swlim : for bang-bang control
45:   ---
46:   break on bemf'ABOVE(Vreg) ;
47:   if(bemf >= Vreg) use
48:      v == -(Vreg + fblim);    -- *swlim;
49:   else
50:      v == -(bemf + fblim);    -- *swlim;
51:   end use ;
52:
53: end architecture beh ;
```

図 3.41　オルタネータ・起電圧の記述

```
 1: ----------------------------------------------------------------------
 2: --  12.3 ACG Torque map
 3: ----------------------------------------------------------------------
 4: library IEEE ;
 5: use IEEE.MATH_REAL.all ;
 6: use IEEE.MECHANICAL_SYSTEMS.all ;
 7:
 8: library FUNDAMENTALS_VDA;
 9: use FUNDAMENTALS_VDA.TLU_VDA.all;
10: ----------------------------------------------------------------------
11: entity ALTA_TrqMap_80A_150413 is
12:   port(
13:     quantity i : in REAL ;
14:     quantity v : in REAL ;
15:     quantity trq : out REAL  ;
16:     terminal mrv1, mrv2 : rotational_v
```

図 3.42　オルタネータ・負荷トルク源の記述

```
17:   ) ;
18: end entity ALTA_TrqMap_80A_150413 ;
19: ---------------------------------------------------------------------
20: architecture beh of ALTA_TrqMap_80A_150413 is
21:   quantity omg across mi through mrv1 to mrv2 ;
22:
23:   quantity omg_rpm : REAL ;
24:   quantity clim, vlim : REAL ;
25:
26:   constant OmegArr : REAL_VECTOR := (
27:      0.0,    10.0,
28:      1200.0, 1300.0, 1400.0, 1500.0, 1600.0, 1700.0, 1800.0, 1900.0, 2000.0, 2100.0,
29:      2200.0, 2300.0, 2400.0, 2500.0, 2600.0, 2700.0, 2800.0, 2900.0, 3000.0, 3100.0,
30:      3200.0, 3300.0, 3400.0, 3500.0, 3600.0, 3700.0, 3800.0, 4000.0, 5000.0, 6000.0, 7000.0 ) ;
31:
32:   constant CurrArr : REAL_VECTOR := (
33:      0.0,  7.0,  14.0, 21.0, 28.0, 35.0, 42.0, 49.0, 56.0, 63.0, 70.0, 77.0 ) ;
34:
35:   constant VregArr : REAL_VECTOR := (
36:      0.0, 12.0, 12.5, 13.5, 14.5, 15.0) ;
37:
38:   constant TrqArr  : REAL_VECTOR := (
39:     -- @0A: 0, 10, 1200, 1300, .... 7000[rpm]
40:     -- @7A: 0, 10, 1200, 1300, .... 7000[rpm]
41:     -- ...@77[A]
42:     -- V=0.0[V]
43: 0.0, 0.0, 0.0 ,0.0 ,0.0 ,0.0 ,0.0 ,0.0 ,0.0 ,0.0 ,0.0 , …（略）… ,0.0 ,0.0 ,0.0 ,0.0 ,
44: 0.0, 0.0, 0.0 ,0.0 ,0.0 ,0.0 ,0.0 ,0.0 ,0.0 ,0.0 ,0.0 , …（略）… ,0.0 ,0.0 ,0.0 ,0.0 ,
…（略）…
54: 0.0, 0.0, 0.0 ,0.0 ,0.0 ,0.0 ,0.0 ,0.0 ,0.0 ,0.0 ,0.0 , …（略）… ,0.0 ,0.0 ,0.0 ,0.0 ,
55:
56: -- V=12.0[V]
57: 0.0, 0.161, 0.161 ,0.140 ,0.133 ,0.168 ,0.140 ,0.119 , …（略）… ,0.245 ,0.294 ,0.343 ,0.371 ,
58: 0.0, 1.078, 1.078 ,0.980 ,0.910 ,0.861 ,0.805 ,0.763 , …（略）… ,0.497 ,0.504 ,0.518 ,0.539 ,
…（略）…
120: 0.0, 1.946, 1.946,3.248,4.305,5.054,5.572,5.992,6.300, …（略）… ,4.977,4.130,3.570,3.213
121: ) ;
122:
123: begin
124:
125:   omg_rpm == realmin(realmax(abs(omg) * 30.0/MATH_PI,OmegArr(OmegArr'left)), OmegArr(OmegArr'right))   ;
126:   clim    == realmin(realmax(i, CurrArr(CurrArr'left)), CurrArr(CurrArr'right)) ;
127:   vlim    == realmin(realmax(v, VregArr(VregArr'left)), VregArr(VregArr'right)) ;
128:
129:
130:   trq == lookup_3D(omg_rpm, clim, vlim, OmegArr, CurrArr, VregArr, TrqArr) ;
131:   mi == trq ;
132:
133: end architecture beh ;
```

図 3.42　オルタネータ・負荷トルク源の記述（続き）

3.2.13　バッテリ

自動車燃費シミュレーションへの適用を目的とする蓄電池に求められる機能は部分充電状態での充放電性能と過充電の検知であり，その変動サイクルは数十ms～数sを模擬できることが重要となる．また，シミュレーションの対象となる時間範囲として数十分程度を考慮する必要があり，さらに充電状態に応じた起電圧の変化を考慮しなければならない．これらを模擬するモデルとして，交流インピーダンス測定や開回路時の過渡応答測定より等価回路を導出する手法[(3)-(5)]などが提案されているが，定数を決定するための特別な測定が必須かつ項目が多く，扱いが難しい．ここでは必要とされる機能を模擬する最低限の要素から構成される等価回路モデルと，一般的な測定試験からモデル定数を導出する手段を検討した．

モデル構成を**図 3.43** に示す．電流積分で得られる *SOC* に応じた起電圧 *EMF* の変化及び抵抗分極 R_{dc} は，蓄電池内の電解液の量から取得され，充放電特性を模擬する．活性化分極及び濃度分極に相当する抵抗 R_{C1}, R_{C2}, R_{D1}, R_{D2} と容量 C_1, C_2 は過渡応答特性を模擬し，充電時と放電時の特性の違いに対応するためダイオードを用いて並列配置とした．

本モデルに対し，電池工業会規格 SBA S 0101 アイドリングストップ車用鉛蓄電池寿命試験パターンを用いた試験結果より各回路定数を抽出してパラメータ化した．静的な状態で *SOC* に応じた起電圧，抵抗分極らを取得し，放電抵抗に相当する R_D は本試験パターンで得られる大電流放電時の特性を利用して *SOC* と放電電流の 2 次元マップを採用している．

図 3.45 にバッテリモデルの記述を示す．2.5.1 項(A)「バッテリ」で紹介したバッテリモデルと異なり，電流積分法による *SOC* 導出において 100% を超えないよう障壁を設定している．ここで，*SOC* を 0〜100% の範囲に制限するためには工夫が必要となる．これまでにも紹介してきた MATH_REAL パッケージに含まれる上下限制限関数 realmax( )，realmin() を利用すると

```
soc_max==
  realmax(Soc_0+100.0/(Ah*3600.0)*ibatt'INTEG, 0.0) ;
soc == realmin(soc_max, 100.0) ;
```

(3-17)

と記述し，第 1 式で電流積分が 0 以下となる制限と第 2 式での 100% を超過しない制限をすれば良いと思われるが，これは本来求める挙動を表現しない．**図 3.44** に 1.5C 充放電時の *SOC* を式(3-17)で定義した結果を(b)に示す．初期 *SOC*=90% から充電を開始し，満充電状態から放電に切り替わった時刻(0.5hour)以後も *SOC* が低下しない．この理由としては ibatt'INTEG による積分を直接利用している点にある．Q'INTEG は物理量 Q の積分を常に返すため，積分値をリセットしない限りは電流積分を継続する．**図 3.44(c)** のような *SOC* の挙動を表現するためには被積分変数をリセットする必要があり，次のように記述しなければならない．

```
if soc >= 100.0 and Ibatt >= 0.0 use
        sibatt == 0.0 ;
elsif soc <= 0.0 and Ibatt <=0.0 use
        sibatt == 0.0 ;
else
        sibatt == Ibatt ;
end use ;
soc == Soc_0 + 100.0/(Ah*3600.0)*sibatt'INTEG ;
```

(3-18)

ここで，電流の向きを合わせて判定しているが，*SOC* 値による判定だけを実装した場合に *SOC*=100 または 0 に到達した後には回復できなくなることを回避するために必要な処理であることを追記しておく．

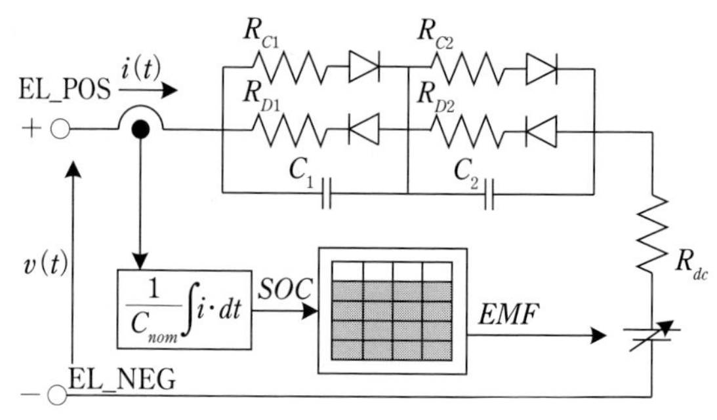

図 3.43　バッテリモデル構成

表 3.20　バッテリモデルパラメータ

入力パラメータ	
初期充電状態［%］	*SOC*_0=95
入力信号	
なし	
出力信号	
なし	
端子名	
正極端子	EL_POS
負極端子	EL_NEG

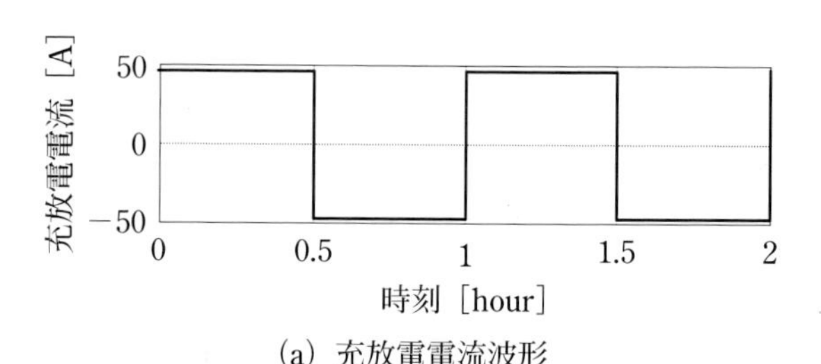

(a) 充放電電流波形

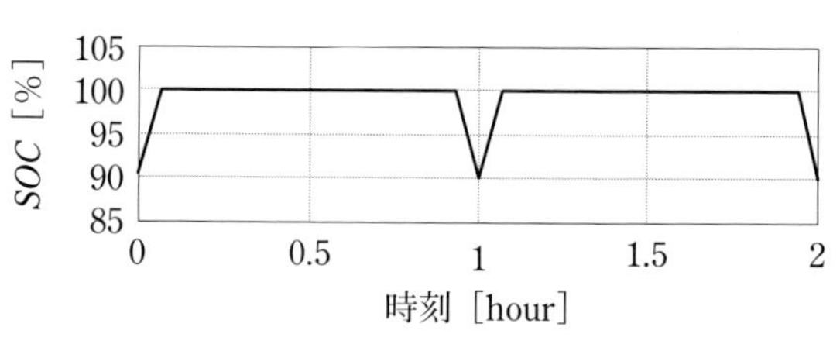

(b) 不正な *SOC* の変化

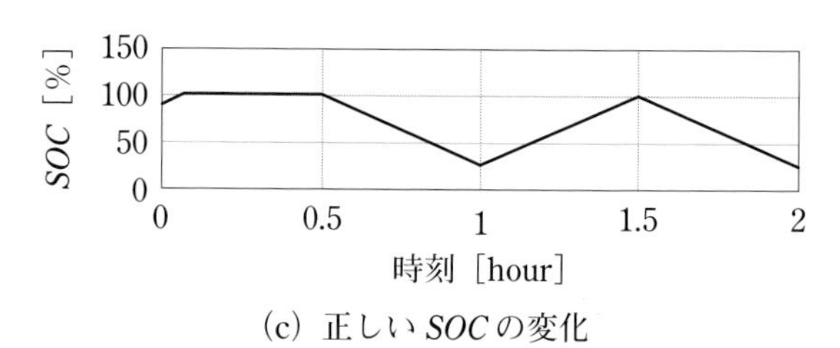

(c) 正しい *SOC* の変化

図 3.44　SOC 導出式による挙動の違い

```
 1: -----------------------------------------------------------------------
 2: -- 13. Battery : (Type: M42)
 3: --
 4: -----------------------------------------------------------------------
 5: library IEEE;
 6: use IEEE.ELECTRICAL_SYSTEMS.all;
 7: use IEEE.MATH_REAL.all ;
 8: library FUNDAMENTALS_VDA ;
 9: use FUNDAMENTALS_VDA.all ;
10: library FUNDAMENTALS_JSAE ;
11: use FUNDAMENTALS_JSAE.all ;
12: -----------------------------------------------------------------------
13: entity N_M42 is
14:   generic (
15:     SOC_0 : REAL := 95.0 --initial SOC[%] ;
16:   ) ;
17:   port (
18:    terminal EL_POS, EL_NEG : ELECTRICAL
19:   );
20: begin
21: end entity N_M42;
22: -----------------------------------------------------------------------
23: architecture struct of N_M42 is
24:   constant FCC : REAL := 30.0 ; -- Battery rating capacitance [Ah]
25:
26:   ---- Index args battery_current and soc
27:   constant Ibatt_d_map : REAL_VECTOR :=  ( -300.0,   -45.0) ;
28:   constant soc_map      : REAL_VECTOR :=  ( 90.0, 100.0) ;
29:
30:   --- param : OCV(current)
31:   constant ocv_map  : REAL_VECTOR :=  (12.80, 12.88) ;
32:   quantity ocv      : REAL ;
33:
34:   --- param : DC R(soc)
35:   constant dcir_map : REAL_VECTOR :=  (7.354e-3, 7.177e-3) ;
36:   quantity dcir     : REAL ;
37:
38:   --- param : Discharge R(current, soc)
39:   ---                  I0     |   I1
40:   ---         Soc0 | R(0,0)   R(0,1)
41:   ---         Soc1 | R(1,0)   R(1,1)
42:   constant Rd_map   : REAL_VECTOR :=  (1.10e-3,  5.57e-3,
43:                                                1.50e-3,  6.20e-3) ;
44:   quantity Rd         : REAL ;
45:
46:   --- Param : Charge R(soc)
47:   constant Rc_map   : REAL_VECTOR :=  (21.84e-3, 53.44e-3) ;
48:   quantity Rc       : REAL ;
49:
50:   --- Param : Cap1(soc)
51:   constant Cap1_map  : REAL_VECTOR :=  (364.06, 487.63) ;
52:   quantity Cap1, Cap2 : REAL ;
53:
54:   terminal net_1, net_2, net_3, net_5 : ELECTRICAL ;
55:   terminal net_7, net_8, net_9, net_10: ELECTRICAL ;
56:
57:   quantity Ibatt : REAL := 0.0;
58:   quantity soc, sibatt : REAL ;
59:
60: BEGIN
61:   -----------
62:   -- SoC computation.
63:   --soc'DOT == 0 leds slower simulation.
64:   -----------
65:   if soc >= 100.0 and Ibatt >= 0.0 use
66:      sibatt == 0.0 ;
67:   elsif soc <= 0.0 and Ibatt <= 0.0 use
68:      sibatt == 0.0 ;
69:   else
70:      sibatt == Ibatt ;
71:   end use ;
72:   soc == realmax(Soc_0 + 100.0/(FCC*3600.0)*sibatt'INTEG, 0.0) ;
73:
```

図 3.45　バッテリモデルの記述

```
 74:   am1 : entity FUNDAMENTALS_VDA.current2q_sensor_vda(simple)
 75:       port map ( el_2 => net_9, el_1 =>EL_POS, q_out => Ibatt );
 76:
 77:   vm1 : entity FUNDAMENTALS_VDA.voltage2q_sensor_vda(simple)
 78:       port map ( el_2 => EL_NEG, el_1 =>EL_POS);
 79:
 80:   ------------
 81:   -- Open Circuit Voltage and DC resistance.
 82:   ------------
 83:   ocv  == realmax(lookup_1D( soc, soc_map, ocv_map ), 0.0);
 84:   dcir == realmax(lookup_1D( soc, soc_map, dcir_map), 0.0);
 85:
 86:   ocv1 : entity FUNDAMENTALS_VDA.q2voltage_vda(simple)
 87:       generic map ( default => 1.0 )
 88:       port map ( el_2 =>EL_NEG, el_1 => net_10, q_in => ocv) ;
 89:
 90:   r_jsae2 : entity FUNDAMENTALS_JSAE.r_jsae(beh)
 91:       port map ( n => net_10, p => net_5, r => dcir );
 92:
 93:    ------------
 94:    --
 95:    ------------
 96:   Rc   == realmax(lookup_1D( soc, soc_map, Rc_map ), 0.0);
 97:   Rd   == realmax(lookup_2D( Ibatt, soc, Ibatt_d_map, soc_map, Rd_map ), 0.0);
 98:   Cap1 == realmax(lookup_1D( soc, soc_map, Cap1_map ), 0.0);
 99:   Cap2 == Cap1 * 10.0;
100:
101:   ------
102:   -- Charge
103:   ------
104:   d_jsae1 : entity FUNDAMENTALS_JSAE.d_jsae(equiv)
105:       generic map ( rb => 0.0001 , vf => 0.0 , rr => 100000.0 )
106:       port map ( m => net_1, p => net_9);
107:
108:   r_jsae4 : entity FUNDAMENTALS_JSAE.r_jsae(beh)
109:       port map ( n => net_3, p => net_1, r => Rc );
110:
111:   d_jsae2 : entity FUNDAMENTALS_JSAE.d_jsae(equiv)
112:       generic map ( rb => 0.0001 , vf => 0.0 , rr => 100000.0 )
113:       port map ( m => net_2, p => net_3);
114:
115:   r_jsae1 : entity FUNDAMENTALS_JSAE.r_jsae(beh)
116:       port map ( n => net_5, p => net_2, r => Rc );
117:   ------
118:   -- Discharge
119:   ------
120:   d_jsae3 : entity FUNDAMENTALS_JSAE.d_jsae(equiv)
121:       generic map ( rb => 0.0001 , vf => 0.0 , rr => 100000.0 )
122:       port map ( m => net_9, p => net_8);
123:
124:   r_jsae3 : entity FUNDAMENTALS_JSAE.r_jsae(beh)
125:       port map ( n => net_3, p => net_8, r => Rd );
126:
127:   d_jsae4 : entity FUNDAMENTALS_JSAE.d_jsae(equiv)
128:       generic map ( rb => 0.0001 , vf => 0.0 , rr => 100000.0 )
129:       port map ( m => net_3, p => net_7);
130:
131:   r_jsae5 : entity FUNDAMENTALS_JSAE.r_jsae(beh)
132:       port map ( n => net_5, p => net_7, r => Rd );
133:   ------
134:   -- Capacitance
135:   ------
136:   c_jsae1 : entity FUNDAMENTALS_JSAE.c_jsae(beh)
137:       generic map ( ic => 0.0  )
138:       port map ( N => net_3, P => net_9, c => Cap1);
139:
140:   c_jsae2 : entity FUNDAMENTALS_JSAE.c_jsae(beh)
141:       generic map ( ic => 0.0  )
142:       port map ( N => net_5, P => net_3, c => Cap2);
143:
144: end architecture struct;
```

図 3.45　バッテリモデルの記述（続き）

3.2.14 電気負荷

電気的な負荷に関しては，常に 75W 相当の定常負荷抵抗 *R_const* と，エンジン回転に伴う電気的な負荷の増分として駆動負荷抵抗 *R_eng*(125W 相当）およびブレーキランプ等に相当する 30W の燈火負荷抵抗 *R_stoplamp* より構成されている．定格電圧を 13.5V とした際の消費電力より定抵抗負荷として実装している．**図 3.46** にモデル概要を，**図 3.47** にモデル記述を示す．

表 3.21 電気負荷モデルパラメータ

入力パラメータ	
定常負荷抵抗［Ω］	*R_const*=2.43
駆動負荷抵抗［Ω］	*R_eng*=1.458
燈火負荷抵抗［Ω］	*R_stoplamp*=6.075
入力信号	
ブレーキ信号［0〜1］	*qbrake*
エンジン回転数［rpm］	*qNe*
出力信号	
なし	
端子名	
正極側端子	EL_P
負極側端子	EL_N

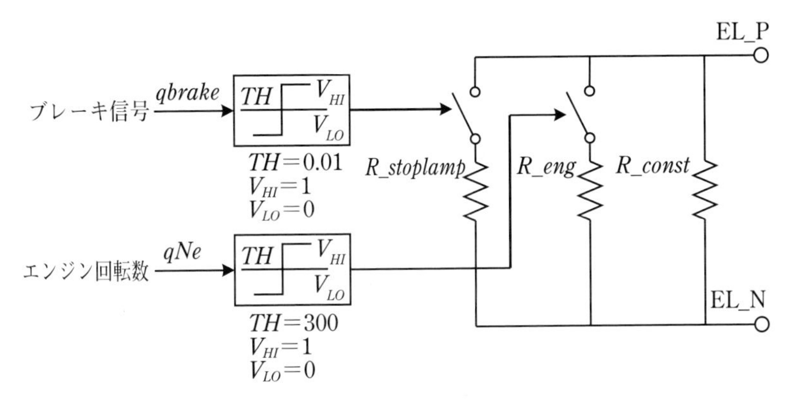

図 3.46 電気負荷モデル概要

```
 1: ----------------------------------------------------------------------
 2: -- 14. Electrical Load :
 3: --
 4: ----------------------------------------------------------------------
 5: library IEEE ;
 6: use IEEE.ELECTRICAL_SYSTEMS.all ;
 7: ----------------------------------------------------------------------
 8: entity EL_LOAD is
 9:   generic (
10:     R_const : REAL := 13.5 ** 2.0 / 75.0 ;
11:     R_eng   : REAL := 13.5 ** 2.0 / 125.0 ;
12:     R_stoplamp : REAL := 13.5 ** 2.0 / 30
13:   ) ;
14:   port (
15:     quantity Q_in_brake : in REAL := 0.0 ; -- brake signal (1:on/0:off)
16:     quantity Q_in_Ne    : in REAL := 0.0 ; -- engine speed [rpm]
17:     terminal EL_P, EL_N : ELECTRICAL
18:   ) ;
19: end entity EL_LOAD;
20: ----------------------------------------------------------------------
21: architecture arch_el_load of EL_LOAD is
22:
23:   quantity v_const across i_const through EL_p to EL_n ;
24:   quantity v_eng   across i_eng   through EL_p to EL_n ;
25:   quantity v_brake across i_brake through EL_p to EL_n ;
26:
27:   signal sw_eng, sw_brake : BOOLEAN ;
28:
29: begin
30:
31:   -- constant load ;
32:   ----
33:   v_const == R_const * i_const ;
34:
35:   -- Engine valid load ;
36:   ---
```

図 3.47 電気負荷モデルの記述

```
37:   sw_eng <= Q_in_Ne'ABOVE(300.0);
38:   break on sw_eng ;
39:     if(sw_eng) use
40:       v_eng == R_eng * i_eng ;
41:     else
42:       i_eng == 0.0 ;
43:     end use ;
44:
45:   -- stop lamp load ;
46:   ---
47:   sw_brake <= Q_in_brake'ABOVE(0.5);
48:   break on sw_brake ;
49:     if(sw_brake) use
50:       v_brake == R_stoplamp * i_brake ;
51:     else
52:       i_brake == 0.0 ;
53:     end use ;
54:
55: end architecture arch_el_load;
```

図 3.47　電気負荷モデルの記述

3.2.15　スタータ

スタータは電気的な負荷モデルとしてのみ実装している．アイドリングストップ機能を考慮すると，本来は目標車両速度が 0km/h より立ち上がる前にエンジン始動をするべきであるが，信号生成処理が複雑になるためここでは目標車両速度を検知して得られる燃料カット信号を代替とし 0.5 秒間のスタータ始動信号として処理をしている．モデル概要を**図 3.48** に，モデル記述を**図 3.49** に示す．

表 3.22　スタータモデルパラメータ

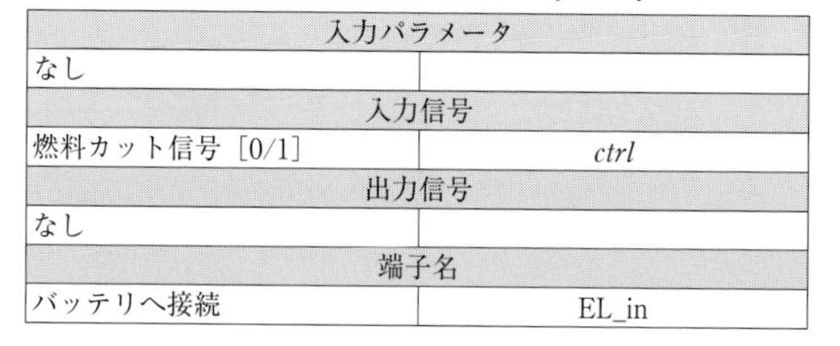

入力パラメータ	
なし	
入力信号	
燃料カット信号 [0/1]	*ctrl*
出力信号	
なし	
端子名	
バッテリへ接続	EL_in

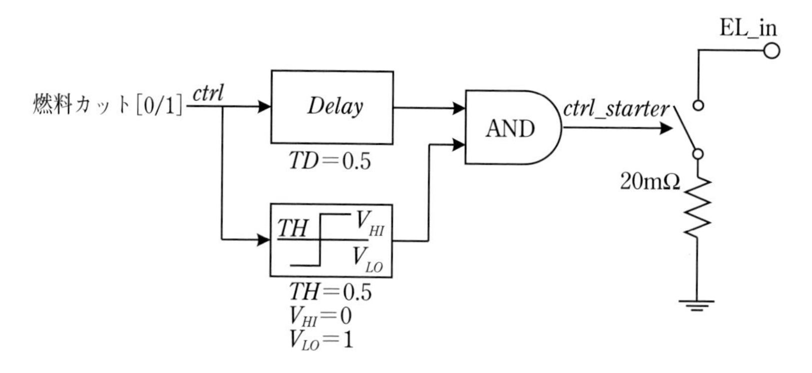

図 3.48　スタータモデル概要

```
 1: ----------------------------------------------------------------------
 2: -- 15. Starter :
 3: --
 4: ----------------------------------------------------------------------
 5: LIBRARY IEEE;
 6: use IEEE.ELECTRICAL_SYSTEMS.all;
 7: library FUNDAMENTALS_VDA ;
 8: ----------------------------------------------------------------------
 9: entity Starter is
10:   port (
11:     terminal EL_in : ELECTRICAL;
12:     quantity Q_in_ctrl : in REAL := 0.0 -- Control flag (== FuelCut flag)
13:   );
14: end entity Starter;
```

図 3.49　スタータモデルの記述

```
15: ------------------------------------------------------------------
16: architecture struct of Starter is
17:
18:   terminal n0019 : ELECTRICAL;
19:   terminal n0250 : ELECTRICAL;
20:
21:   quantity ctrl_del : REAL ;
22:   quantity ctrl_starter : REAL ;
23:
24: begin
25:
26:   -- create delayed signal ;
27:   ----
28:   ctrl_del == Q_in_ctrl'DELAYED(0.5) ;
29:
30:   -- delayed ON and (not control ON) )
31:   ----
32:   if(ctrl_del >= 0.5 and Q_in_ctrl <= 0.5) use
33:       ctrl_starter == 1.0 ;
34:   else
35:       ctrl_starter == 0.0 ;
36:   end use ;
37:
38:   starter_r : entity FUNDAMENTALS_VDA.r_vda(basic)
39:       generic map ( r => 0.02 )
40:       port map ( el2 => ELECTRICAL_REF, el1 => N0250);
41:
42:   v_switch_vda1 : entity FUNDAMENTALS_VDA.v_switch_vda(basic)
43:       port map ( ns => ELECTRICAL_REF, ps =>N0019 , n => N0250, p =>EL_in );
44:
45:   q2voltage_vda1 : entity FUNDAMENTALS_VDA.q2voltage_vda(simple)
46:       port map ( el_2 => ELECTRICAL_REF, el_1 => N0019, q_in => ctrl_starter );
47:
48: end architecture struct;
```

図 3.49　スタータモデルの記述

3.2.16　消費燃料導出

このモデルでは，車両の走行速度より実走行距離を求め，同時にエンジンモデルから出力される逐次燃料消費量を積分して総燃料消費量を求めることで，逐次燃費を算出している．シミュレーション終了時の結果が最終的なモード走行時の燃費［km/L］となる．モデル概要を**図 3.50**，モデル記述を**図 3.51** に示す．

シミュレーション開始時，燃料消費量 *fuel_Lt* は 0 であるため，ゼロ割を回避するために微少値で代用している．

表 3.23　消費燃料導出モデルパラメータ

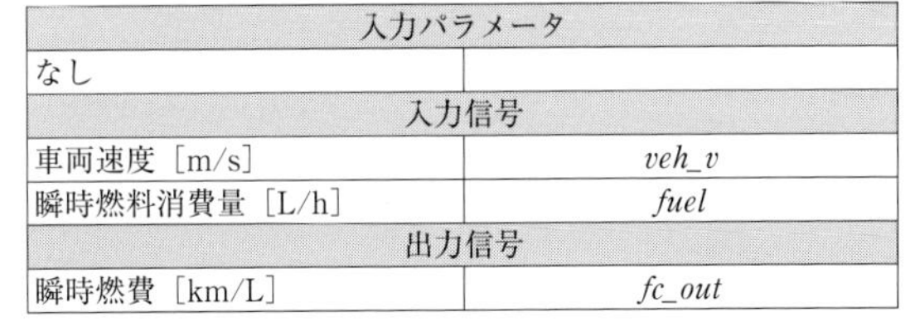

入力パラメータ	
なし	
入力信号	
車両速度［m/s］	*veh_v*
瞬時燃料消費量［L/h］	*fuel*
出力信号	
瞬時燃費［km/L］	*fc_out*

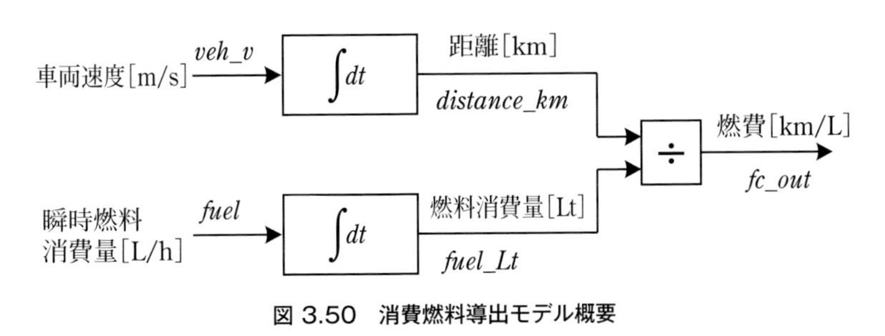

図 3.50　消費燃料導出モデル概要

```
 1: ----------------------------------------------------------------------
 2: -- 16. Fuel consumption calculation :
 3: --
 4: ----------------------------------------------------------------------
 5: entity FC_CALC is
 6:   port(
 7:     quantity Q_in_fuel : in REAL := 0.0 ; -- engine fuel [L/h]
 8:     quantity Q_in_veh_v : in REAL := 0.0 ; --vehicle speed [m/s]
 9:     quantity Q_out_fc_out : out REAL   -- total fuel consumption [km/L]
10:   ) ;
11: end entity FC_CALC;
12: ----------------------------------------------------------------------
13: architecture arch_fc_calc of FC_CALC is
14:
15:   quantity distance_km : REAL ; -- total distance [km]
16:   quantity fuel_Lt : REAL ;     -- total fuel consumption [Lt]
17:
18: begin
19:
20:   distance_km == Q_in_veh_v'INTEG / 1000.0 ;
21:
22:   fuel_Lt == Q_in_fuel'INTEG / 3600.0 ;
23:
24:   if(abs(fuel_Lt)>= 0.01) use
25:       Q_out_fc_out == distance_km / fuel_Lt ;
26:   else
27:       Q_out_fc_out == distance_km / 0.01 ; -- avoid div by zero.
28:   end use ;
29:
30: end architecture arch_fc_calc;
```

図 3.51　消費燃料導出モデルの記述

3.3　EPS モデル

3.3.1　概要

EPS モデルは，ハンドルを操作する操舵角情報をドライバモデルとして外部ファイルから与え，様々な EPS 構成に適用することができる．自動車技術会では，コラムシフトタイプの構成を例に，コラムモデル，トルクセンサを入力段とし，それらのセンシングされたトルク量を元に信号処理を行うトルクアシスト部，アシストトルクを再びコラムシャフトにリダクションギヤを通して戻し，ラック / ピニオン部を通して負荷としての車両モデルから来る様々な車両状態を元に解析されている．

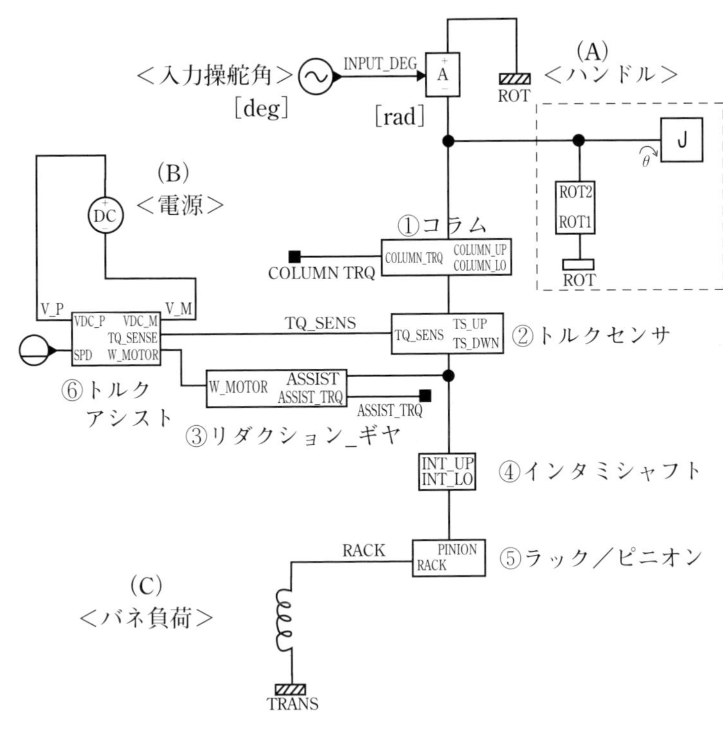

図 3.52　EPS システムモデル全体

表 3.24　EPS システムモデル構成要素

構成要素	モデル名
1) コラムモデル	COLUMN
2) トルクセンサモデル	TORQSENSOR
3) インタミシャフトモデル	INTERMEDIATESHAFT
4) ラック・ピニオンモデル	RACKPINION
5) リダクションギヤモデル	REDUCTIONGEAR
6) トルクアシストモデル	TORQASSIST

表 3.25　入力操舵角モデルパラメータ

入力パラメータ	
入力操舵ファイル	TRFILE
時刻データの列番号	COL_TIME=1
値の列番号	COL_VALUE=2
最終値の繰り返し入力設定	MODE="C"
タイムステップ補正［sec］	TIME_EPS=1.0e-12
収束性改善用傾き係数	SMOOTH_FACTOR=0.2
仕切り文字	SEPARATOR=' '
出力信号	
Quantity 出力値	Q_OUT

3.3.2　入力操舵角モデル

ハンドルの操舵角情報は，外部ファイルより操舵角情報をスペース区切りファイルで作成し，入力パラメータ :TRFILE にそのファイル名を指定することによりシミュレーション時に自由に変更することが可能である．VDA FAT-AK30 が提供するライブラリの Q_TRPF_VDA モデルを利用して入力させた．

図 3.53 に外部指示コマンドファイル例を示す．1 列目に時刻，2 列目に出力値を記述する．行頭の入力が数値でない場合は，その行の読み込みはスキップされる．

```
# Test for Q_TRPF_VDA
  1.0        2.0
  4.0        10.0
```

図 3.53　入力操舵角ファイルサンプル

入力操舵角モデルを利用して**図 3.54** に示すよう 20 秒間に −100 度から 360 度まで左右に切り返す動きを入力した．

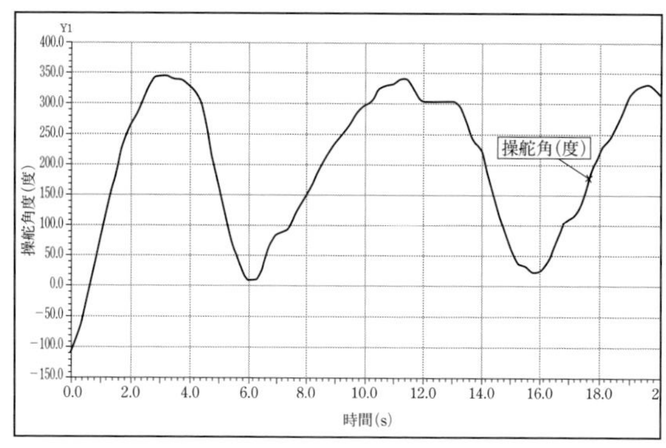

図 3.54　入力操舵角情報

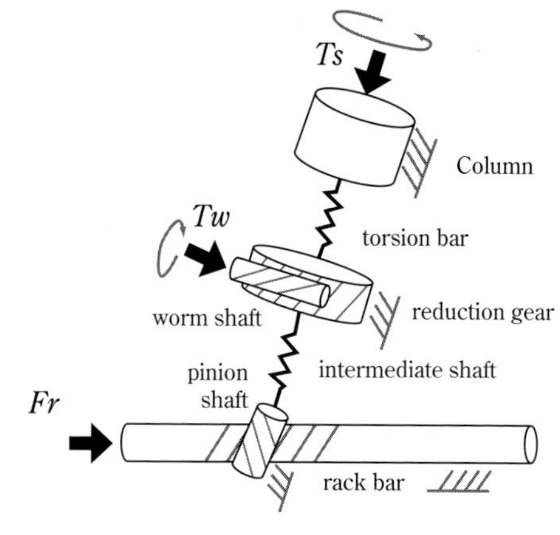

図 3.55　EPS 機構部概要

3.3.3　機構部

EPS の機構部は慣性，剛性，摩擦損失からなる運動方程式をモデル化している．

機構部は，**図 3.55** に示すように入力操舵角情報をコラムシフト部にトルク量(Ts)として回転トルクを受け，トーションバーの負荷を加算して，アシストモータからのトルク(Tw)を加えてリダクションギヤに入力される．

その後，インターミディエイトシャフト負荷を加算し，ラック&ピニオンを通して，ラックバーに伝達される．ラックバーには，タイヤ軸からのフォース負荷(Fr)が加算される．

表 3.26　コラムモデルパラメータ

入力パラメータ	
コラム摩擦トルク［Nm］	COULOMB_FRICTION_TORQUE=0.05
慣性モーメント［Kg・m^2］	INERTIA=5.0e-5
粘性摩擦係数[Nm/(rad/sec)]	VISCOUS_COEFFICIENT=0.001
TERMINAL 信号	
ハンドルとの接続	COLUMN_UP
トルクセンサとの接続	COLUMN_LO
トルクモニタ端子	COLUMN_TRQ

3.3.4　コラムモデル

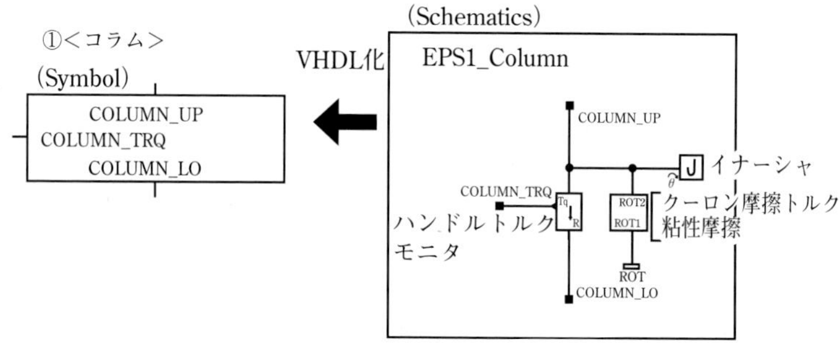

図 3.56　コラムモデル

コラムモデルでは，ハンドルシャフトと接続し，操舵角情報からハンドルトルクの受け渡しをしている．

コラムモデルとハンドルシャフト間には，慣性，摩擦トルク，粘性摩擦モデルにより構成されハンドルトルクをモニタリングする．

```
 1: library ieee;
 2: library fundamentals_vda;
 3: use work.all;
 4:
 5: entity EPS1_COLUMN is
 6:   generic(
 7:     COULOMB_FRICTION_TORQUE : REAL:=0.05;
 8:     INERTIA : MOMENT_INERTIA:=0.00005;
 9:     VISCOUS_COEFFICIENT : REAL:=0.001
10:   );
11:   port(
12:     terminal COLUMN_LO :  ROTATIONAL;
13:     quantity COLUMN_TRQ : OUT REAL;
14:     terminal COLUMN_UP :  ROTATIONAL
```

```
15:   );
16: end entity EPS1_COLUMN;
17:
18: architecture arch_EPS1_COLUMN of EPS1_COLUMN is
19:
20: begin
21:
22:   Q_FROM_TORQUE_R1 : entity FUNDAMENTALS_VDA.TORQUE_
MR2Q_SENSOR_VDA(SIMPLE)
23:     port map (
24:       Q_OUT => COLUMN_TRQ,
25:       MR_1 => COLUMN_UP,
26:       MR_2 => COLUMN_LO
27:     );
28:
29:   INERTIA_R1 : entity INERTIA_R_JSAE(IDEAL)
30:     generic map (
31:       J => INERTIA
32:     )
33:     port map ( ROT1 => COLUMN_UP );
34:
35:   FRICTION_STATIC_R1 : entity FRICTION_STATIC_R(IDEAL)
36:     generic map (
37:       D_VISCOUS_ROTATIONAL => VISCOUS_COEFFICIENT,
38:       FRICTION_TORQUE_KINETIC => COULOMB_FRICTION_
TORQUE,
39:       FRICTION_TORQUE_STATIC => COULOMB_FRICTION_
TORQUE
40:     )
41:     port map (
42:       ROT1 => ROTATIONAL_REF,
43:       ROT2 => COLUMN_UP
44:     );
45: end architecture arch_EPS1_COLUMN;
```

図 3.57　コラムモデルの記述

3.3.5　トルクセンサ

トルクセンサは，ハンドル入力トルクをアシスト制御部へトルク信号として出力するためのモデルである．トーションバー，ばね剛性モデルとトルク信号出力モデルで構成される．

表 3.27　トルクセンサパラメータ

入力パラメータ	
ばね剛性定数［N/m］	SPRING_CONSTANT=200.0
TERMINAL 信号	
コラムとの接続	TS_UP
インタミシャフトとの接続	TS_DWN
出力信号	
トルク信号出力	TQ_SENS

```
 1: library ieee;
 2: library fundamentals_vda;
 3: use work.all;
 4:
 5: entity EPS1_TORQSENSOR is
 6:   generic(
 7:     SPRING_CONSTANT : REAL:=200.0
 8:   );
 9:   port(
10:     quantity TQ_SENS : OUT REAL;
11:     terminal TS_LO :  ROTATIONAL;
12:     terminal TS_UP :  ROTATIONAL
13:   );
14: end entity EPS1_TORQSENSOR;
15:
16: architecture arch_EPS1_TORQSENSOR of EPS1_TORQSENSOR
is
17:   terminal TS_MID: ROTATIONAL;
18:
19: begin
20:
21:   SPRING_R1 : entity SPRING_R_JSAE(LINEAR)
22:     generic map ( K => SPRING_CONSTANT )
23:     port map (
24:       ANG1 => TS_MID,
25:       ANG2 => TS_LO
26:     );
27:
28:   Q_FROM_TORQUE_R1 : entity FUNDAMENTALS_VDA.TORQUE_
MR2Q_SENSOR_VDA(SIMPLE)
29:     port map (
30:       Q_OUT => TQ_SENS,
31:       MR_1 => TS_UP,
32:       MR_2 => TS_MID
33:     );
34:
35: end architecture arch_EPS1_TORQSENSOR;
```

図 3.59　トルクセンサの記述

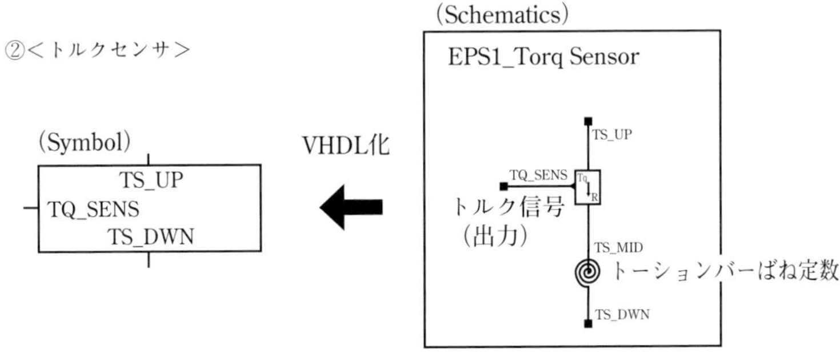

図 3.58　トルクセンサ

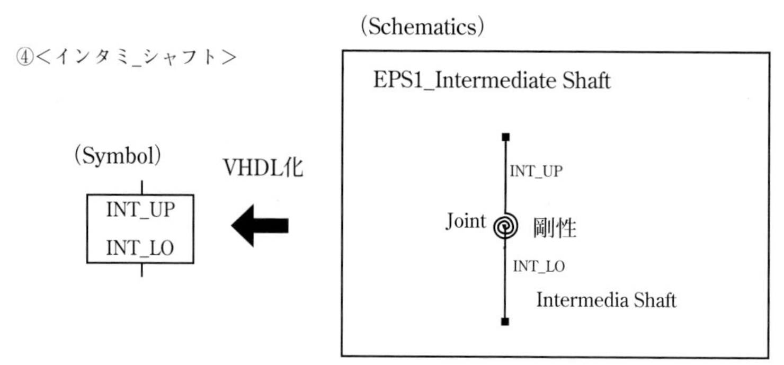

図 3.60 インタミシャフト

3.3.6 インタミシャフト

インタミシャフトは，ラック＆ピニオンモデルと操舵トルクモデル，アシストトルクモデルおよび回転角度の受け渡しをする．

シャフト剛性プロパティのみで構成されている．

```
 1: library ieee;
 2: library fundamentals_vda;
 3:
 4: entity EPS1_INTERMEDIATESHAFT is
 5:   generic(
 6:     STIFF : REAL:=500.0
 7:   );
 8:   port(
 9:     terminal INT_LO :  ROTATIONAL;
10:     terminal INT_UP :  ROTATIONAL
11:   );
12: end entity EPS1_INTERMEDIATESHAFT;
13:
14: architecture arch_EPS1_INTERMEDIATESHAFT of EPS1_
INTERMEDIATESHAFT is
15:
16: begin
17:
18:   SPRING_R1 : entity FUNDAMENTALS_JSAE.SPRING_R_
JSAE(LINEAR)
19:     generic map ( K => STIFF )
20:     port map (
21:       ANG1 => INT_LO,
22:       ANG2 => INT_UP
23:     );
24:
25: end architecture arch_EPS1_INTERMEDIATESHAFT;
```

図 3.61 インタミシャフトの記述

表 3.28 インタミシャフトパラメータ

入力パラメータ	
シャフト剛性定数［N/m］	STIFF=500.0
TERMINAL 信号	
リダクションギヤとの接続	INT_UP
ラック＆ピニオンとの接続	INT_LO

3.3.7 リダクションギヤ

リダクションギヤは，アシストモータからのトルクや回転速度情報を Rotational_Velocity 属性の信号として受け取り，アシストポイントに対して，Rotational 属性の信号として変換する．

トルクセンサより後段の減速機とインタミシャフトの双方の和のイナーシャ，摩擦トルク，粘性摩擦，ギヤ比により構成されアシストトルクモニタを有している．

表 3.29 リダクションギヤパラメータ

入力パラメータ	
摩擦トルク［Nm］	COULOMB_FRICTION_ TORQUE=0.02
ギヤ比	GEAR_RATIO=20.0
慣性モーメント［Kg・m^2］	INERTIA=0.0001
粘性摩擦［Nm/(rad/sec)］	VISCOUS_ COEFFICIENT=0.005
TERMINAL 信号	
アシストモータとの接続	W_MOTOR
インタミシャフトとの接続	ASSIST
出力信号	
トルク信号出力	ASSIST_TRQ

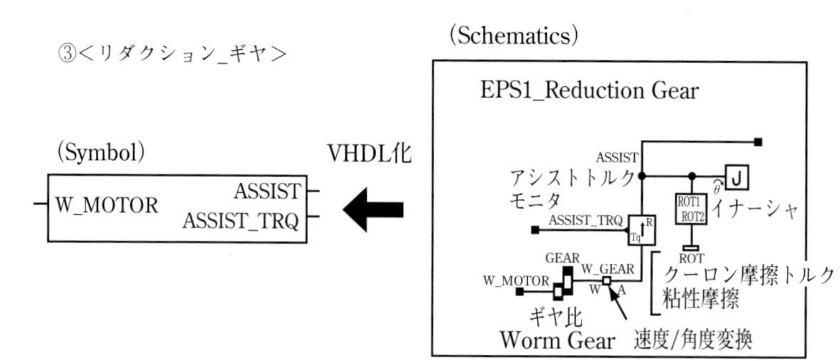

図 3.62 リダクションギヤ

```
 1: lilbrary ieee;
 2: library fundamentals_vda;
 3: use work.all;
 4:
 5: entity EPS1_REDUCTIONGEAR is
 6:   generic(
 7:     COULOMB_FRICTION_TORQUE : REAL:=0.02;
 8:     GEAR_RATIO : REAL:=20.0;
 9:     INERTIA : MOMENT_INERTIA:=0.0001;
10:     VISCOUS_COEFFICIENT : REAL:=0.005
11:   );
12:   port(
13:     terminal ASSIST :  ROTATIONAL;
14:     quantity ASSIST_TRQ : OUT REAL;
15:     terminal W_MOTOR :  ROTATIONAL_VELOCITY
16:   );
17: end entity EPS1_REDUCTIONGEAR;
18:
19: architecture arch_EPS1_REDUCTIONGEAR of EPS1_
REDUCTIONGEAR is
20:   terminal W_GEAR: ROTATIONAL_VELOCITY;
21:   terminal ANG_GEAR: ROTATIONAL;
22:
23: begin
24:
25:   INERTIA_R2 : entity INERTIA_R_JSAE(IDEAL)
26:     generic map ( J => INERTIA )
27:     port map ( ROT1 => ASSIST );
28:
29:   FRICTION_STATIC_R1 : entity FRICTION_STATIC_R(IDEAL)
30:     generic map (
31:       D_VISCOUS_ROTATIONAL => VISCOUS_COEFFICIENT,
32:       FRICTION_TORQUE_KINETIC => COULOMB_FRICTION_
TORQUE,
33:       FRICTION_TORQUE_STATIC => COULOMB_FRICTION_
TORQUE
34:     )
35:     port map (
36:       ROT1 => ASSIST,
37:       ROT2 => ROTATIONAL_REF
38:     );
39:
40:   CONVERT_R_RV6 : entity CONVERT_R_RV_JSAE(CLOSED_
LOOP)
41:     port map (
42:       SHAFT_R => ANG_GEAR,
43:       SHAFT_RV => W_GEAR
44:     );
45:
46:   Q_FROM_TORQUE_R2 : entity FUNDAMENTALS_VDA.TORQUE_
MR2Q_SENSOR_VDA(SIMPLE)
47:     port map (
48:       Q_OUT => ASSIST_TRQ,
49:       MR_1 => ANG_GEAR,
50:       MR_2 => ASSIST );
51:
52:   GEAR_RV1 : entity GEAR_RV_JSAE(IDEAL)
53:     generic map ( RATIO => GEAR_RATIO )
54:     port map (
55:       ROTV1 => W_GEAR,
56:       ROTV2 => W_MOTOR
57:     );
58:
59: end architecture arch_EPS1_REDUCTIONGEAR;
```

図 3.63　リダクションギヤの記述

3.3.8　ラックピニオン

ラックピニオンでは，インタミシャフトから伝わる回転運動信号をラックバーに対する並進運動に変換している．

ラックピニオンのラック部では，ラックの質量，摩擦トルク，粘性摩擦，およびラックストローク，ラックエンド剛性，ラックエンドダンパ(粘性摩擦)により構成されている．

ピニオン部は，ピニオンのイナーシャ，摩擦トルク，粘性摩擦，およびピニオンヒッチ円半径により構成されている．

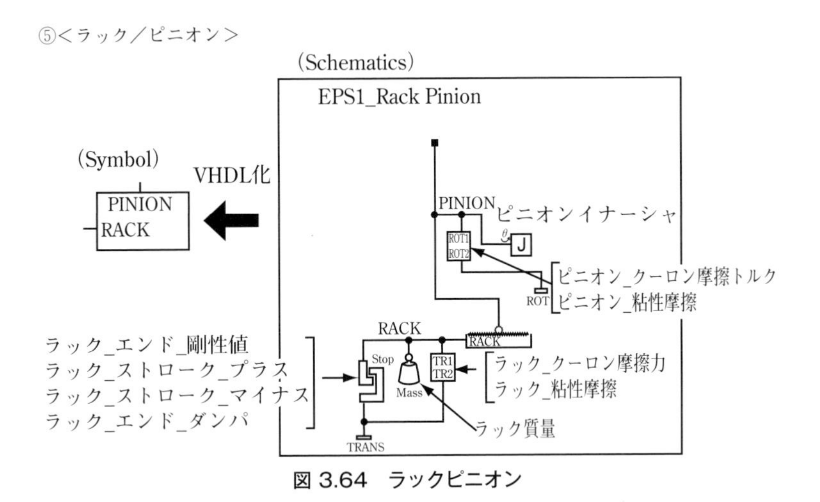

図 3.64　ラックピニオン

表 3.30　ラックピニオンパラメータ

入力パラメータ	
ピニオン摩擦トルク［Nm］	PINION_COULOMB_FRICTION_TORQUE=0.1
ピニオン慣性モーメント［Kg・m^2］	PINION_INERTIA=0.00001
ピニオンピッチ円半径［m］	PINION_PITCH_CIRCLE_RADIUS=6.9e-3
ピニオン粘性摩擦［Nm/（rad/sec）］	PINION_VISCOUS_COEFFICIENT=0.01
ラック摩擦トルク［Nm］	RACK_COULOMB_FRICTION_FORCE=100.0
ラックエンドダンパ	RACK_END_DAMPER=1.0e-9
ラックエンド剛性	RACK_END_STIFF=1.0e+9
ラック質量［kg］	RACK_MASS=3.0
ラックストローク（マイナス端）［m］	RACK_STROKE_M=-70.0e-3
ラックストローク（プラス端）［m］	RACK_STROKE_P=70.0e-3
ラック粘性摩擦［Nm/（rad/sec）］	RACK_VISCOUS_COEFFICIENT=100.0
TERMINAL 信号	
ピニオン部との接続	PINION
ラック部との接続	RACK

```
 1: library ieee;
 2: library fundamentals_vda;
 3: use work.all;
 4:
 5: entity EPS1_RACKPINION is
 6:   generic(
 7:     PINION_COULOMB_FRICTION_TORQUE : REAL:=0.1;
 8:     PINION_INERTIA : MOMENT_INERTIA:=0.00001;
 9:     PINION_PITCH_CIRCLE_RADIUS : REAL:=1.0E-02;
10:     PINION_VISCOUS_COEFFICIENT : REAL:=0.01;
11:     RACK_COULOMB_FRICTION_FORCE : REAL:=100.0;
12:     RACK_END_DAMPER : REAL:=1.0E-09;
13:     RACK_END_STIFF : REAL:=1.0E+09;
14:     RACK_MASS : REAL:=3.0;
15:     RACK_STROKE_M : DISPLACEMENT:=-1.0E-01;
16:     RACK_STROKE_P : DISPLACEMENT:=1.0E-01;
17:     RACK_VISCOUS_COEFFICIENT : REAL:=100.0
18:   );
19:   port(
20:     terminal PINION :  ROTATIONAL;
21:     terminal RACK :  TRANSLATIONAL
22:   );
23: end entity EPS1_RACKPINION;
24:
25: architecture arch_EPS1_RACKPINION of EPS1_RACKPINION
is
26:
27: begin
28:
29:   MASS_T1 : entity MASS_TR_JSAE(IDEAL)
30:     generic map ( M => RACK_MASS )
31:     port map ( TRANS1 => RACK );
32:
33:   INERTIA_R_PINION : entity INERTIA_R_JSAE(IDEAL)
34:     generic map ( J => PINION_INERTIA )
35:     port map ( ROT1 => PINION );
36:
37:   FRICTION_STATIC_R1 : entity FRICTION_STATIC_R(IDEAL)
38:     generic map (
39:       D_VISCOUS_ROTATIONAL => PINION_VISCOUS_
COEFFICIENT,
40:       FRICTION_TORQUE_KINETIC => PINION_COULOMB_
FRICTION_TORQUE,
41:       FRICTION_TORQUE_STATIC => PINION_COULOMB_
FRICTION_TORQUE
42:     )
43:     port map ( ROT1 => PINION, ROT2 => ROTATIONAL_REF
);
44:
45:   STOP_T1 : entity STOP_TR_JSAE(IDEAL)
46:     generic map (
47:       DAMP_STOP => RACK_END_DAMPER,
48:       K_STOP => RACK_END_STIFF,
49:       POS_MAX => RACK_STROKE_P,
50:       POS_MIN => RACK_STROKE_M
51:     )
52:     port map ( TRANS1 => RACK, TRANS2 =>
TRANSLATIONAL_REF );
53:
54:   FRICTION_T1 : entity FRICTION_T(IDEAL)
55:     generic map (
56:       D_VISCOUS => RACK_VISCOUS_COEFFICIENT,
57:       FRICTION_KINETIC => RACK_COULOMB_FRICTION_FORCE,
58:       FRICTION_STATIC => RACK_COULOMB_FRICTION_FORCE
59:     )
60:     port map ( TR1 => RACK, TR2 => TRANSLATIONAL_REF
);
61:
62:   RACK_PINION1 : entity RACK_PINION(DEFAULT)
63:     generic map ( RADIUS => PINION_PITCH_CIRCLE_RADIUS
)
64:     port map ( PINION => PINION, RACK => RACK );
65:
66: end architecture arch_EPS1_RACKPINION;
```

図 3.65　ラックピニオンの記述

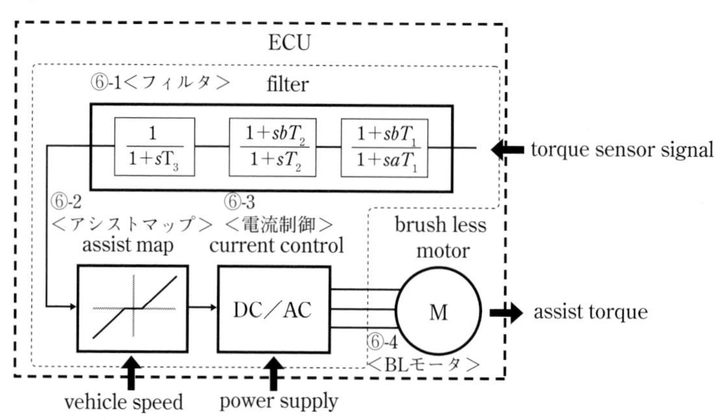

図 3.66　トルクアシストモデル部概要

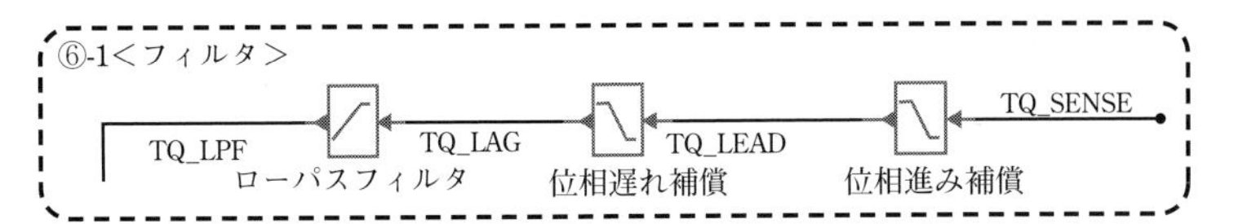

図 3.67　フィルタ&位相補正モデル

3.3.9　トルクアシスト全体像

図 3.66 に示すようにアシスト制御部は，アシスト指令と電流制御からなる ECU とブラシレスモータで構成されている．

3.3.10　フィルタモデル

図 3.67 のフィルタ部では，伝達関数を使用し，トルク信号の位相補償が行われている．

ローパスフィルタでトルク信号の高周波ノイズの平滑化を行って計算量を低減する．**図 3.68** のような伝達関数と特性を示すように設定する．

■ローパスフィルタ

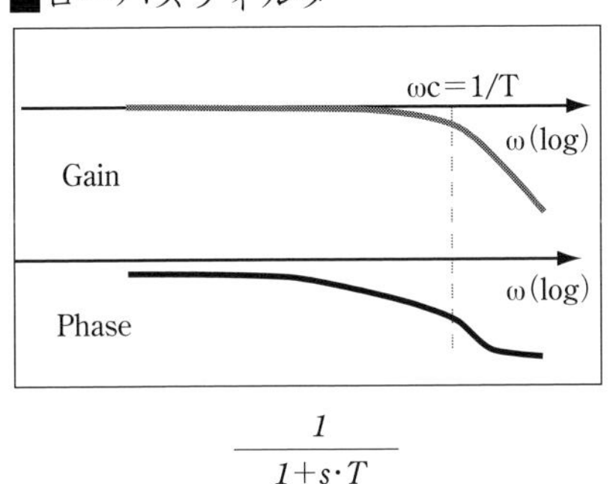

$$\frac{1}{1+s\cdot T}$$

図 3.68　フィルタモデル特性

表 3.31　フィルタモデルパラメータ

入力パラメータ	
カットオフ周波数［Hz］	FP=200.0
ゲイン係数	K=1.0
サンプリング周波数［Hz］	FSMP=10.0e+3
入力信号	
入力	input
出力信号	
出力	output

```
 1: library IEEE;
 2: library fundamentals_vda;
 3: use ieee.math_real.all;
 4:
 5: entity q_LPF_1st_jsae is
 6:   generic (
 7:     Fp    :  real;            -- Pole frequency [Hz]
 8:     K     :  real := 1.0;     -- Filter gain [No Units]
 9:     Fsmp  :  real := 10.0e3   -- For Z-dmn only: Sample
frequency [Hz]
10:     );
11:   port (
12:     quantity input  : in  real;
13:     quantity output : out real
14:   );
15: end entity q_LPF_1st_jsae;
16:
17: -- S Domain Implementation
18: architecture s_dmn of q_LPF_1st_jsae is
19:   constant wp  : real        := math_2_pi*Fp;  --
Frequency in Radians
20:   constant num : real_vector := (wp, 0.0);     --
Numerator array
21:   constant den : real_vector := (wp, 1.0);     --
Denominator array
22: begin
23:
24:   output == K * input'ltf(num, den);    -- Laplace
Transfer Function
25:
26: end architecture s_dmn;
27:
28: -- Z Domain Implementation (via bilinear transform, no
pre-warping)
29: architecture z_dmn of q_LPF_1st_jsae is
30:   constant Tsmp   : real := 1.0/Fsmp;       -- Sample
period
31:   constant wp     : real := fp*math_2_pi;   -- Pole in
rad/s
32:   constant numz_0 : real := Tsmp*wp;        -- z0
numerator coefficient
33:   constant numz_1 : real := Tsmp*wp;        -- z-1
numerator coefficient
34:   constant denz_0 : real := Tsmp*wp + 2.0;  -- z0
denominator coefficient
35:   constant denz_1 : real := Tsmp*wp - 2.0;  -- z-1
denominator coefficient
36:   constant num    : real_vector := (numz_0, numz_1);
37:   constant den    : real_vector := (denz_0, denz_1);
38: begin  -- ztf
39:
40:   output == K*input'Ztf(num, den, Tsmp);
41:
42: end architecture z_dmn;
```

図 3.69　フィルタモデルの記述

3.3.11　位相補正フィルタ

位相の歪による発振を抑えるための位相補正フィルタモデルを有する．

表 3.32　位相補正フィルタパラメータ

入力パラメータ	
ゲイン係数	K=1.0
ポール周波数［Hz］	FP=200.0
ゼロ周波数［Hz］	FZ=200.0
サンプリング周波数［Hz］	FSMP=10.0e+3
入力信号	
入力	input
出力信号	
出力	output

■位相遅れ補償

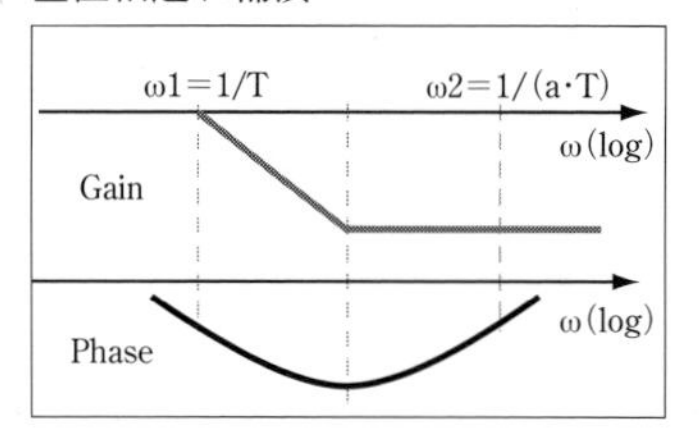

■位相進み補償

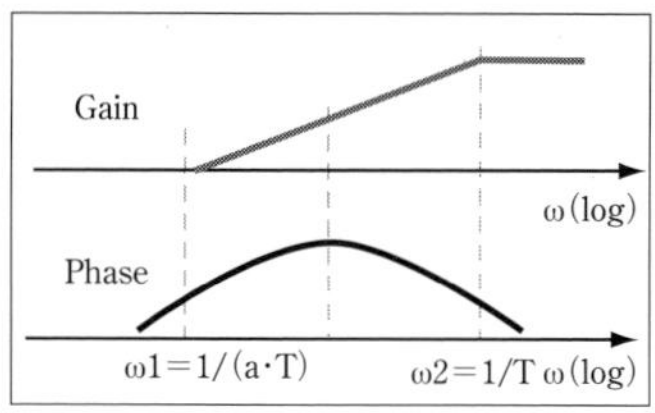

$$\frac{(1+s\cdot\alpha\cdot T)}{(1+s\cdot T)}$$ ただしα<1

$$\frac{(1+s\cdot\alpha\cdot T)}{(1+s\cdot T)}$$ ただしα>1

図 3.70　位相補正フィルタ特性

```
 1: library ieee;
 2: use ieee.math_real.all;
 3:
 4: entity q_LeadLag_jsae is
 5:   generic (
 6:     K    :     real := 1.0;     -- Gain [No Units]
 7:     Fp   :     real := 20.0e3; -- Pole frequency [Hz]
 8:     Fz   :     real := 1.0e6;  -- Zero frequency [Hz]
 9:     Fsmp :     real := 10.0e3  -- For Z-dmn only:
Sample frequency [Hz]
10:     );
11:   port (
12:     quantity input  : in  real;
13:     quantity output : out real);
14: end entity q_LeadLag_jsae;
15:
16: architecture s_dmn of q_LeadLag_jsae is
17:   constant wp  : real := math_2_pi*Fp;  -- Pole freq
(in radians)
18:   constant wz  : real := math_2_pi*Fz;  -- Zero freq
(in radians)
19:   constant num : real_vector := (1.0, 1.0/wz);
20:   constant den : real_vector := (1.0, 1.0/wp);
21: begin
22:
23:   output == K * input'ltf(num, den);    -- Laplace
transform of input
24:
25: end architecture s_dmn;
```

図 3.71　位相補正フィルタの記述

3.3.12　アシストマップ

図 3.72 のアシストマップでは，マップファイルを利用し，トルクセンサ入力値に応じたアシストトルク値を決定している．

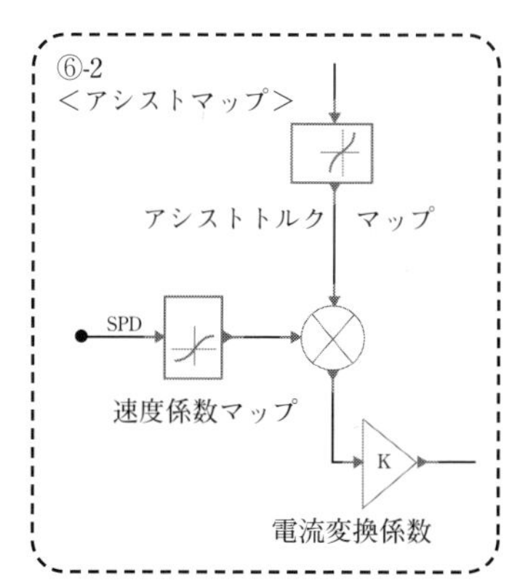

図 3.72　アシストマップモデル概要

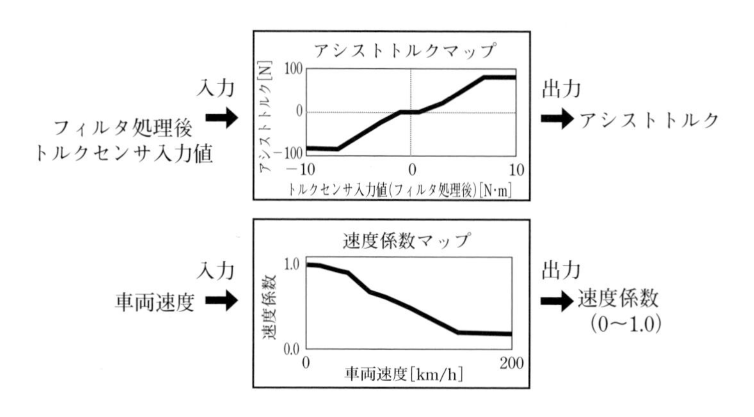

図 3.73　アシストマップ出力概要

走行時のアシスト量を模擬できるように速度係数マップを備え，車速に応じ速度係数をアシストトルクに乗じアシスト指令値(トルク値)としている．

アシスト指令値に電流変換係数を乗じモータ電流指令値としている．

アシストトルク・速度係数
=アシスト指令値(トルク)
アシスト指令値(トルク値)・電流変換係数
=モータ電流指令値

このモデルでは複数のマップ伝達モデルを利用しており，アシストトルクマップのみを例に説明する．

表 3.33　アシストトルクマップパラメータ

入力パラメータ	
入力信号 Quantity Vector	IN_DATA=(-15.0,-10.0,-0.1,0.0,0.1,10.0,15.0)
出力信号 Quantity Vector	OUT_DATA=(-80.0,-80.0,0.0,0.0,0.0,80.0,80.0)
入力信号	
入力	input
出力信号	
出力	output

```
 1: library IEEE;
 2: library FUNDAMENTALS_VDA;
 3: use IEEE.MATH_REAL.all;
 4: use FUNDAMENTALS_VDA.TLU_VDA.all;
 5:
 6: entity q_PWL_tf_jsae is
 7:   generic (
 8:     in_data  :  real_vector;     -- Input data [No
Units]
 9:     out_data :  real_vector
10:   );       -- PWL output data (out vs. in) [No Units]
11:   port (
12:     quantity    input  : in  real;
13:     quantity output : out real
14:   );
15: end entity q_PWL_tf_jsae;
16:
17: architecture behavioral of q_PWL_tf_jsae is
18:
19: begin
20:
21:   output == LOOKUP_1D(input, in_data, out_data);
-- Call PWL function
22:
23: end architecture behavioral;
```

図 3.74　アシストマップの記述

3.3.13　電流制御モデル

図 3.75 のように構成される電流制御ブロックは，アシストモータを駆動するための電流制御回路部を有する．

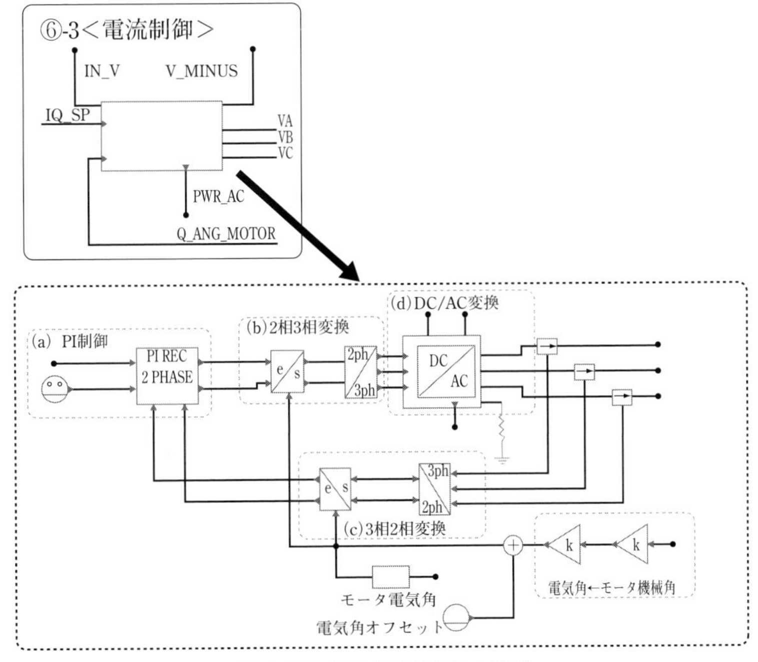

図 3.75　電流制御モデルの概要

(a)PI 制御

PI 制御により，モータに流れる実電流を，モータ電流指令値(目標値)に近づけさせるために使用する．

```
 1: library ieee;
 2: library fundamentals_vda;
 3: use work.all;
 4:
 5: entity Q_PI_REGULATOR_2PH is
 6:   generic(
 7:     K_INT : REAL:=0.0;
 8:     K_LIM : REAL:=1.0;
 9:     K_PROP : REAL:=1.0;
10:     LIM_HI : REAL:=10.0;
11:     LIM_LO : REAL:=-10.0;
12:     LIM_SLOPE : REAL:=1.0E-4
13:   );
14:   port(
15:     quantity FB_D : IN REAL;
16:     quantity FB_Q : IN REAL;
17:     quantity IN_D : IN REAL;
18:     quantity IN_Q : IN REAL;
19:     quantity OUT_D : OUT REAL;
20:     quantity OUT_Q : OUT REAL
21:   );
22: end entity Q_PI_REGULATOR_2PH;
23:
24: architecture arch_Q_PI_REGULATOR_2PH of Q_PI_
REGULATOR_2PH is
25:   quantity GAIN_OUT_Q: REAL;
26:   quantity ERR_Q: REAL;
27:   quantity GAIN_OUT_D: REAL;
28:   quantity ERR_D: REAL;
29:   quantity INT_OUT_Q: REAL;
30:   quantity LIM_IN_Q: REAL;
31:   quantity INT_OUT_D: REAL;
32:   quantity LIM_IN_D: REAL;
33:
34: begin
35:   Q_DIFF_Q : entity Q_DIFFERENCE_JSAE(BEHAVIORAL)
36:     port map ( IN1 => IN_Q, IN2 => FB_Q, OUTPUT =>
ERR_Q );
37:   Q_LIM_D : entity Q_LIMIT_JSAE(SIMPLE)
38:     generic map (
39:       K => K_LIM,
40:       LIMIT_HIGH => LIM_HI,
41:       LIMIT_LOW => LIM_LO,
42:       LIMIT_SLOPE => LIM_SLOPE
43:     )
44:     port map ( INPUT => LIM_IN_D, OUTPUT => OUT_D );
45:   Q_SUM_D : entity Q_SUM_JSAE(BEHAVIORAL)
46:     port map (
47:       IN1 => GAIN_OUT_D,
48:       IN2 => INT_OUT_D,
49:       OUTPUT => LIM_IN_D
50:     );
51:   Q_DIFF_D : entity Q_DIFFERENCE_JSAE(BEHAVIORAL)
52:     port map (
53:       IN1 => IN_D,
54:       IN2 => FB_D,
55:       OUTPUT => ERR_D
56:     );
57:   Q_GAIN_D : entity Q_GAIN_JSAE(BEHAVIORAL)
58:     generic map ( K => K_PROP )
59:     port map ( INPUT => ERR_D, OUTPUT => GAIN_OUT_D );
60:   Q_GAIN_Q : entity Q_GAIN_JSAE(BEHAVIORAL)
61:     generic map ( K => K_PROP )
62:     port map ( INPUT => ERR_Q, OUTPUT => GAIN_OUT_Q );
63:   Q_INTEG_D : entity Q_INTEG_JSAE(S_DMN)
64:     generic map ( K => K_INT )
65:     port map ( INPUT => ERR_D, OUTPUT => INT_OUT_D );
66:   Q_INTEG_Q : entity Q_INTEG_JSAE(S_DMN)
67:     generic map ( K => K_INT )
68:     port map ( INPUT => ERR_Q, OUTPUT => INT_OUT_Q );
69:   Q_LIM_Q : entity Q_LIMIT_JSAE(SIMPLE)
70:     generic map (
71:       K => K_LIM,
72:       LIMIT_HIGH => LIM_HI,
73:       LIMIT_LOW => LIM_LO,
74:       LIMIT_SLOPE => LIM_SLOPE
75:     )
76:     port map ( INPUT => LIM_IN_Q, OUTPUT => OUT_Q );
77:   Q_SUM_Q : entity Q_SUM_JSAE(BEHAVIORAL)
78:     port map (
79:       IN1 => GAIN_OUT_Q,
80:       IN2 => INT_OUT_Q,
81:       OUTPUT => LIM_IN_Q
82:     );
83: end architecture arch_Q_PI_REGULATOR_2PH;
```

図 3.76　PI 制御モデルの記述

(b)2 相 3 相変換

d，q 軸電流指令をモータへの 3 相指令電圧に変換する．

```
 1: library IEEE;
 2: use IEEE.math_real.all;
 3:
 4: entity q_2ph_to_3ph_inv_Clarke_jsae is
 5:   port(
 6:     quantity alpha, beta : in real;
 7:     quantity a, b, c : out real
 8:   );
 9:
10: end entity q_2ph_to_3ph_inv_Clarke_jsae;
11:
12: architecture behavioral of q_2ph_to_3ph_inv_Clarke_
jsae is
13:
14: begin
15:
16:   a == alpha;
17:   b == -0.5*alpha + (sqrt(3.0)/2.0)*beta;
18:   c == -0.5*alpha - (sqrt(3.0)/2.0)*beta;
19:
20: end architecture behavioral;
```

図 3.77　2 相 3 相変換の記述

(c)3 相 2 相変換

モータの 3 相電流を d，q 軸の 2 相電流に変換する．

```
 1: library IEEE;
 2: use IEEE.math_real.all;
 3:
 4: entity q_3ph_to_2ph_Clarke is
 5:   port(
 6:     quantity alpha, beta : out real;
 7:     quantity a, b, c : in real
 8:   );
 9:
10: end entity q_3ph_to_2ph_Clarke;
11:
12: architecture behavioral of q_3ph_to_2ph_Clarke is
13:
14: begin
15:
16:   alpha == a;
17:   beta == a*(1.0/sqrt(3.0)) + b*(2.0/sqrt(3.0));
18:
19: end architecture behavioral;
```

図 3.78　3 相 2 相変換の記述

(d)直流交流変換

交流部で消費される電力(power_AC)を求め，直流部の電力が交流部と等価となるように効率を加味し直流電流を通過させている．

直流交流変換の損失を模擬できるように変換効率係数マップを備え，モータの相電流値(RMS)より，効率係数を決定している．

```
 1: library IEEE;
 2: use IEEE.std_logic_1164.all;
 3: use IEEE.ELECTRICAL_SYSTEMS.all;
 4: use IEEE.MATH_REAL.all;
 5: library fundamentals_vda;
 6: use fundamentals_vda.tlu_vda.all;
 7:
 8: entity Ideal_dc_3ph_converter is
 9:   generic(
10:     iphase_rms_vector: real_vect
or:=(-300.0,-257.0,-133.0,-56.0,-30.0,-21.0,-
12.3,12.3,21.0,30.0,56.0,133.0,257.0,300.0);
11:     eff_vector: real_vect
or:=(0.96,0.96,0.95,0.8,0.6,0.4,0.2,0.2,0.4,0.6,0.8,0.95,0
.96,0.96)
12:   );
13:   port (
14:     quantity VA: in real := 0.0;
15:     quantity VB: in real := 0.0;
16:     quantity VC: in real := 0.0;
17:     quantity PWR_AC: out real :=0.0;
18:     terminal A: ELECTRICAL;
19:     terminal B: ELECTRICAL;
20:     terminal C: ELECTRICAL;
21:     terminal VDC_P: ELECTRICAL;
22:     terminal VDC_M: ELECTRICAL;
23:     terminal N: ELECTRICAL
24:   );
25:
26: end entity Ideal_dc_3ph_converter;
27:
28: architecture default of Ideal_dc_3ph_converter is
29:   quantity van across ia through A to N;
30:   quantity vbn across ib through B to N;
31:   quantity vcn across ic through C to N;
32:   quantity vbus across ibus through VDC_P to VDC_M;
33:   quantity power_AC: real:=0.0;
34:   quantity power_DC: real:=0.0;
35:   quantity eff: real:=0.25;
36:   quantity irms,irms2: real:=0.0;
37:   quantity vratio: real:=1.0;
38:   constant one_over_sqrt3: real := 1.0/sqrt(3.0);
39:
40:   function get_vratio(u:real; v:real; vb:real) return
real is
41:     variable vbeta,vmag2,vbus2:real;
42:     variable vratio:real:=1.0;
43:     begin
44:       vbeta := (u+2.0*v)*one_over_sqrt3;
45:       vmag2 := u**2 + vbeta**2;
46:       vbus2 :=(0.577*vb)**2;
47:       vratio := sqrt((vbus2+1.0e-6)/(vmag2+1.0e-6));
48:       return vratio;
49:     end function get_vratio;
50:     begin
51:       if domain=quiescent_domain use
52:         ibus==0.0;
53:         ia==0.0;
54:         ib==0.0;
55:         ic==0.0;
56:       elsif not vratio'above(1.0) use
57:         van==vratio*VA;
58:         vbn==vratio*VB;
59:         vcn==vratio*VC;
60:         power_DC==vbus*ibus;
61:       else
62:         van==VA;
63:         vbn==VB;
64:         vcn==VC;
65:         power_DC==vbus*ibus;
66:       end use;
67:
68:       vratio==get_vratio(VA,VB,vbus);
69:       power_AC==van*ia+vbn*ib+vcn*ic;
70:       irms2==0.667*(ia**2 + ib**2 + ia*ib);  --based
on Clarke Formula
71:       irms==sqrt(abs(irms2)+1.0e-6);
72:     -- get efficiency from estimated current
73:       eff == lookup_1d(irms, iphase_rms_vector,
eff_vector);
74:       if power_AC'above(0.0) use  -- pos AC means
regen
75:         power_DC==-(power_AC)*eff;
76:       else    -- neg AC means motoring
77:         power_AC==-(power_DC*eff);
78:       end use;
79:
80:       PWR_AC==-power_AC;  -- output as a positive
number
81:
82: end architecture default;
```

図 3.79　直流交流変換の記述

3.3.14　ブラシレス(BL)モータ

図 3.80 の BL モータには，理想 3 相 PMSM モータモデルを用いて，以下の演算式により求めている．

$$\mathrm{Te} = -\mathrm{KT}\cdot\frac{2}{3}[ia\cdot sin\theta + ib\cdot \sin\left(\theta-\frac{2\pi}{3}\right) + ic\cdot\sin\left(\theta+\frac{2\pi}{3}\right)]$$

$$\mathrm{Tm} = -\mathrm{Te} + \mathrm{d}\cdot\omega + \mathrm{j}\cdot\omega$$

Te：発生トルク[N·m]
KT：トルク定数[N·m/A]
ia：a相電流(瞬時値)[A]
ib：b相電流(瞬時値)[A]
ic：c相電流(瞬時値)[A]
θ：モータ電気角[rad]
Tm：モータトルク[N·m]
d：モータ粘性摩擦係数[N·ms/rad]
ω：モータ回転速度[rad]
j：モータイナーシャ[kgm^2]

brush less
motor
M

図 3.80　ブラシレスモータ

表 3.34　ブラシレスモータパラメータ

入力パラメータ	
スタータモータ抵抗［Ω］	RS=1.0e-2
スタータモータインダクタ［H］	L=5.0e-5
定格トルク［Nm/A］	KT=4.0/（80.0*$\sqrt{2}$）
ポール数	NP=4.0
粘性引き摺りトルク［Nm/（rad/sec）］	D=5.0e-4
慣性モーメント［Kg・m^2］	J=1.0e-4
TERMINAL 信号	
3 相分の電気的端子，基準電位端子	SA,SB,SC,SN
シャフト，基準軸	SHAFT, HOUSING

```
 1: library IEEE;
 2: use IEEE.MATH_REAL.all;
 3: use IEEE.mechanical_systems.all;
 4: use IEEE.electrical_systems.all;
 5:
 6: entity motor_pmsm_3ph is
 7:   generic (
 8:     rs : resistance := 0.1;      -- Resistance of each stator winding [Ohm]
 9:     L  : inductance := 1.0e-3;   -- Inductance of each stator winding [Henry]
10:     kt : real       := 1.0;      -- Torque constant [N*m/Amp]
11:     np : real       := 2.0;      -- Number of poles [No Units]
12:     d  : real       := 0.0;      -- Viscous drag torque [N*m/(rad/sec)]
13:     j  : moment_inertia := 0.0 -- Moment of inertia [kg*meter**2]
14:   );
15:   port (
16:     terminal sa, sb, sc, sn : electrical;
17:     terminal shaft, housing : rotational_velocity
18:   );
19: end entity motor_pmsm_3ph;
20:
21: architecture default of motor_pmsm_3ph is
22:
23:   quantity vas across ias through sa to sn;
24:   quantity vbs across ibs through sb to sn;
25:   quantity vcs across ics through sc to sn;
26:   quantity vsn across isn through sn to electrical_ref;
27:   quantity lambda_as, lambda_bs, lambda_cs : magnetic_flux;
28:   quantity w across torq through shaft to housing;
29:   quantity te : torque;
30:   quantity theta_r : angle;
31:   quantity theta_r_np : angle;
32:   constant pi2_3 : real := 2.0*math_pi/3.0;
33:   constant np_2 : real := np/2.0;
34:   constant lambda_max : magnetic_flux := kt/(1.5*np_2);
35:   constant r_sn : resistance := 1.0e6;
36:
37: begin
38:   --- Flux relationships
39:   lambda_as  == L*(ias - 0.5*ibs - 0.5*ics) + lambda_max*cos(theta_r_np);
40:   lambda_bs  == L*(ibs - 0.5*ias - 0.5*ics) + lambda_max*cos(theta_r_np - pi2_3);
41:   lambda_cs  == L*(ics - 0.5*ibs - 0.5*ias) + lambda_max*cos(theta_r_np + pi2_3);
42:
43:   --- Voltage relationships
44:   vas  == rs*ias  + lambda_as'dot;
45:   vbs  == rs*ibs  + lambda_bs'dot;
46:   vcs  == rs*ics  + lambda_cs'dot;
47:   vsn  == r_sn * isn;
48:
49:   --- Torque and mechanical relationships
50:   te == -1.0*lambda_max*np_2*(ias*sin(theta_r_np) + ibs*sin(theta_r_np - pi2_3) + ics*sin(theta_r_np + pi2_3));
51:   torq == -1.0*te + d*w + j*w'dot;
52:   theta_r == w'integ;   --- Assumes initial angle = 0.0 at time 0.
53:   theta_r_np == theta_r*(np_2);
54:
55: end architecture default;
```

図 3.81　ブラシレスモータの記述

3.3.15　車両運動モデル

EPSの開発では，自動車開発の加速性能・燃費・ドライバビリティなどの基本性能を踏まえながら，据え切り時の電源への影響や電源変動におけるEPSトルク変動への影響を考える必要がある．

今回，メーカ・サプライヤがモデルを流通する事例として，EPS開発での検討項目を仮定し，据え切りおよび低速での旋回走行操舵の電源への影響や電源変動におけるEPSトルク変動への影響を検討可能なモデルとして，国際標準言語(VHDL-AMS)を使ってモデルを複数のツールで作成し，確認を行った．

(1)車両モデルの役割

車両モデルは，駆動トルクによる車両の加減速動作のみならず，操舵操作による車両の2次元運動をシミュレーションにより可能とすることを目的としている．車両は2輪モデルで簡略化して表現している．車両および車輪の運動方程式を与えられた駆動トルクおよび操舵角に基づいて解いて，タイヤの駆動力，車輪回転速度，車体の運動速度およびヨーレートを計算する．タイヤの特性はマジックフォーミュラで与え，λ-methodモデルにより2次元スリップを表現している．また求められた横力とニューマティックトレイルによりセルフアライアニングトルクを計算する．

〈車両の運動方程式〉

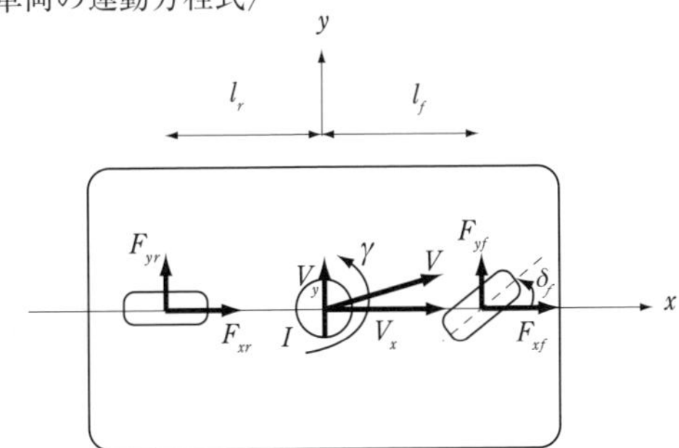

図3.82　車両に掛かる力と運動方程式

図のx軸は車両の前後方向を示し，y軸は車両の横方向を示す．各記号は，車体重量M［kg］，車体速度ベクトルV［m/s］，車両前後の縦方向の車両速度V_x［m/s］，車両左右の横方向の車両速度V_y［m/s］，車両重心点を通る鉛直軸回り方向の慣性モーメントI［kgm^2］，車両重心点でのヨーレート(回転角速度)γ［rad/s］とする．

前輪後輪を添え字i=f,rで区別し，以下この記法を用いる．

x軸方向の各駆動力(制動力)F_xi［N］，軸方向の各駆動力(制動力)F_yi［N］とし，車両重心点と前後輪車軸間の距離li［m］とする，2輪モデルの車両の運動方程式は前後方向，横方向，重心点を通る鉛直軸回り方向について以下の式となる．

$$\boldsymbol{V} = (V_x, V_y) \tag{3-19}$$

$$\left.\begin{aligned} M\left(\frac{dV_x}{dt} - \gamma V_y\right) &= F_{xf} + F_{xr} \\ M\left(\frac{dV_y}{dt} + \gamma V_x\right) &= F_{yf} + F_{yr} \end{aligned}\right\} \tag{3-20}$$

$$I\frac{dy}{dt} = l_f \cdot F_{yf} - l_r \cdot I \tag{3.21}$$

(2) 2車輪の運動方程式

車輪モデルは2輪モデルの場合，駆動輪・従属輪どちらのモデルも共通してモデリングが可能である．各車輪の運動は，車軸の慣性モーメント値をJ_w［kgm^2］，回転角速度をω_i［rad/s］，車輪の駆動トルクT_i［Nm］，タイヤの実舵角をδ_i［rad］，車輪速度をV_{wi}［m/s］として次式で表される．

$$I_w\frac{d\omega_i}{dt} + (F_{xi}\cos\delta_i + F_{yi}\sin\delta_i) \cdot r \tag{3-22}$$

$$T_f = 0,\ \delta_r = 0 \tag{3-23}$$

$$V_{wi} = \omega_i \cdot r \tag{3-24}$$

$$\begin{aligned} V_{wi} &= (V_{wxi}, V_{wyi}) \\ &= (V_{wi}\cos\delta_i,\ V_{wi}\sin\delta_i) \end{aligned} \tag{3-25}$$

例えば後輪モデルを考える際は，従属輪(前輪)は駆動トルクを持たず，駆動輪(後輪)は操舵角を持たないので，式(3-23)のような関係を持つ．

車両の2次元運動の解析には車両の前後方向と横方向の2次元のスリップをベクトルで表現するタイヤモデルがキーとなるが，これにはλ-Methodと呼ばれるモデルを用いる．

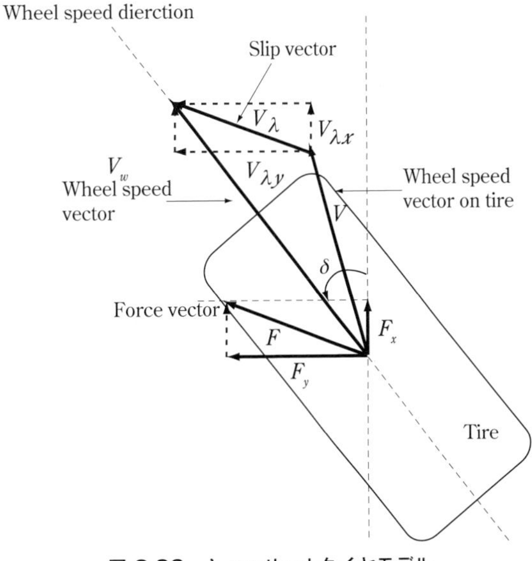

図3.83　λ-methodタイヤモデル

このタイヤモデルではスリップ率 λ と路面摩擦係数 $\mu(\lambda_i)$ の関係を平面上の２次元のスリップに置き換えて，タイヤ上の車両速度ベクトル V_i と 車輪速度ベクトル V_{wi} の差からスリップ速度ベクトル $V_{\lambda i}$ を基に摩擦力を計算する．

ベクトルは車輪速度の方向とその垂直方向の２次元座標で表され，角度は反時計回りを正とする．タイヤのスリップベクトル λ_i は次式で定義する．

$$\lambda_i = \frac{V_{\lambda i}}{max(V_{wi}, V_i)} = \frac{V_{wi} - V_i}{max(V_{wi}, V_i)} \tag{3-26}$$

またタイヤ上の車両速度ベクトル V_i の大きさは車両速度(V_x, X_y)とヨーレート γ を用いて次式で表される．

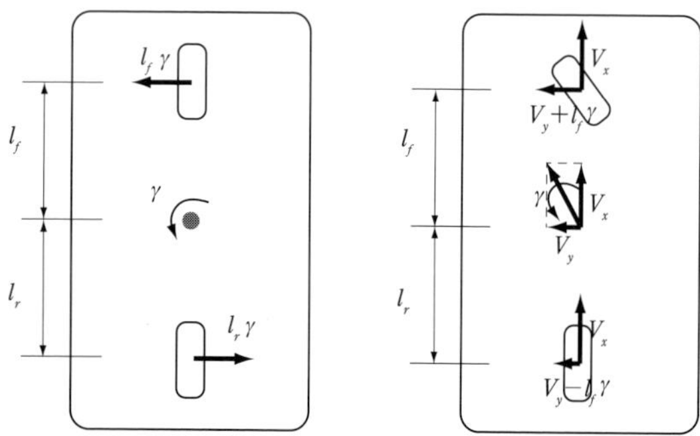

図 3.84　ヨーレート (回転角速度) の考慮とタイヤ上車両速度ベクトル

$$\left.\begin{array}{l} V_f = (V_x, V_y + l_f \cdot \gamma) \\ V_r = (V_x, V_y - l_r \cdot \gamma) \end{array}\right\} \tag{3-27}$$

タイヤに加わる駆動力ベクトル F_i は，スリップベクトル λ_i と同じ方向に加わり次式で示される．

$$F_i = (F_{xi}, F_{yi}) = \mu(\lambda_i) \cdot F_{zi} \cdot \frac{\boldsymbol{\lambda}_i}{\lambda_i} = \mu(\lambda_i) \cdot F_{zi} \cdot \frac{\boldsymbol{V}_{\lambda i}}{V_{\lambda i}} \tag{3-28}$$

また路面摩擦係数は Magic Formula と呼ばれるモデルを用いることにより，スリップベクトルの大きさ λ_i を用いて表現することができる．

$$\mu(\lambda_i) = D\sin(C\tan^{-1}(B(1-E)\lambda_i + E\tan^{-1}(B\lambda_i))) \tag{3-29}$$

ただし，F_{zi} は各タイヤの垂直抗力であり，各車輪での垂直荷重力は以下の式で示される．

$$\left.\begin{array}{l} F_{zf} = \dfrac{l_r}{(l_f + l_r)} \cdot M \cdot g \\ F_{zr} = \dfrac{l_f}{(l_f + l_r)} \cdot M \cdot g \end{array}\right\} \tag{3-30}$$

乾燥アスファルト路面でスリップ率の大きさ λ_i とタイヤのすべり角 α_i をそれぞれ変化させたときの車両の前後方向 μ_{xi}，横方向の摩擦係数 μ_{yi} を示す．ここで横軸にとったスカラーのスリップ率 λ は次式のように定義している．

$$\lambda = \frac{V_{\omega i} - V_i}{max(V_{\omega i}, V_i)} \tag{3-31}$$

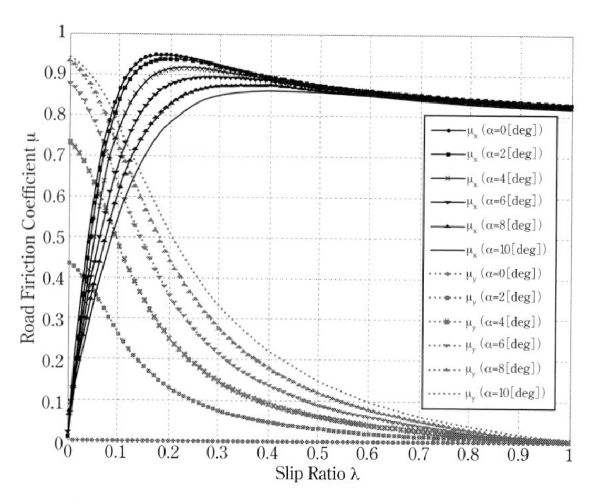

図 3.85　Road friction coefficients μ _x , μ _y by the example formula.

```
 1: library ieee;
 2: library fundamentals_vda;
 3: use work.all;
 4:
 5: entity STEER_2WHEEL_NEW_VEHICLE_A is
 6:   port(
 7:     quantity FLF : OUT REAL;
 8:     quantity MUF : OUT REAL;
 9:     quantity REAL_TIRE_ANG : IN REAL;
10:     quantity SPEED : IN REAL
11:   );
12: end entity STEER_2WHEEL_NEW_VEHICLE_A;
13:
14: architecture arch_STEER_2WHEEL_NEW_VEHICLE_A of
STEER_2WHEEL_NEW_VEHICLE_A is
15:   quantity T2: REAL;
16:   quantity TAN_DELTA: REAL;
17:   quantity ¥$1N15¥: REAL;
18:   terminal ¥$1N16¥: ROTATIONAL_VELOCITY;
19:   quantity X: REAL;
20:   quantity V_MPS: REAL;
21:   quantity V_KMPH: REAL;
22:   quantity SPD_DEF: REAL;
23:   quantity PI_TRQ_GARD: REAL;
24:   quantity ¥$1N146¥: REAL;
25:   quantity Y: REAL;
26:   quantity ¥$1N147¥: REAL;
27:   quantity FX_R: REAL;
28:   quantity FY_R: REAL;
29:   quantity ¥$1N149¥: REAL;
30:   quantity ¥$1N81¥: REAL;
31:   quantity FX_F: REAL;
32:   quantity V_X: REAL;
33:   quantity THETA: REAL;
34:   quantity FY_F: REAL;
35:   quantity V_Y: REAL;
36:   terminal R_WHEEL_TRQ: ROTATIONAL_VELOCITY;
37:   quantity ¥$1N151¥: REAL;
38:   quantity PI_TRQ: REAL;
39:   quantity GAM: REAL;
40:   quantity ALIGNING_TORQ: REAL;
```

```
41:   quantity ¥$1N142¥: REAL;
42:
43: begin
44:   WHEEL2_XY1_R : entity WORK.WHEEL2_XY1(SIMPLE)
45:     generic map (
46:       L_A => 1.18,
47:       L_B => 1.77,
48:       L_C => -1.77,
49:       M => 2155.0,
50:       R => 0.33
51:     )
52:     port map (
53:       MRV => R_WHEEL_TRQ,
54:       V => V_MPS,
55:       V_X => V_X,
56:       V_Y => V_Y,
57:       GAM => GAM,
58:       DELTA => ¥$1N15¥,
59:       V_W => ¥$1N142¥,
60:       LAMB => ¥$1N146¥,
61:       MU => ¥$1N147¥,
62:       F_X => FX_R,
63:       F_Y => FY_R );
64:   WHEEL2_XY1_F : entity WORK.WHEEL2_XY1(SIMPLE)
65:     generic map (
66:       L_A => 1.77,
67:       L_B => 1.18,
68:       L_C => 1.18,
69:       M => 2155.0,
70:       R => 0.33
71:     )
72:     port map (
73:       MRV => ¥$1N16¥,
74:       V => V_MPS,
75:       V_X => V_X,
76:       V_Y => V_Y,
77:       GAM => GAM,
78:       DELTA => REAL_TIRE_ANG,
79:       V_W => ¥$1N149¥,
80:       LAMB => ¥$1N151¥,
81:       MU => MUF,
82:       F_X => FX_F,
83:       F_Y => FY_F
84:     );
85:   Q_GAIN2 : entity WORK.Q_GAIN_JSAE(BEHAVIORAL)
86:     generic map ( K => 1.0 )
87:     port map ( INPUT => FY_F, OUTPUT => FLF );
88:   TANGENT : entity WORK.TANGENT(BASIC)
89:     port map (
90:       DELTA => REAL_TIRE_ANG,
91:       A => TAN_DELTA
92:     );
93:   ALIGNING_TORQUE2 : entity WORK.ALIGNING_
TORQUE2(SIMPLE)
94:     generic map ( BTX0 => 0.051 )
95:     port map (
96:       DELTA => TAN_DELTA,
97:       FY => FLF,
98:       T2 => T2,
99:       ALIGNING_TORQ => ALIGNING_TORQ
100:    );
101:  VEL2POS : entity WORK.VEL2POS(SIMPLE)
102:    generic map (
103:      THETA0 => 0.0,
104:      X0 => 0.0,
105:      Y0 => 0.0
106:    )
107:    port map (
108:      V_X => V_X,
109:      V_Y => V_Y,
110:      GAM => GAM,
111:      THETA => THETA,
112:      X => X,
113:      Y => Y
114:    );
115:  MPS2KMPH2 : entity WORK.MPS2KMPH2(BASIC)
116:     port map ( MPS => V_MPS, KMPH => V_KMPH );
117:  VEHICLE_2WHEEL_V_XY1 : entity WORK.VEHICLE_2WHEEL_
V_XY1(BASIC)
118:    generic map ( LF => 1.18, LR => 1.77 )
119:    port map (
120:      F_X_R => FX_R,
121:      F_X_F => FX_F,
122:      F_Y_R => FY_R,
123:      F_Y_F => FY_F,
124:      V => V_MPS,
125:      V_X => V_X,
126:      V_Y => V_Y,
127:      GAM => GAM
128:    );
129:  Q_PI1 : entity FUNDAMENTALS_VDA.Q_PI_VDA(BASIC)
130:    generic map ( K => 150.0, T => 20.0 )
131:    port map ( Q_IN => SPD_DEF, Q_OUT => PI_TRQ );
132:  Q_LIMITER2 : entity FUNDAMENTALS_VDA.Q_LIMITER_
VDA(BASIC)
133:    generic map ( QMAX => 2000.0, QMIN => -2000.0 )
134:    port map ( Q_IN => PI_TRQ, Q_OUT => PI_TRQ_GARD
);
135:  U1 : entity FUNDAMENTALS_VDA.Q2TORQUE_MRV_
VDA(SIMPLE)
136:    port map (
137:      Q_IN => PI_TRQ_GARD,
138:      MRV_1 => R_WHEEL_TRQ,
139:      MRV_2 => OPEN
140:    );
141:  U2 : entity FUNDAMENTALS_VDA.QDC_VDA(SPICE)
142:    generic map ( DC => 0.0 )
143:    port map ( Q_OUT => ¥$1N15¥ );
144:  U3 : entity FUNDAMENTALS_VDA.Q2TORQUE_MRV_
VDA(SIMPLE)
145:    generic map ( DEFAULT => 1.0 )
146:    port map (
147:      Q_IN => ¥$1N81¥,
148:      MRV_1 => ¥$1N16¥,
149:      MRV_2 => OPEN
150:    );
151:  U4 : entity FUNDAMENTALS_VDA.QDC_VDA(SPICE)
152:    generic map ( DC => 0.0 )
153:    port map ( Q_OUT => ¥$1N81¥ );
154:  Q_FEEDBACK1 : entity FUNDAMENTALS_VDA.Q_FEEDBACK_
VDA(BASIC)
155:    port map (
156:      Q_IN1 => SPEED,
157:      Q_IN2 => V_KMPH,
158:      Q_OUT => SPD_DEF );
159:
160: end architecture arch_STEER_2WHEEL_NEW_VEHICLE_A;
```

図 3.86　車両運動モデルの記述

参考文献

（1）阿部，関末，重松，加藤，市原，自動車に関連する解析のための標準的モデル，平成 27 年電気学会全国大会講演論文集，4-S27-7，（2015）

（2）VDA FAT-AK30: http://fat-ak30.eas.iis.fraunhofer.de/

（3）乾　義尚，渡辺　裕，小林義和：リチウムイオン二次電池の電圧過渡応答の数値シミュレーション，電学論 B，Vol.126，No.5 pp.532-538（2006）

（4）嶋田尊衛，黒川浩助：階段状電流を用いた鉛蓄電池シミュレーションモデリング手法，電学論 B，Vol.128，No.8，pp.1027-1034（2008）

（5）馬場　厚志，足立修一：対数化 UKF を用いたリチウムイオン電池の状態とパラメータの同時推定，電学論 D，Vol.133，No.12，pp.1139-1147（2013.12）

第４章　実用モデル

4.1　はじめに

本章では，２章「基本モデル」による知識を利用し，3 章「要素モデル」で説明したモデルで構成された車両燃費計算モデルと EPS 関連システムモデルの実用的なシミュレーションを行うために，実装部品などとの精度のチューニングやパラメータの設定，機器の構成について具体的な回路例と記述例を示し，解説していく．

車両燃費シミュレーションでは，基本的なモデルを用いて車両パワートレインをモデリングし，モード走行に応じたエネルギー収支を模擬している．具体的な実測値より導出したモデルパラメータはエンジン，オルタネータ，バッテリであり，それらの作動条件を指定することにより期待される燃費改善のための試行と検討の基盤モデルとして利用することを目的としている．燃費改善に有効な技術としてアイドリングストップやオルタネータ電圧制御を模擬し，その効果を確認している．また，異なる定格や特性を持つ機器と交換することで得られる効果の検討にも適用できることを示している．EPS システムのシミュレーションでは燃費シミュレーションに利用したオルタネータ，バッテリを共有することにより停止中の据え切りや走行中の電力消費を実機に程近い値を得ている．特に据え切り時における最大消費電力に対し，オルタネータやバッテリを簡単に変更してシステムの検討を行えることを示している．

これらのシミュレーションは異なるシミュレータ上で行われ，それぞれにモデルを交換して実行している．標準記述言語を用いたモデル交換の実現は，高精度な

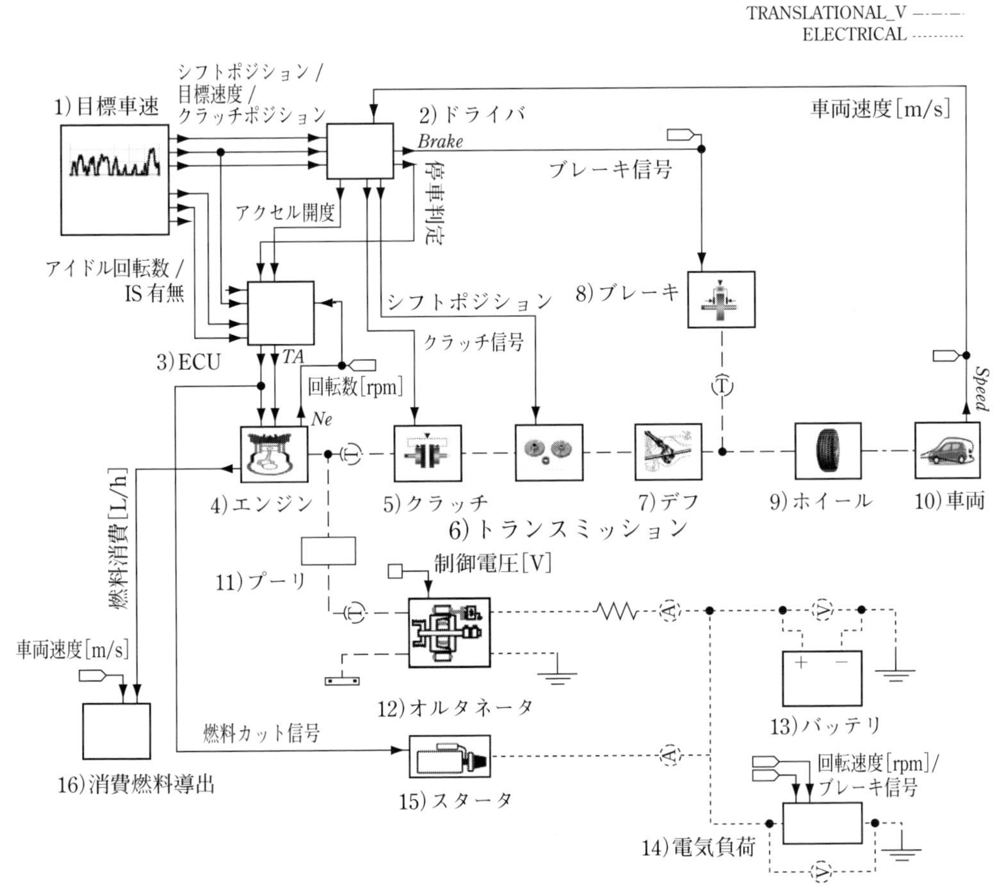

図 4.1　車両燃費計算モデル全体

モデルを共通利用することでモデリングリソースを費やすことなく多様なシステムの検討を可能であることが確認された．

4.2　車両燃費計算モデル

4.2.1　概要

車両燃費計算モデルは3.2節「車両燃費計算モデル」で解説した信号処理を行うドライバモデルやECU，機械系ドメインを有するエンジンやトランスミッション，車両モデル，電気系ドメインとしてオルタネータ，バッテリ等，計16個の要素部品から構成され，**図4.1**に示すように接続されている．**表4.1**に各構成要素の名称とモデル定義名の一覧を示す．

本車両燃費計算モデルは，目標車両速度に追従するようにドライバが車両を制御する順計算法[1]を用いており，ドライバモデルの性能がシミュレーション結果に大きく影響する．また，ECUや回生を含むブレーキ制御，運転状況に応じたオルタネータの発電制御など実際の車両制御に利用されている制御アルゴリズムを取り込み拡張することが可能であり，各種電装品のモデル化詳細度に応じた燃費への影響を検証するためのシミュレーションに適用することが期待できる．

表4.1　車両燃費計算モデル構成要素

構成要素	モデル名
1）目標車速	Controller
2）ドライバ	DriverModel
3）ECU	ECU_Model
4）エンジン	engine_model
5）クラッチ	CLUTCH
6）トランスミッション	Gearbox_model
7）ディファレンシャルギヤ	DF_model
8）ブレーキ	BRAKE
9）ホイール	WHEELS
10）車両	VEHICLE
11）プーリ	pulley_model
12）オルタネータ	acg_80A（定格電流別に定義）
13）バッテリ	n_m42（定格容量，種類別に定義）
14）電気負荷	el_load
15）スタータ	Starter
16）消費燃料導出	fc_calc

4.2.2　評価車両モデル

検討した車両はMT(Manual Transmission)排気量2000cc車重1tクラスの乗用車を対象とした．また，シミュレーションの安定性を考慮した結果，いくつかのモデルパラメータはモデルがデフォルトとして設定している値を利用せずにモデル全体として調整を行った．シミュレーションに利用しているパラメータを**表4.2**に示す．

表4.2　シミュレーションモデルパラメータ

3）ECU	
ISCゲイン	*Kp*=0.1
6）トランスミッション	
内部慣性［kgm²］	*J*=0.1
7）ディファレンシャルギヤ	
ギヤ比［-］	*RATIO*=4.058
効率［-］	*ETA*=0.98
8）ブレーキ	
最大圧着力［N］	*FN_MAX*=650
回転速度閾値［rad/s］	*W_SMALL*=0.2
9）ホイール	
タイヤ慣性［kgm²］	*J*=3.05
タイヤ半径［m］	*TIRE_R*=0.28
10）車両	
車両質量［kg］	*VehicleMass*=1130.0
前面投影面積［m²］	*AF*=2.35605
抗力係数［-］	*CD*=0.33
12）オルタネータ（80A定格モデル）	
制御電圧［V］	*REG_Voltage*=13.0
13）バッテリ　（M42定格モデル）	
初期充電状態［%］	*SOC_0*=95.0

4.2.3　ドライバモデルの調整

JC08モード走行試験においては**図4.2**に示す基準モードとの許容誤差が規定されている．本条件に適合するように，3.2.3項「ドライバ」に示すモデルパラメータとしてアクセル開度制御の比例ゲインKpおよびブレーキ踏み込み量制御の比例ゲインKpを設定した．

図4.3にJC08モード走行プロファイルと車両速度を示す．シミュレーションでは停止直前に規定範囲の－2km/hを僅かに逸脱するケースが見られるが，運転開始時を含めて概ね範囲内に収まっていることが確認できる．

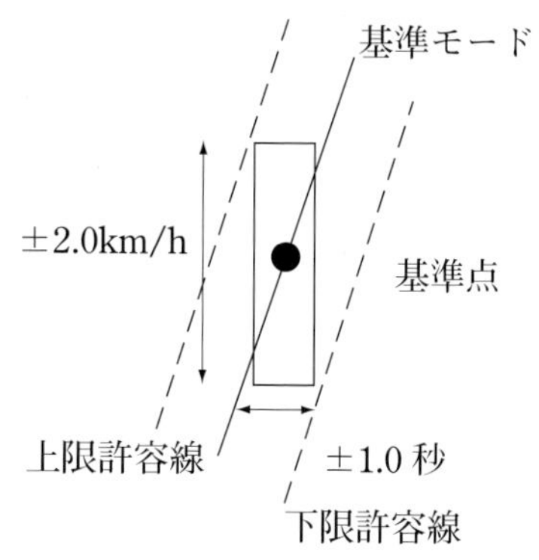

図4.2　JC08モード走行試験許容誤差

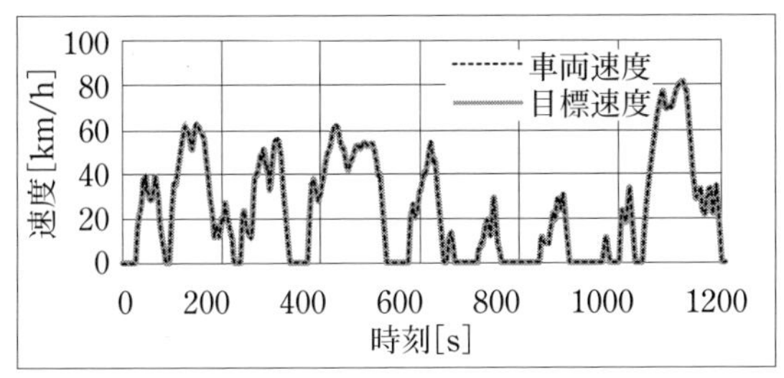

(a) 車両速度および目標速度

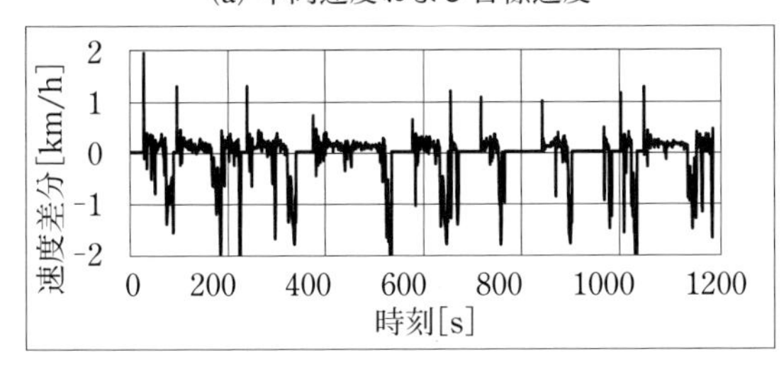

(b) 速度差分

図 4.3　車両走行速度と目標速度差分

4.2.4　各モデルの単体試験

主要なモデルの動作確認として実施した単体試験の結果について以下に示す．

(A) オルタネータ

オルタネータは 2.5 節「車両燃費計算モデルの基礎」にて簡易的な速度追従モデルより得られた理想トルク源駆動での回転速度がエンジン軸回転速度であるとみなし，得られた回転速度の時刻暦テーブルを回転速度源として与え，所望の電圧，電流が得られるかを確認した．試験モデルを**図 4.4** に示す．定格 80A 相当のモデルを利用し，負荷抵抗は 3.2.14 項「電気負荷」にて採用した 75W 相当の定常負荷抵抗を用いてオープン時 2.43Ω，短絡時 1mΩ とした．

試験結果を**図 4.5** に示す．オープン時には指定した制御電圧と負荷による電力消費に応じた電流が生成され，短絡時には電流が最大電流を超過しないように抑制されていることが確認できる．

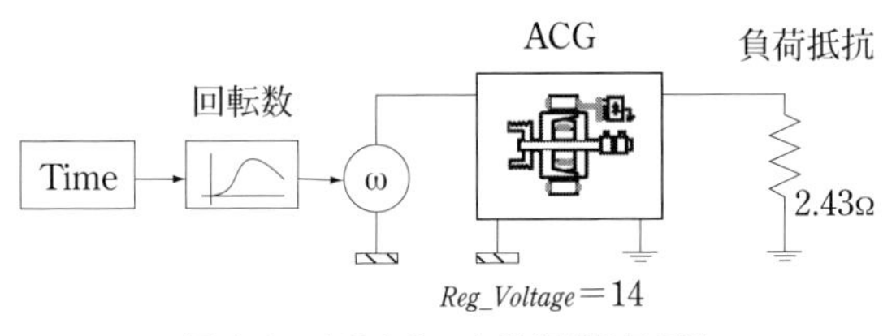

図 4.4　オルタネータ単体試験モデル

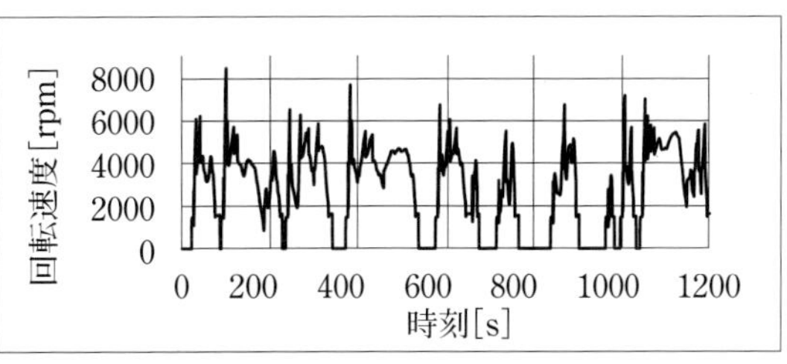

(a) オルタネータ回転速度

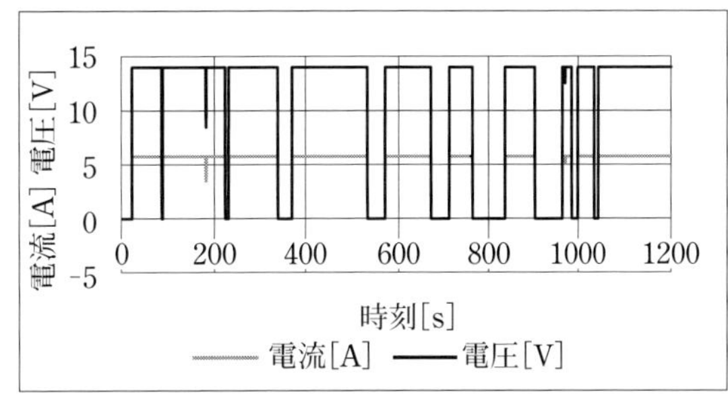

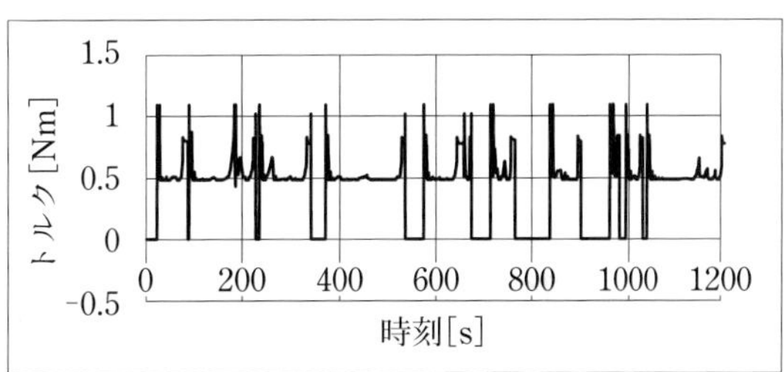

(b) オープン時の電流，電圧およびトルク

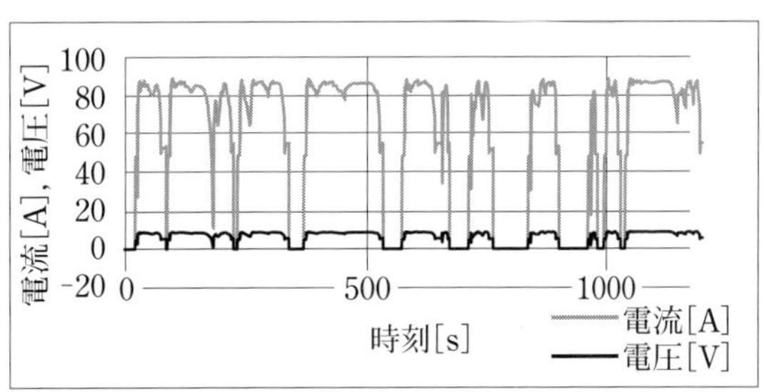

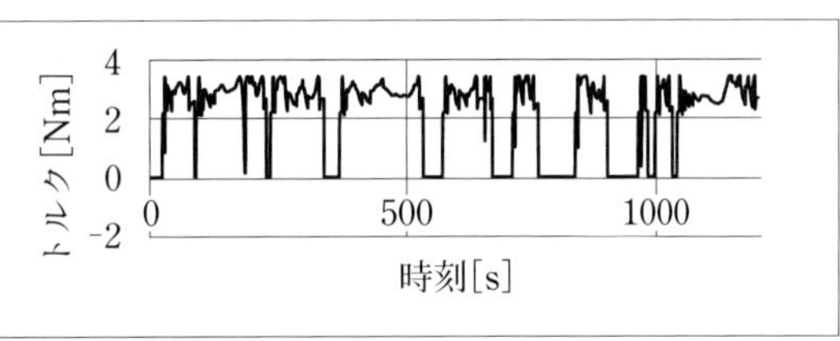

(c) 短絡時の電流，電圧およびトルク

図 4.5　オルタネータ単体試験結果

(B) バッテリ

バッテリは**図 4.6** に示す電池工業会規格 SBA S 0101 アイドリングストップ車用鉛蓄電池寿命試験パターンを用いた試験モデルを利用した．シミュレーション開始より 45A 放電を行い，59〜60 秒の 1 秒間を 300A 放電とする．その後，14V 電圧による充電を実施するが，100A 以上の充電電流とならないよう当

初は100AのCC充電(定電流充電)とし，充電電流が100A以下になる場合にはCV充電(定電圧充電)を行う．**図4.7**に充放電切り替えスイッチ信号の時刻テーブルと，放電電流テーブルを示す．また，**図4.8**にCC/CV充電制御器のモデル定義を示す．ここで，モデルへの入力vsense(11行目)は，バッテリの端子間電圧を測定し，フィードバックしている．

図4.9に本試験モデルを用いたシミュレーション結果として充放電電流および電圧波形を示す．55B24型(容量36Ah)とM42型(容量30Ah)でその容量，内部抵抗の違いにより電圧降下などの挙動に違いが確認できる．

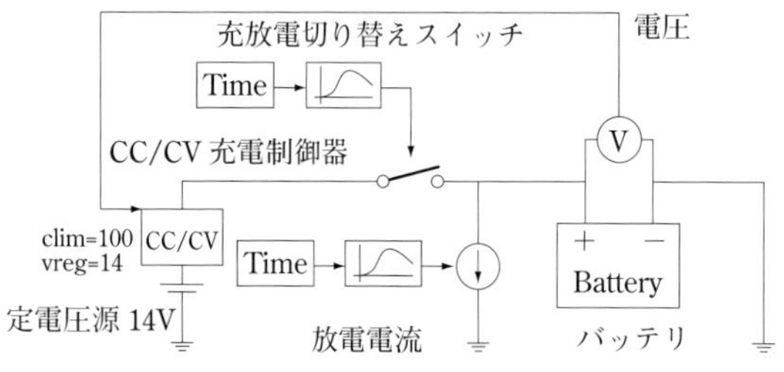

図4.6　バッテリ単体試験モデル

```
 [スイッチ信号]
"Time [s] ", "switch"
0,          0,
60,         0,
60.1,       1,
120,        1,
 [EOF]

 [放電電流]
"Time [s] ","Current [A] "
0,          45,
59,         45,
59.1,       300,
60,         300,
60.05,      0,
60.1,       0,
120,        0,
 [EOF]
```

図4.7　スイッチおよび放電電流信号

```
 1: library IEEE ;
 2: use IEEE.ELECTRICAL_SYSTEMS.all ;
 3:
 4: entity Macro10_rnl is
 5:
 6:   generic (
 7:     vreg : REAL := 14.0 ;
 8:     clim : REAL := 100.0
 9:   ) ;
10:   port(
11:     quantity vsense : in REAL ;
12:     terminal EL1, EL2 : ELECTRICAL
13:   ) ;
14:
15: end entity Macro10_rnl ;
16:
17: architecture beh of Macro10_rnl is
18:   quantity v across i through EL1 to EL2;
19: begin
20:  --
21:  -- Note : Use Battery voltate for Vsense.
22:  --       : Don't use V across quantity
                because of IR drop.
23:
24:   break on i'above(clim) ;
25:   break on vsense'above(vreg) ;
26:
27:   if(Vsense <= vreg) use
                 -- BattV < Vregulation=14[V] ;
28:     if(i<clim) use   -- 1. no limt for current
29:       v==0.0 ;
30:     else             -- 2. current limit as 100[A]
31:       i == clim ;
32:     end use;
33:   else               -- 3. BattV >=Vreg (no limit) ;
34:     v == 0.0 ;
35:   end use ;
36:
37: end architecture beh ;
```

図4.8　CC/CV充電制御

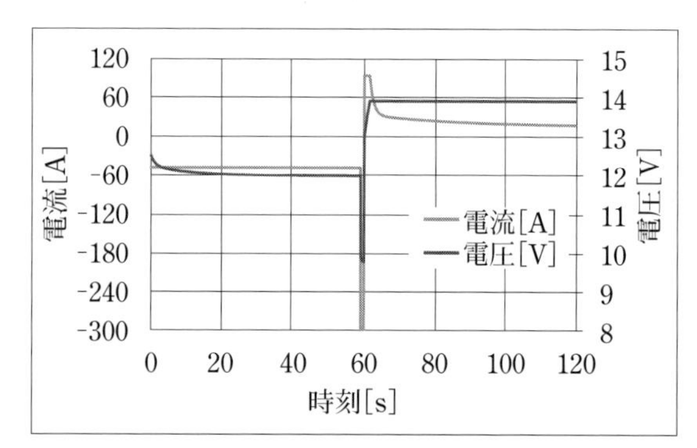

(a) 55B24型充放電電流・電圧波形

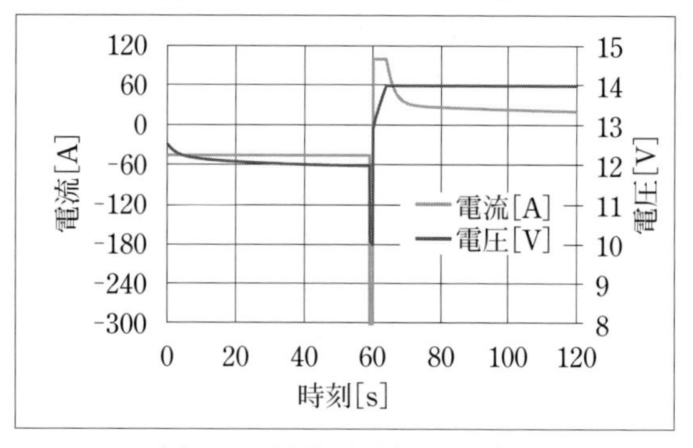

(b) M42型充放電電流・電圧波形

図4.9　バッテリ単体試験結果

(C)オルタネータ・バッテリ

オルタネータとバッテリを結合した状態でのモデル動作を確認する試験モデルを**図4.10**に示す．(A)オルタネータの単体試験で利用した回転速度に対し，定常負荷抵抗2.43Ωとワイヤハーネス相当の2mΩ抵抗を介し，バッテリ(55B24型)を接続した．

図4.11に結合試験のシミュレーション結果を示す．オルタネータのトルク挙動は単体試験での高負荷試験

に近いが，バッテリへの受け入れ抵抗が充分に低いために始動時に大きな電流ピークが生じることが確認できる．また，停止時にはバッテリから14V × 5A程度の電力が持ち出されている．バッテリの充電状態はオルタネータの発電電力により徐々に回復し，それに応じてバッテリの端子間電圧が上昇することが見て取れる．

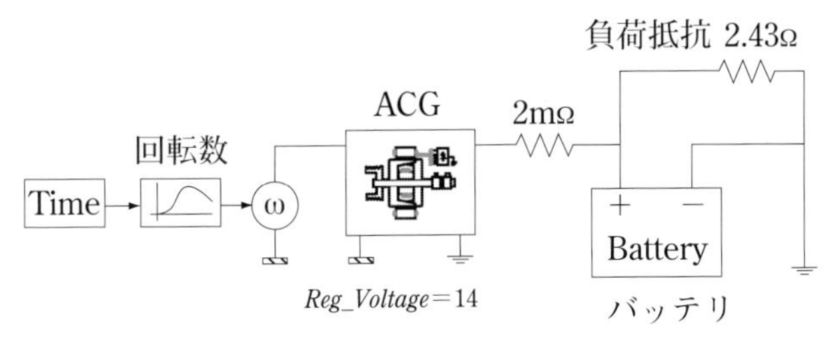

図4.10　オルタネータ・バッテリ結合試験モデル

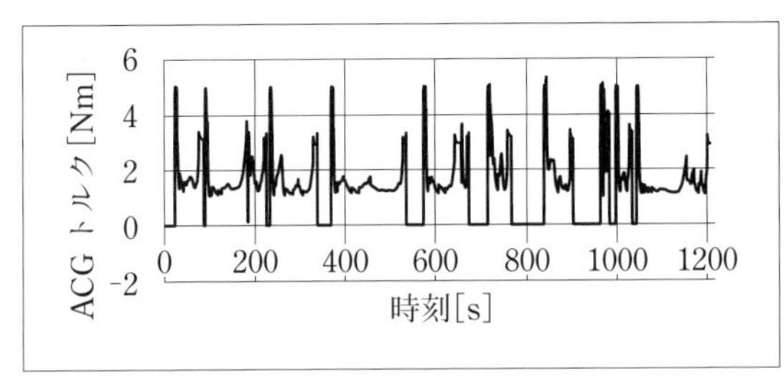

(a) オルタネータトルク

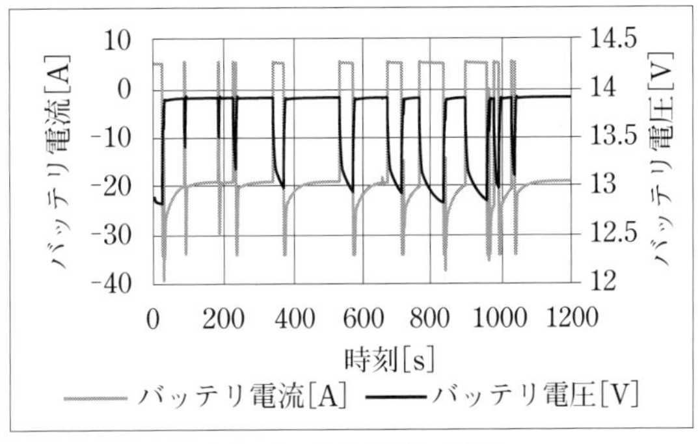

(c) バッテリ電流，電圧

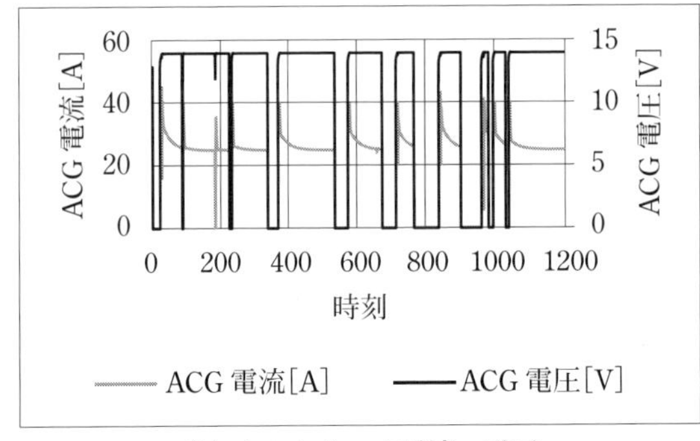

(b) オルタネータ電流，電圧

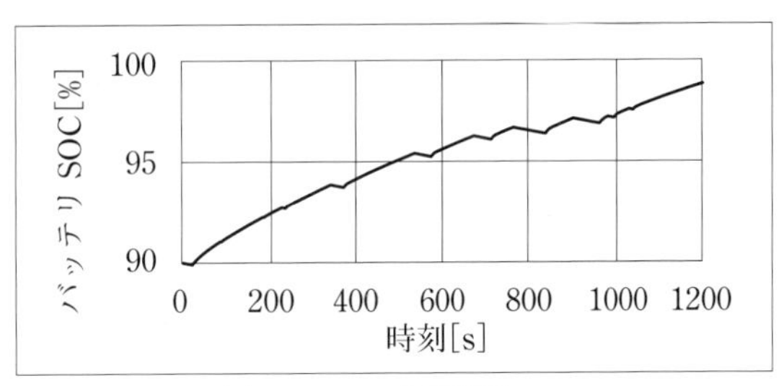

(d) バッテリ充電状態SOC

図4.11　バッテリ結合試験結果

(D)エンジン

最後にエンジンモデルの単体試験モデルを**図4.12**に示す．作成されたエンジンに対し0.1kgm^{2}の慣性を付与し，アイドリング回転速度750rpmから5～10秒毎に目標回転速度を変化させ，エンジン回転速度とのフィードバック制御を行い，スロットル開度としてエンジンに入力する．スロットル信号は2.5.2項「PI制御」にて紹介した部品を利用し，K=0.1，TI=0.1を設定した．この値は3.2.4項「ECU」でのスロットル制御パラメータとして利用している．

図4.13に試験結果を示す．目標回転数が変化する際に20rpm程度のオーバーシュートが生じているが，良い追従性を示している．始動時には急激なトルクとスロットル開閉現象が生じているため，始動時の制御の仕組みを調整する必要があることが判る．また，減速時には負のトルクとなり，制動する方向に作用することが確認できた．

この他，より早い目標回転数の変化サイクルなども試験を実施し，追従性が得られたため本スロットル制御パラメータ値を基準値として3.2.4項「ECU」での制御パラメータとして採用し，調整を行った．

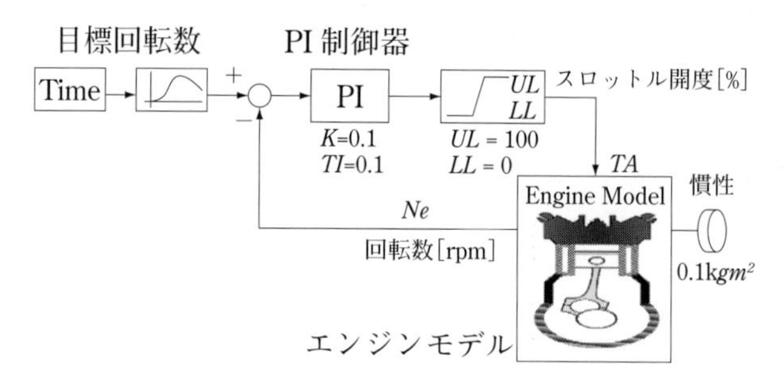

図 4.12　エンジン単体試験モデル

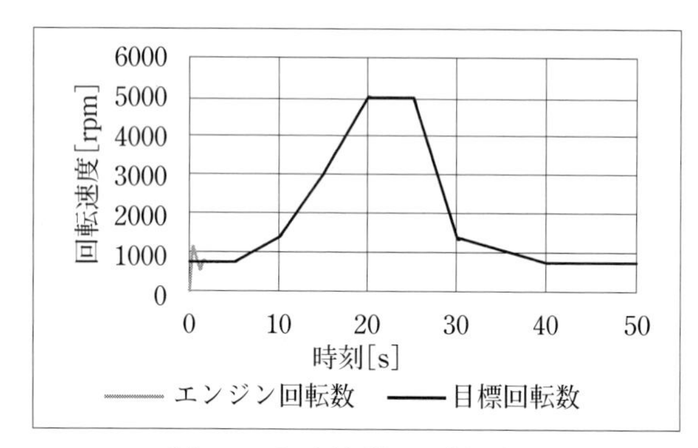

(a) エンジン回転数と目標回転数

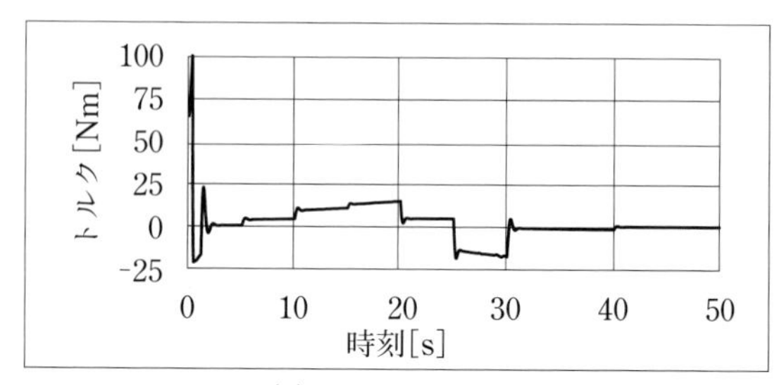

(c) エンジントルク

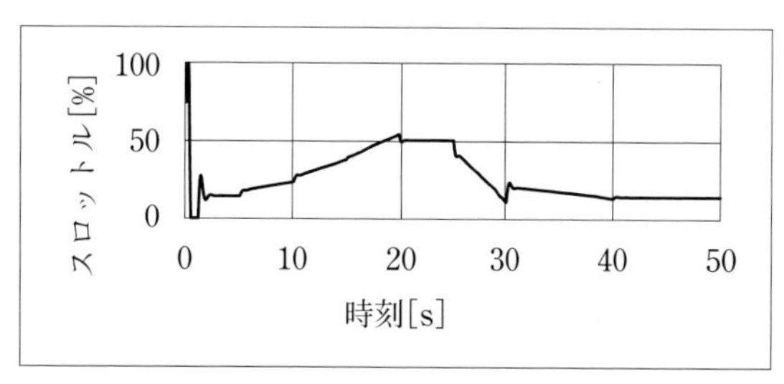

(b) スロットル開度

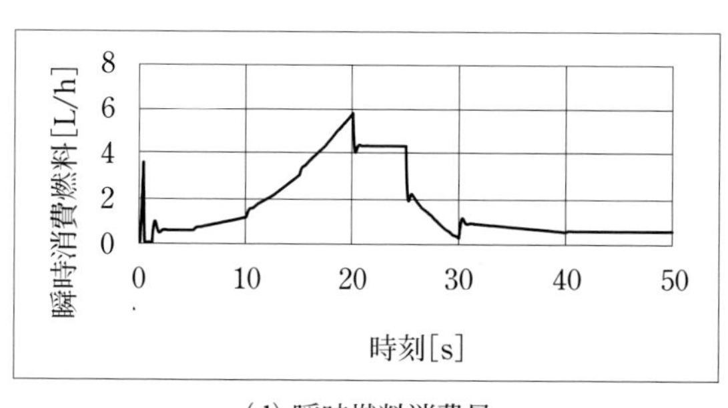

(d) 瞬時燃料消費量

図 4.13　エンジン単体試験結果

4.2.5　燃費シミュレーション

車両燃費計算モデルを用いたシミュレーションについて記載する．シミュレーションモデルは**図 4.1** に示すとおり，各部品を接続したモデルである．これを VHDL-AMS の構造モデルとして記述した例を**図 4.17** に示す．各モデルの詳細については 3.2 節「車両燃費計算モデル」に記載している．車両緒元については 4.2.2 項「評価車両モデル」に記載している．

本モデルを用い，小型軽車両を JC08 モードで走行した際の燃費を推定した結果を**表 4.3** に示す．アイドリングストップ制御(IS 制御)の有無によりアイドリング回転数 750rpm 時に消費される燃料の削減効果により，16% の改善が得られることが確認できる．シミュレーションは JC08 に規定された時間に基づき 1210 秒まで行い，時間刻みは 0.1s の固定ステップとしている．

目標速度とシミュレーションの結果得られた車両走行速度を**図 4.14** に示す．IS 制御の有無に拠らず，速度誤差は**図 4.3** に示すとおり概ね 2km/h 以下を保持している．IS 制御の有無によるシミュレーション結

表 4.3　燃費計算結果

	燃費 [km/L]
IS 制御なし	15.43
IS 制御あり	17.97

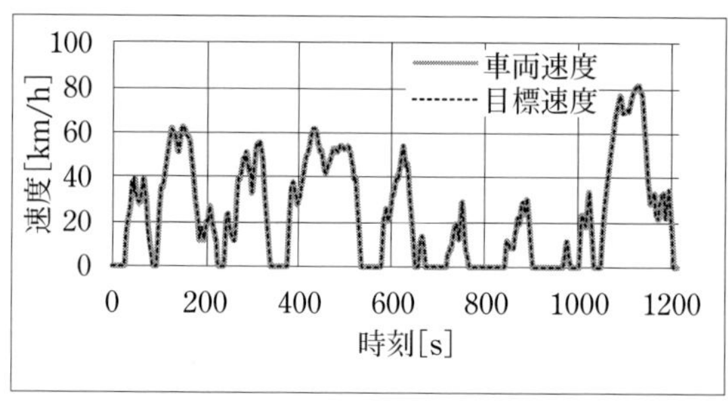

図 4.14　車両走行速度と目標速度

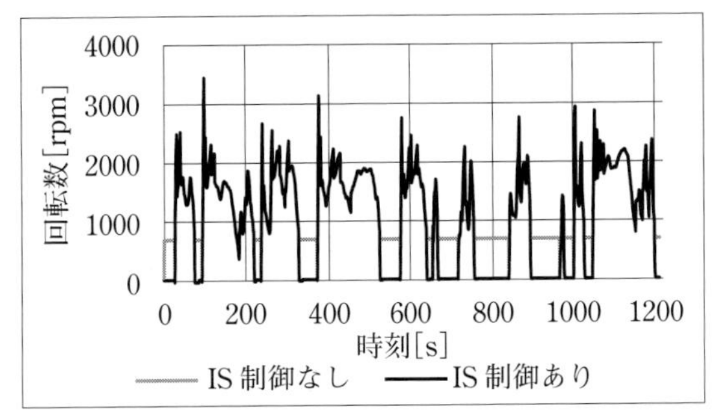

(a) エンジン回転数

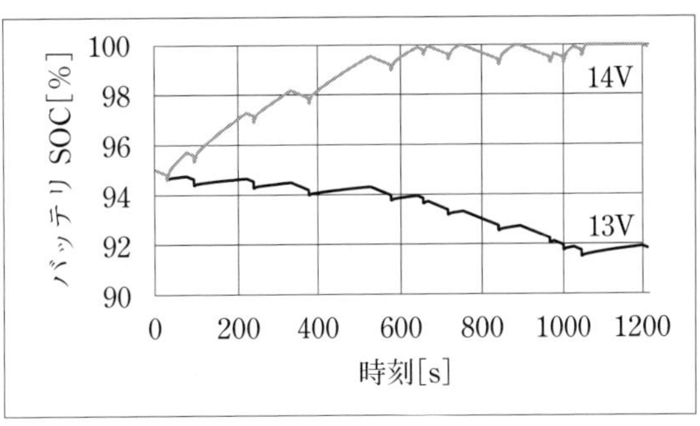

図 4.16　ACG 制御電圧の効果

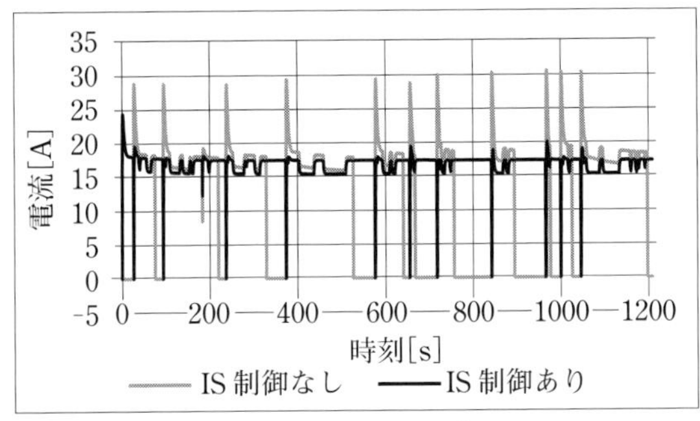

(b) ACG 発電電流

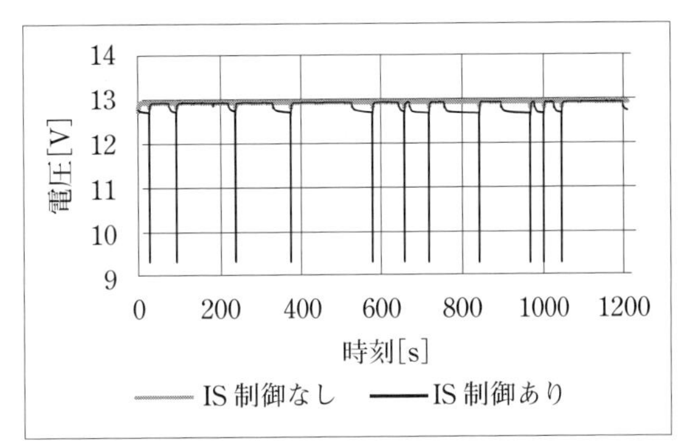

(d) バッテリ端子間電圧

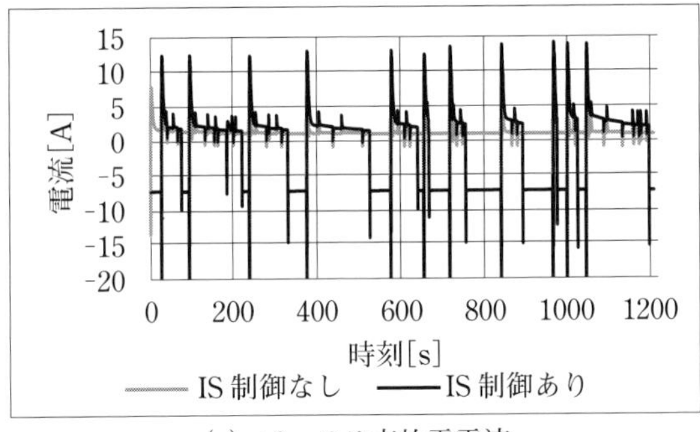

(c) バッテリ充放電電流

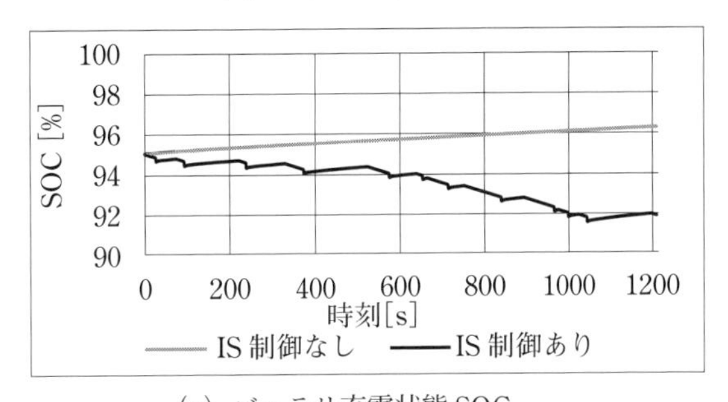

(e) バッテリ充電状態 SOC

図 4.15　シミュレーション結果

果の違いを**図 4.15** に示す．IS 制御なしの場合は停止時にエンジン回転がアイドル 750rpm に保持され，制御ありの場合にはエンジン停止していることが確認できる．オルタネータは IS 制御なしの場合には常に充電をし続けるため，バッテリの電流，電圧変動が微少であり，SOC も増加傾向となる．一方，IS 制御を実施した場合，エンジン始動時のスタータ電流がバッテリより 400A 程度持ち出されるため，端子間の電圧降下も顕著となる．IS 制御時には本定格のオルタネータでは走行時に充分にバッテリを回復することが出来ず，SOC が減少傾向にあることが確認できる．これを回避するため，オルタネータの制御電圧を 13V から 14V に変更した場合のバッテリ SOC の変化を**図 4.16** に示す．この時の燃費は 17.28km/L となり 4% 悪化したため，動的な電圧制御の有効性を鑑みることができる．

(A) IS 制御の有無

IS 制御の有無は 3.2.2 項「目標車速」にて制御している．固定値パラメータ *IdelStop_on* が 0.0 の場合には IS 制御なし，1.0 の場合には IS 制御有りとして動作する．具体的には，**図 4.17** に示す車両燃費計算モデル全体の 56 行目に示す「IdelStop_on=>1.0」として値を渡している部分を修正する．通常，シミュレーションツールではこの部分はグラフィカルなインタフェースで処理されるため，controller1 部品の generic パラメータ設定値を変更することで実現される．

(B) オルタネータ制御電圧の変更

オルタネータの制御電圧は，現在のモデルではシミュレーション中に変化させる仕組みにはなっていない．3.2.12 項「オルタネータ」の入力信号 *REG_Voltage* に指定した値が制御電圧となる．具体的には**図 4.17**

に示す車両燃費計算モデル全体の112行目「Q_17regV==13.0 ;」が，117-119行目「acg_80a1に対する入力信号reg_voltage」へ内部変数として受け渡されている．制御電圧を変更するには，この13.0を変更すれば良い．また，qconst_jsae部品は入力信号*Qin*をそのまま*Qout*として出力する．動的にオルタネータの電圧制御を行いたい場合には，このqconst_jsae部品からacg_80a1のreg_voltageに至るまでの経路に制御アルゴリズムを挿入することで実現できる．

(C)その他

表4.2に示すパラメータは，全て**図4.17**に示す車両燃費計算モデル全体において固定値として埋め込まれている．これらは(A)，(B)のパラメータ変更と同様，直接モデルソースを編集するか，シミュレーションツールのグラフィカル・ユーザ・インタフェース(GUI)上からパラメータを修正することができる．一方，それ以外のパラメータに関しては，3.2節「車両燃費計算モデル」で紹介した各要素モデルの定義文にて直接編集する．

また，バッテリやオルタネータの定格の異なるモデルを利用したい場合，ツールのGUIを用いる場合にはライブラリコンポーネントより部品の置き換え処理を行うが，同等の処理をモデルソースの編集で実現するには，例えば**図4.17**の132行目「entity WORK.n_m42(struct)」のn_m42がライブラリ中の部品名を指定している句になるため，これを修正する．オルタネータであれば117行目「entity WORK.acg_80a(struct)」のacg_80aが相当する．この際，部品のアーキテクチャ名(ここではn_m42(struct)のstruct)が異なる場合にはこの名称も正しく指定することに注意する．

```
 1: --//////////////////////////////////////////////////////////////////////
 2: ----------------------------------------------------------------------
 3: --
 4: -- 99. Full vehicle system.
 5: --
 6: ----------------------------------------------------------------------
 7: --//////////////////////////////////////////////////////////////////////
 8:
 9: library IEEE;
10: use IEEE.ELECTRICAL_SYSTEMS.all;
11: use IEEE.MECHANICAL_SYSTEMS.all;
12:
13: library FUNDAMENTALS_VDA ;
14: library SPICE2VHD ;
15: library FUNDAMENTALS_JSAE ;
16:
17: entity Full_SYSTEM is
18: begin
19: end entity Full_SYSTEM;
20:
21: architecture struct of Full_SYSTEM is
22:   terminal n0068 : ROTATIONAL_V;
23:   terminal n0260 : ELECTRICAL;
24:   terminal net_40 : ELECTRICAL;
25:   terminal net_53 : ROTATIONAL_V;
26:   terminal net_52 : ROTATIONAL_V;
27:   terminal n0064 : ROTATIONAL_V;
28:   terminal n0069 : ROTATIONAL_V;
29:   terminal n0197 : ROTATIONAL_V;
30:   terminal n0211 : ELECTRICAL;
31:   terminal net_50 : TRANSLATIONAL_V;
32:   terminal n0201 : ELECTRICAL;
33:   terminal n0130 : ROTATIONAL_V;
34:   quantity Q_2TA : REAL := 0.0;          -- Throttle angle (ECU->Engine)
35:   quantity Q_3Fcut : REAL := 0.0;        -- Fuel Cut flag
36:   quantity Q_4Ne   : REAL := 0.0;        -- Engine Speed [rpm]
37:   quantity Q_5 : REAL := 0.0;            -- Throttle angle (Drive -> ECU)
38:   quantity Q_6 : REAL := 0.0;            -- Idle stop flag
39:   quantity Q_7 : REAL := 0.0;            -- Idling engine speed [rpm]
40:   quantity Q_8 : REAL := 0.0;            -- Idle stop mode on/off
41:   quantity Q_9TgtV : REAL := 0.0;        -- Target vehicle speed [km/hr] (input)
42:   quantity Q_10Brk : REAL := 0.0;        -- Brake signal
43:   quantity Q_11V   : REAL := 0.0;        -- Vehicle speed [m/s]
44:   quantity Q_12 : REAL := 0.0;           -- Engine fuel [L/h]
45:   quantity Q_13 : REAL := 0.0;           -- Shift position
```

図4.17　車両燃費計算モデル全体

```
 46:   quantity Q_14 : REAL := 0.0;            -- Clutch signal
 47:   quantity Q_15 : REAL := 0.0;            -- shift position (input)
 48:   quantity Q_16 : REAL := 0.0;            -- clutch position (input)
 49:   quantity Q_17regV : REAL := 13.0;       -- Alternator reguration voltage
 50: begin
 51:
 52: ----------------------------------------------------------------------
 53: -- Control system
 54: ----------------------------------------------------------------------
 55:   controller1 : entity WORK.controller(struct)
 56:     generic map (target_idle_speed=>750.0, IdleStop_on=>1.0)
 57:     port map ( Q_out_shift => Q_15,   Q_out_tgt_v => Q_9TgtV, Q_out_clutch => Q_16,
 58:                Q_out_iss_flag => Q_8, Q_out_idle_rpm => Q_7 );
 59:
 60:   drivermodel1 : entity WORK.drivermodel(struct)
 61:     port map ( Q_out_accel => Q_5, Q_out_ctrl_shift => Q_13, Q_out_ctrl_cluch => Q_14,
 62:                Q_out_brake => Q_10Brk, Q_out_stp_flag => Q_6,
 63:                Q_in_tgt_vehicle => Q_9TgtV, Q_in_vehicle => Q_11V, Q_in_shift => Q_15,
 64:                Q_in_clutch => Q_16 );
 65:
 66:   ecu_model1_1 : entity WORK.ecu_model(struct)
 67:     port map ( Q_out_fcut_sw => Q_3Fcut, Q_out_ta => Q_2TA,
 68:                Q_in_ne => Q_4Ne, Q_in_accel => Q_5, Q_in_kp => 0.01, Q_in_stp_flag => Q_6,
 69:                Q_in_idlespeed => Q_7, Q_in_iss_sw => Q_8, Q_in_tgt_v => Q_9TgtV );
 70:
 71: ----------------------------------------------------------------------
 72: -- Engines
 73: ----------------------------------------------------------------------
 74:   engine_model2 : entity WORK.engine_model(struct)
 75:     port map ( MRV_eng_rot => N0068,
 76:                   Q_in_ta => Q_2TA,   Q_in_fuel_cut => Q_3Fcut,
 77:                   Q_out_fuel=>Q_12, Q_out_Ne=>Q_4Ne );
 78:
 79:   Te : entity FUNDAMENTALS_VDA.torque_mrv2q_sensor_vda(simple)
 80:     port map ( mrv_2 => N0069, mrv_1 => N0068);
 81:
 82:   clutch11 : entity WORK.clutch(system)
 83:     port map ( mrv_out => net_52, mrv_in => N0069, Q_in_clutch => Q_14 );
 84:
 85:   gearbox_model1 : entity WORK.gearbox_model(struct)
 86:     generic map ( j => 0.1 )
 87:     port map ( mrv2 => net_53, mrv1 => net_52, Q_in_gear => Q_13 );
 88:
 89:   DF : entity WORK.df_model(a0)
 90:     generic map ( eta => 0.98 , ratio => 4.058 )
 91:     port map ( mrv_out => N0064, mrv_in => net_53);
 92:
 93:   brake1 : entity WORK.brake(basic)
 94:     generic map ( w_small => 0.2 , fn_max => 650.0 )
 95:     port map ( MRV_b => N0064, Q_in_ctrl => Q_10Brk );
 96:
 97:
 98:   wheels4 : entity WORK.wheels(simple)
 99:     generic map ( tire_r => 0.28 , tau => 0.2 , j => 3.05)  -- J=2.8+0.25
100:     port map ( mtv_out => net_50, mrv_in => N0064);
101:
102:   vehicle1 : entity WORK.vehicle(front_driven)
103:     generic map ( cd => 0.33 , af => 2.35605 , vehiclemass => 1130.0 )
104:     port map ( mtv => net_50, Q_out_speed => Q_11V );
105:
106: ----------------------------------------------------------------------
107: -- ACG (80 A) regulation voltage = 13V
108: ----------------------------------------------------------------------
109:   pulley_model : entity WORK.pulley_model(a0)
110:     port map ( mrv_out => N0068, mrv_in => N0130);
111:
112:   Q_17regV == 13.0 ;
113:
114:   Tc1 : entity FUNDAMENTALS_VDA.torque_mrv2q_sensor_vda(simple)
115:     port map ( mrv_2 => N0197, mrv_1 => N0130);
116:
117:   acg_80a1 : entity WORK.acg_80a(struct)
118:     port map ( MRV_gnd => ROTATIONAL_VELOCITY_REF, MRV_in => N0197,
```

図 4.17　車両燃費計算モデル全体(続き)

```
119:                EL_gnd => ELECTRICAL_REF, EL_in => N0211, reg_voltage => Q_17regV );
120:
121:
122:   r2 : entity SPICE2VHD.resistor(spice)
123:     generic map ( r => 0.002 )
124:     port map ( n => N0201, p => N0211);
125:
126:   i_alta : entity FUNDAMENTALS_VDA.current2q_sensor_vda(simple)
127:     port map ( el_2 => net_40, el_1 => N0201);
128:
129: ------------------------------------------------------------------------
130: -- Battery (M42)
131: ------------------------------------------------------------------------
132:   n_m42_1 : entity WORK.n_m42(struct)
133:     generic map ( soc_0 => 95.0 )
134:     port map ( EL_neg => electrical_ref, EL_pos => net_40);
135:
136:   v_batt1 : entity FUNDAMENTALS_VDA.voltage2q_sensor_vda(simple)
137:     port map ( el_2 => electrical_ref, el_1 => net_40);
138:
139:
140: ------------------------------------------------------------------------
141: -- Electrical Load
142: ------------------------------------------------------------------------
143:   el_load1 : entity WORK.el_load(arch_el_load)
144:     generic map ( r_stoplamp => 6.075 , r_eng => 1.458 , r_const => 2.43 )
145:     port map ( EL_n => ELECTRICAL_REF, EL_p => net_40,
146:                Q_in_ne => Q_4Ne , Q_in_brake => Q_10Brk );
147:
148:   v_load1 : entity FUNDAMENTALS_VDA.voltage2q_sensor_vda(simple)
149:     port map ( el_2 => ELECTRICAL_REF, el_1 => net_40);
150:
151: ------------------------------------------------------------------------
152: -- Starter
153: ------------------------------------------------------------------------
154:   starter1_1 : entity WORK.starter(struct)
155:     port map ( EL_in => N0260, Q_in_ctrl => Q_3Fcut );
156:
157:   Starter_current : entity FUNDAMENTALS_VDA.current2q_sensor_vda(simple)
158:     port map ( el_2 => N0260, el_1 => net_40);
159:
160: ------------------------------------------------------------------------
161: -- Fuel Comsumption calculation
162: ------------------------------------------------------------------------
163:   fc_calc1 : entity WORK.fc_calc(arch_fc_calc)
164:     port map ( Q_in_veh_v => Q_11V , Q_in_fuel => Q_12 );
165:
166:
167:
168: end architecture struct;
```

図 4.17　車両燃費計算モデル全体(続き)

4.3　EPS 実用モデル

4.3.1　概要

この節では，3.3 節「EPS モデル」で解説した基本的なコラムシフトタイプの EPS システムをベースとして，EPS 実用モデルと接続し，パラメータ設定可能な構成にしたことにより，実測とシミュレーション間での挙動の比較が可能かどうかを検証したものある．

EPS 実用モデルには，入力操舵パターンとして，2 種類用意した．据え切り操舵および低速での旋回走行時の操舵を用意し，それぞれの実測の消費電力との比較を行った．

各種パラメータを調整することにより実測の消費電力にほぼ一致させることができ，モデル化詳細度に応じて仮想シミュレーションにより精度の同定が期待できる．

また，バッテリモデル，オルタネータモデル，車両運動モデルは，第 3 章「要素モデル」などで説明のあった本委員会モデル流通試行ワーキングで作成したモデルを利用した．(**図 4.18**)

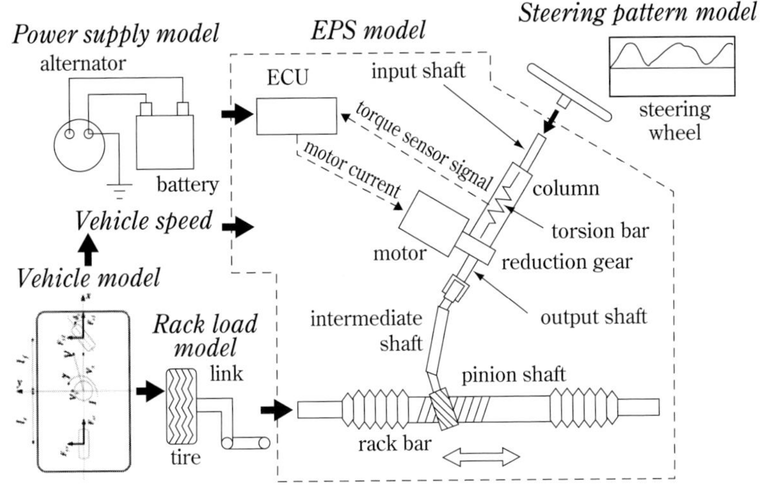

図 4.18　EPS 実用モデル全体

4.3.2　据え切り操舵

EPS アシスト動作において，特に消費電力の高い事象として，操舵角一杯に操作した据え切りによる操舵がある．

入力操舵パターンを変更し，車両速度に 0km/h を入力することで，停車時における据え切り操舵環境を実現している．実際にシミュレーション適用したオプションと共にパラメータを示す．

(1) モデル構成図

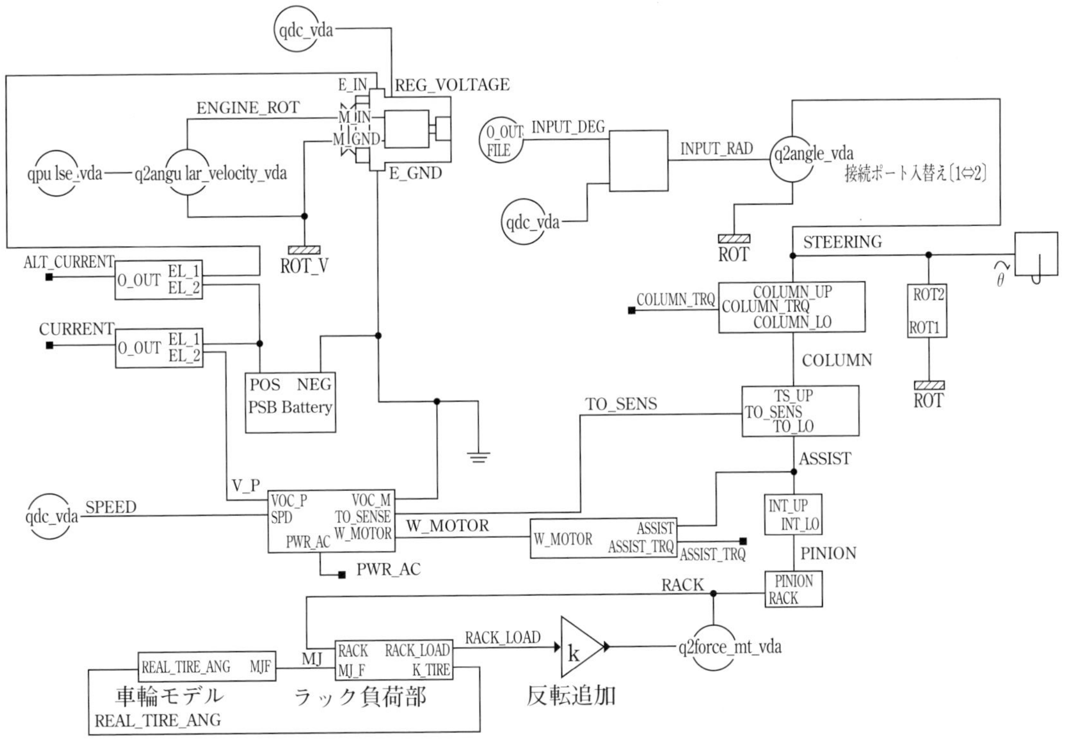

図 4.19　据え切り操舵モデル接続図

(2) シミュレーション条件

シミュレーション条件を以下に示す．操舵入力は，実車の据え切り操舵データを入力した．EPS システム部のパラメータは，Default 値から変更した部分のみを示す．

Time Step Control：Fixed Time Step=1.0e-4（100μ秒）

(3) 操舵入力部

図 4.20 のような－534 度から 603 度までの繰り返し操舵パターンとした．

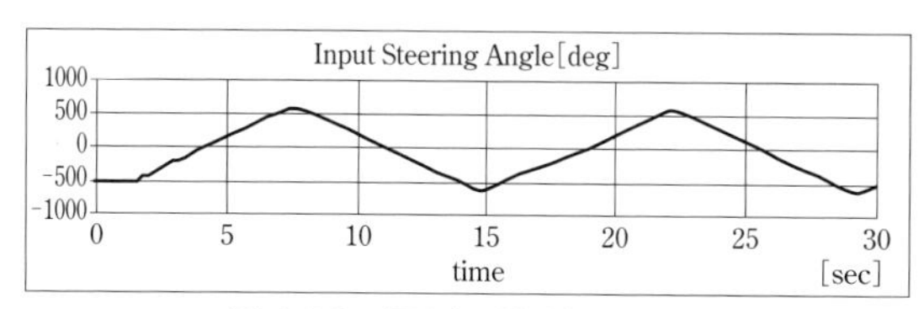

図 4.20　据え切り操舵パターン

(4) ハンドル部パラメータ

表 4.4　ハンドルパラメータ

パラメータ名（パラメータの意味）	Default 値［単位］	設定値
K（deg ⇒ rad 単位変換ゲイン）	1.0［－］	0.01744（＝ π/180）
J（イナーシャ）	－［kgm^2］	0.02
FRICTION_TORQUE_STATICS（静止摩擦トルク）	1.0［Nm］	0.05
FRICTION_TORQUE_KINETIC（クーロン摩擦トルク）	0.5［Nm］	0.05
D Viscous Rotational（粘性摩擦係数）	0.001［Nm/(rad/sec)］	0.001

(5) EPS モデル部

EPS モデル部のパラメータは，Default 値から変更した部分のみを示す．

表 4.5　ラック＆ピニオンパラメータ

パラメータ名（パラメータの意味）	Default 値［単位］	設定値
PINION_PITCH_CIRCLE_RADIUS（ピニオンのピッチ円半径）	0.01［m］	0.0069
RACK_STROKE_P（ラックストローク（プラス））	0.1［m］	-0.07
RACK_STROKE_M（ラックストローク（マイナス））	-0.1［m］	0.07

表 4.6　アシストマップパラメータ

パラメータ名（パラメータの意味）	Default 値［単位］	設定値
ASSIST_SPEED_GAIN_MAP_X（車両速度）	(0.0,200.0)［km/h］	(0.0,5.0,10.0,100.0,200.0)
ASSIST_SPEED_GAIN_MAP_Y（速度係数）	(1.0, 1.0)［-］	(1.0,1.0, 0.4, 0.2, 0.1)

表 4.7　電流制御パラメータ

パラメータ名（パラメータの意味）	Default 値［単位］	設定値
CTRL_DC_AC_EFFICIENCY_MAP_X（相電流値（RMS））	(-300.0,300.0)［A］	(-300.0,-257.0,-133.0,-56.0,-30.0,-21.0,-12.3,12.3,21.0,30.0,56.0,133.0,257.0,300.0)
CTRL_DC_AC_EFFICIENCY_MAP_Y（DC/AC 変換効率係数）	(1.0, 1.0)［-］	(0.96, 0.96, 0.95, 0.8, 0.6, 0.4, 0.4, 0.4, 0.4, 0.6, 0.8, 0.95, 0.96, 0.96)

(6) 電源部

表 4.8　オルタネータパラメータ

端子名（端子の意味）	［単位］	設定値
REG_VOLTAGE（電圧設定値）	［V］	14.01
M_IN（回転速度）	［rad/s］	210.0（回転立ち上がり時間 1.0［秒］）

(7) 車両モデル部

車速 =0［km/h］

(8) 実測とシミュレーション結果との比較

バッテリの消費電力を実測とシミュレーションでの比較を行った．

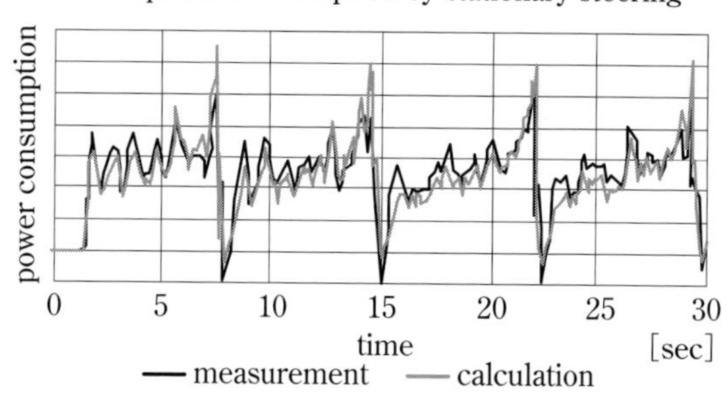

図 4.21　実測，シミュレーション消費電力結果比較

実測とシミュレーション結果の消費電力は，ほぼ一致した．ここでわかることは，ハンドル操舵を操舵端まで回した時点での消費電力が最大となっておりその傾向はシミュレーション上でも再現されている．

パラメータ設定により，実車を模擬することで，据え切り操舵による EPS の消費電力予測が可能となる．

(9)据え切り操舵テストベンチモデルの記述

```
 1: library ieee;
 2: library fundamentals_vda;
 3: library spice2vhd;
 4: use work.all;
 5:
 6: entity EPS1_SYSTEM_PARK_2WHEEL is
 7: end entity EPS1_SYSTEM_PARK_2WHEEL;
 8:
 9: architecture arch_EPS1_SYSTEM_PARK_2WHEEL of EPS1_SYSTEM_PARK_2WHEEL is
10:   quantity \$1N385\: REAL;
11:   terminal \$1N352\: ELECTRICAL;
12:   terminal \$1N343\: ELECTRICAL;
13:   terminal V_P: ELECTRICAL;
14:   terminal STEERING: ROTATIONAL;
15:   quantity SPEED: REAL;
16:   quantity CURRENT: REAL;
17:   quantity ASSIST_TRQ: REAL;
18:   quantity \$1N487\: REAL;
19:   quantity \$1N344\: REAL;
20:   terminal PINION: ROTATIONAL;
21:   quantity ALT_CURRENT: REAL;
22:   quantity PWR_AC: REAL;
23:   terminal COLUMN: ROTATIONAL;
24:   quantity \$1N502\: REAL;
25:   terminal RACK: TRANSLATIONAL;
26:   quantity MU: REAL;
27:   terminal ASSIST: ROTATIONAL;
28:   quantity COLUMN_TRQ: REAL;
29:   quantity INPUT_RAD: REAL;
30:   quantity TQ_SENS: REAL;
31:   quantity INPUT_DEG: REAL;
32:   terminal ENGINE_ROT: ROTATIONAL_VELOCITY;
33:   quantity RACK_LOAD: REAL;
34:   quantity REAL_TIRE_ANG: REAL;
35:   terminal W_MOTOR: ROTATIONAL_VELOCITY;
36:
37: begin
38:   TORQ_ASSIST : entity WORK.VHDL_EPS1_TORQASSIST(ARCH_VHDL_EPS1_TORQASSIST)
39:     generic map (
40:       ASSIST_SPEED_GAIN_MAP_X => (0.0,5.0,10.0,100.0,200.0),
41:       ASSIST_SPEED_GAIN_MAP_Y => (1.0,1.0,0.4,0.2,0.1),
42:       CTRL_DC_AC_EFFICIENCY_MAP_X => (-300.0,-257.0,-133.0,-56.0,-30.0,-21.0,-12.342: ,12.3,21.0,30.0,56.0,133.0,257.0,3
00.0),
43:       CTRL_DC_AC_EFFICIENCY_MAP_Y => (0.96,0.96,0.95,0.8,0.6,0.4,0.4,0.4,0.4,0.6,044: .8,0.95,0.96,0.96)
44:     )
45:     port map (
46:       PWR_AC => PWR_AC,
47:       SPD => SPEED,
48:       TQ_SENSE => TQ_SENS,
49:       VDC_M => ELECTRICAL_REF,
50:       VDC_P => V_P,
51:       W_MOTOR => W_MOTOR
52:     );
53:   INTERMEDIATE_SHAFT : entity WORK.EPS1_INTERMEDIATESHAFT(ARCH_EPS1_INTERMEDIATESHAFT)
54:     port map ( INT_LO => PINION, INT_UP => ASSIST );
55:   RACK_PINION : entity WORK.EPS1_RACKPINION(ARCH_EPS1_RACKPINION)
56:     generic map (
57:       PINION_INERTIA => 0.00001,
58:       PINION_PITCH_CIRCLE_RADIUS => 6.9E-3,
59:       RACK_STROKE_M => -70.0E-3,
60:       RACK_STROKE_P => 70.0E-3
61:     )
62:     port map (
63:       PINION => PINION,
64:       RACK => RACK
65:     );
66:   REDUCTION_GEAR : entity WORK.EPS1_REDUCTIONGEAR(ARCH_EPS1_REDUCTIONGEAR)
67:     generic map ( GEAR_RATIO => 20.0, INERTIA => 0.0001 )
68:     port map (
69:       ASSIST => ASSIST,
70:       ASSIST_TRQ => ASSIST_TRQ,
```

図 4.22 据え切り操舵時のテストベンチモデルの記述

```
 71:       W_MOTOR => W_MOTOR
 72:     );
 73:   STEER_LOAD_02_MODIFY : entity WORK.STEER_LOAD_02_MODIFY(ARCH_STEER_LOAD_02_MODIFY)
 74:     port map (
 75:       K_TIRE => REAL_TIRE_ANG,
 76:       MU_F => MU,
 77:       RACK => RACK,
 78:       RACK_LOAD => RACK_LOAD
 79:     );
 80:   ACG : entity WORK.ACG_80A(STRUCT)
 81:     port map (
 82:       M_GND => ROTATIONAL_VELOCITY_REF,
 83:       E_GND => ELECTRICAL_REF,
 84:       E_IN => \$1N352\,
 85:       M_IN => ENGINE_ROT,
 86:       REG_VOLTAGE => \$1N344\
 87:     );
 88:   N_55B24 : entity WORK.N_55B24(STRUCT)
 89:     generic map ( SOC_0 => 95.0 )
 90:     port map ( NEG => ELECTRICAL_REF, POS => \$1N343\ );
 91:   COLUMN_1 : entity WORK.EPS1_COLUMN(ARCH_EPS1_COLUMN)
 92:     port map (
 93:       COLUMN_LO => COLUMN,
 94:       COLUMN_TRQ => COLUMN_TRQ,
 95:       COLUMN_UP => STEERING
 96:     );
 97:   TORQ_SENSOR : entity WORK.EPS1_TORQSENSOR(ARCH_EPS1_TORQSENSOR)
 98:     port map (
 99:       TQ_SENS => TQ_SENS,
100:       TS_LO => ASSIST,
101:       TS_UP => COLUMN
102:     );
103:   U0 : entity FUNDAMENTALS_VDA.QDC_VDA(SPICE)
104:     generic map ( DC => 14.01 )
105:     port map ( Q_OUT => \$1N344\ );
106:   CURRENT_SENSOR1 : entity FUNDAMENTALS_VDA.CURRENT2Q_SENSOR_VDA(SIMPLE)
107:     port map (
108:       EL_1 => \$1N352\,
109:       EL_2 => \$1N343\,
110:       Q_OUT => ALT_CURRENT
111:     );
112:   CURRENT_SENSOR2 : entity FUNDAMENTALS_VDA.CURRENT2Q_SENSOR_VDA(SIMPLE)
113:     port map (
114:       EL_1 => \$1N343\,
115:       EL_2 => V_P,
116:       Q_OUT => CURRENT
117:     );
118:   U1 : entity FUNDAMENTALS_VDA.QPULSE_VDA(SPICE)
119:     generic map (
120:       PER => 80.0,
121:       PW => 40.0,
122:       TF => 1.0,
123:       TR => 1.0,
124:       V1 => 0.0,
125:       V2 => 210.0
126:     )
127:     port map ( Q_OUT => \$1N385\ );
128:   U2 : entity FUNDAMENTALS_VDA.Q2ANGULAR_VELOCITY_VDA(SIMPLE)
129:     port map (
130:       Q_IN => \$1N385\,
131:       MRV_1 => ENGINE_ROT,
132:       MRV_2 => ROTATIONAL_VELOCITY_REF
133:     );
134:   U3 : entity FUNDAMENTALS_VDA.QD
136:     port map ( Q_OUT => SPEED );
137:   U11 : entity FUNDAMENTALS_VDA.Q2FORCE_MT_VDA(SIMPLE)
138:     port map ( Q_IN => \$1N487\, MT => RACK );
139:   U8 : entity FUNDAMENTALS_VDA.Q2ANGLE_VDA(SIMPLE)
140:     port map (
141:       Q_IN => INPUT_RAD,
142:       MR_1 => STEERING,
143:       MR_2 => ROTATIONAL_REF
144:     );
```

図 4.22　据え切り操舵時のテストベンチモデルの記述(続き)

```
145:   Q_GAIN1 : entity WORK.Q_GAIN_JSAE(BEHAVIORAL)
146:     generic map ( K => -1.0 )
147:     port map ( INPUT => RACK_LOAD, OUTPUT => \$1N487\ );
148:   Q_MULT1 : entity FUNDAMENTALS_VDA.Q_MULT_VDA(BASIC)
149:     generic map ( GAIN => 3.14/180.0 )
150:     port map (
151:       Q_IN1 => INPUT_DEG,
152:       Q_IN2 => \$1N502\,
153:       Q_OUT => INPUT_RAD
154:     );
155:   Q_TRPF_VDA1 : entity FUNDAMENTALS_VDA.Q_TRPF_VDA(BASIC)
156:     generic map (
157:       SEPARATOR => ' ',
158:       TRFILE => "..\..\DATA\STEERING_33S_VDA.DAT"
159:     )
160:     port map ( Q_OUT => INPUT_DEG );
161:   U9 : entity FUNDAMENTALS_VDA.QDC_VDA(SPICE)
162:     generic map ( DC => 1.0 )
163:     port map ( Q_OUT => \$1N502\ );
164:   STEER_2WHEEL_VEHICLE_A : entity WORK.STEER_2WHEEL_VEHICLE_A(ARCH_STEER_2WHEEL_VEHICLE_A)
165:     port map (
166:       MUF => MU,
167:       REAL_TIRE_ANG => REAL_TIRE_ANG
168:     );
169:   INERTIA_R1 : entity WORK.INERTIA_R_JSAE(IDEAL)
170:     generic map ( J => 0.02 )
171:     port map ( ROT1 => STEERING );
172:   FRICTION_STATIC_R : entity WORK.FRICTION_STATIC_R(IDEAL)
173:     generic map ( ]
174:       D_VISCOUS_ROTATIONAL => 0.001,
175:       FRICTION_TORQUE_KINETIC => 0.05,
176:       FRICTION_TORQUE_STATIC => 0.05
177:     )
178:     port map ( ROT1 => ROTATIONAL_REF, ROT2 => STEERING );
179:
180: end architecture arch_EPS1_SYSTEM_PARK_2WHEEL;
```

図4.22　据え切り操舵時のテストベンチモデルの記述(続き)

4.3.3 低速走行時の操舵

車両運動モデルとして，ラック部シャフト端に走行中の負荷モデルに置き換えたモデルを接続し，ラックバーにかかる負荷モデルの精度を向上し，実測との比較が可能か検証した．

(1) モデル構成図

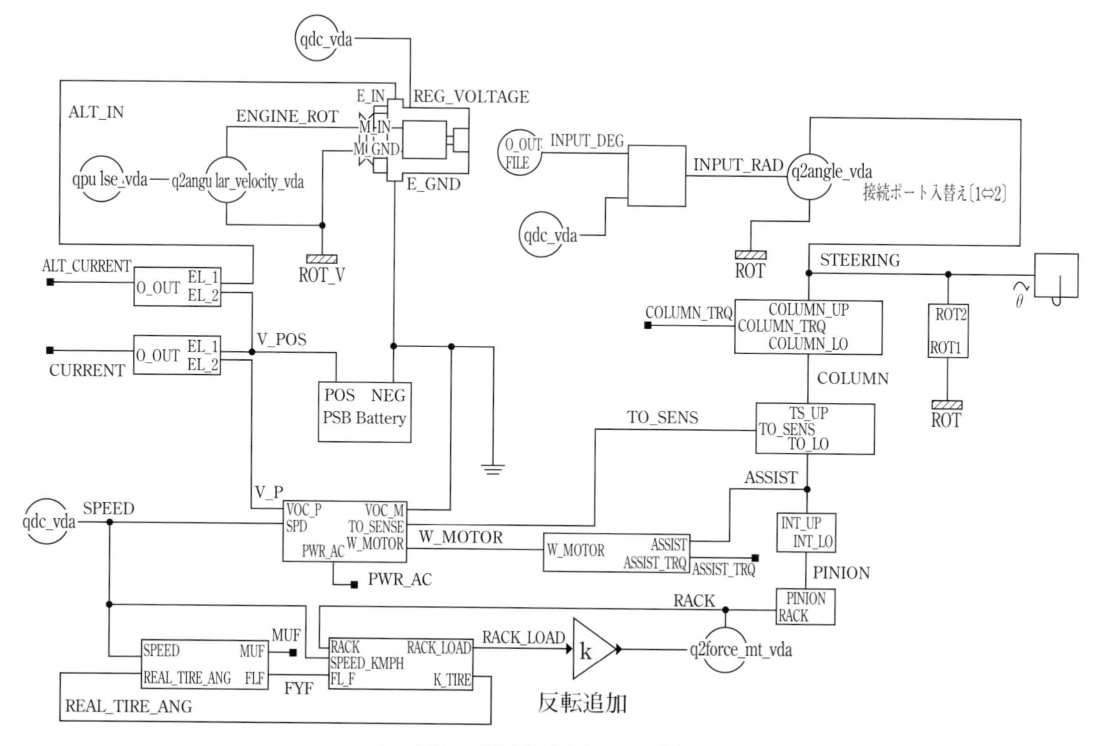

図 4.23　低速走行時のモデル構成図

(2) シミュレーション条件

実際にシミュレーション適用したオプションと共にパラメータを示す．

車両運動モデルと負荷モデルを据え切り操舵用モデルから走行操舵用モデルに置き換え，操舵入力および車速は，実車の走行データを入力した．

EPS システム部，バッテリ，オルタネータのパラメータは，据え切り操舵と同じ値を使用している．

EPS システム部のパラメータは，Default 値から変更した部分のみを示す．

シミュレーション設定は，据え切り時と同じ TimeStep=1.0e-4（100μ秒）とした．

(3) 操舵入力部

図 4.24 のような 0 度から 345 度までの繰り返し操舵パターンとした．

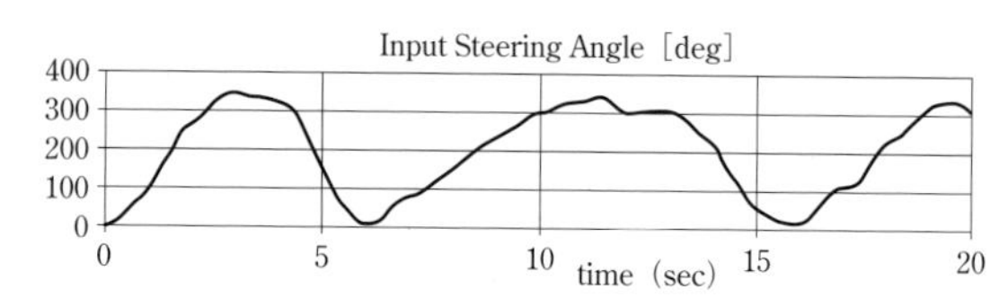

図 4.24　低速走行時の操舵パターン

(4) ハンドル部パラメータ

表 4.9　ハンドルパラメータ

パラメータ名（パラメータの意味）	Default 値［単位］	設定値
K（deg ⇒ rad 単位変換ゲイン）	1.0［－］	0.01744（= π/180）
J（イナーシャ）	－［kgm²］	0.02
FRICTION_TORQUE_STATICS（静止摩擦トルク）	1.0［Nm］	0.05
FRICTION_TORQUE_KINETIC（クーロン摩擦トルク）	0.5［Nm］	0.05
D Viscous Rotational（粘性摩擦係数）	0.001［Nm/(rad/sec)］	0.001

(5) EPS システム部

EPS システム部のパラメータは，Default 値から変更した部分のみを示す．

表 4.10　ラック&ピニオンパラメータ

パラメータ名（パラメータの意味）	Default 値［単位］	設定値
PINION_PITCH_CIRCLE_RADIUS（ピニオンのピッチ円半径）	0.01［m］	0.0069
RACK_STROKE_P（ラックストローク（プラス））	0.1［m］	-0.07
RACK_STROKE_M（ラックストローク（マイナス））	-0.1［m］	0.07

表 4.11　アシストマップパラメータ

パラメータ名（パラメータの意味）	Default 値［単位］	設定値
ASSIST_SPEED_GAIN_MAP_X（車両速度）	(0.0,200.0)［km/h］	(0.0,5.0,10.0,100.0,200.0)
ASSIST_SPEED_GAIN_MAP_Y（速度係数）	(1.0, 1.0)［-］	(1.0, 1.0, 0.4, 0.2, 0.1)

表 4.12　電流制御パラメータ

パラメータ名（パラメータの意味）	Default 値［単位］	設定値
CTRL_DC_AC_EFFICIENCY_MAP_X（相電流値（RMS））	(-300.0,300.0)［A］	(-300.0,-257.0,-133.0,-56.0,-30.0,-21.0,-12.3,12.3,21.0,30.0,56.0,133.0,257.0,300.0)
CTRL_DC_AC_EFFICIENCY_MAP_Y（DC/AC 変換効率係数）	(1.0, 1.0)［-］	(0.96, 0.96, 0.95, 0.8, 0.6, 0.4, 0.4, 0.4, 0.4, 0.6, 0.8, 0.95, 0.96, 0.96)

(6) 電源部

表 4.13　オルタネータパラメータ

端子名（端子の意味）	［単位］	設定値
REG_VOLTAGE（電圧設定値）	［V］	14.01
M_IN（回転速度）	［rad/sec］	210.0（回転立ち上がり時間 1.0［秒］）

(7) ラック負荷部

< 車速入力 >

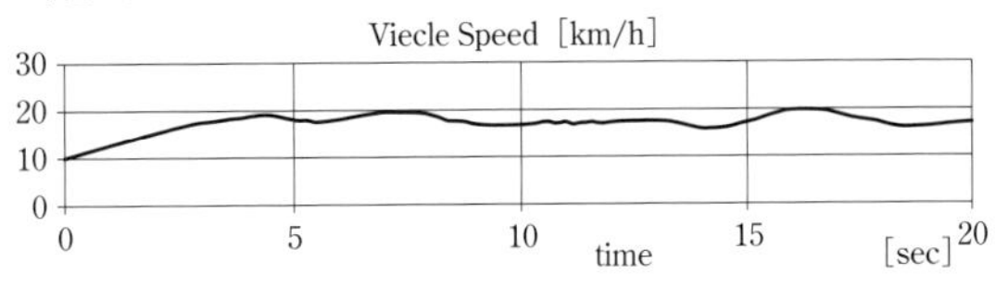

図 4.25　車速パターン

< 車両運動モデル >

走行用モデルを使用（車速入力に追随するようにタイヤ駆動力を発生）

< 負荷モデル >

走行用モデルを使用（車両運動モデルよりタイヤに発生する横力を入力）

実測とシミュレーション結果の消費電力は，ほぼ一致した．

パラメータ設定により，実車を模擬することで，走行中の操舵による EPS の消費電力予測が可能となる．

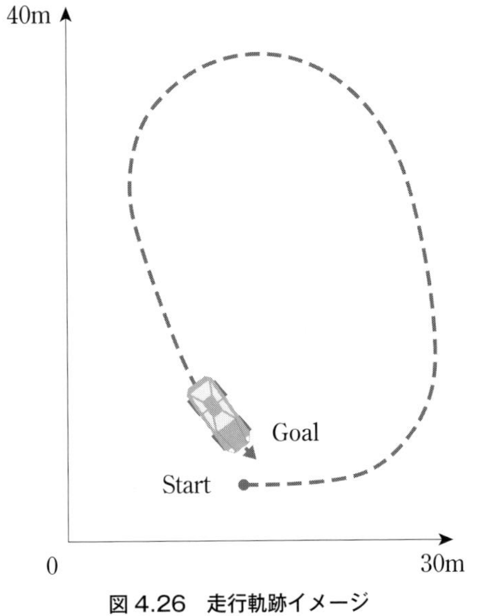

図 4.26　走行軌跡イメージ

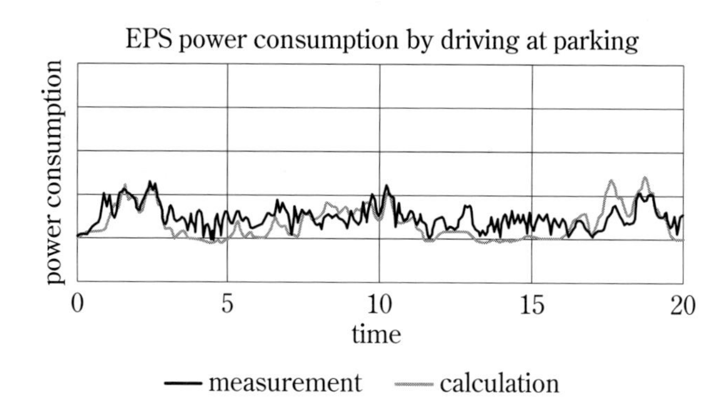

図 4.27　実測とシミュレーション時の消費電力比較結果

(8)低速走行時の操舵テストベンチモデルの記述

```
 1: library ieee;
 2: library fundamentals_vda;
 3: library spice2vhd;
 4: use work.all;
 5:
 6: entity EPS1_SYSTEM_DRIVE_2WHEEL is
 7: end entity EPS1_SYSTEM_DRIVE_2WHEEL;
 8:
 9: architecture arch_EPS1_SYSTEM_DRIVE_2WHEEL of EPS1_SYSTEM_DRIVE_2WHEEL is
10:   quantity FYF: REAL;
11:   quantity \$1N385\: REAL;
12:   terminal V_P: ELECTRICAL;
13:   terminal STEERING: ROTATIONAL;
14:   quantity SPEED: REAL;
15:   quantity CURRENT: REAL;
16:   quantity ASSIST_TRQ: REAL;
17:   quantity \$1N344\: REAL;
18:   terminal PINION: ROTATIONAL;
19:   quantity ALT_CURRENT: REAL;
20:   quantity PWR_AC: REAL;
21:   terminal COLUMN: ROTATIONAL;
22:   terminal V_POS: ELECTRICAL;
23:   terminal RACK: TRANSLATIONAL;
24:   terminal ASSIST: ROTATIONAL;
25:   quantity \$1N427\: REAL;
26:   quantity COLUMN_TRQ: REAL;
27:   terminal ALT_IN: ELECTRICAL;
28:   quantity MUF: REAL;
29:   quantity INPUT_RAD: REAL;
30:   quantity TQ_SENS: REAL;
31:   quantity INPUT_DEG: REAL;
32:   terminal ENGINE_ROT: ROTATIONAL_VELOCITY;
33:   quantity \$1N392\: REAL;
34:   quantity RACK_LOAD: REAL;
35:   quantity REAL_TIRE_ANG: REAL;
36:   terminal W_MOTOR: ROTATIONAL_VELOCITY;
37:
38: begin
39:   TRQ_ASSIST : entity WORK.VHDL_EPS1_TORQASSIST(ARCH_VHDL_EPS1_TORQASSIST)
40:     generic map (
41:       ASSIST_SPEED_GAIN_MAP_X => (0.0,5.0,10.0,100.0,200.0),
42:       ASSIST_SPEED_GAIN_MAP_Y => (1.0,1.0,0.4,0.2,0.1),
43:       CTRL_DC_AC_EFFICIENCY_MAP_X => (-300.0,-257.0,-133.0,-56.0,-30.0,-21.0,-12.343: ,12.3,21.0,30.0,56.0,133.0,257.0,3
00.0),
44:       CTRL_DC_AC_EFFICIENCY_MAP_Y => (0.96,0.96,0.95,0.8,0.6,0.4,0.4,0.4,0.4,0.6,045: .8,0.95,0.96,0.96)
45:     )
46:     port map (
47:       PWR_AC => PWR_AC,
48:       SPD => SPEED,
49:       TQ_SENSE => TQ_SENS,
50:       VDC_M => ELECTRICAL_REF,
51:       VDC_P => V_P,
52:       W_MOTOR => W_MOTOR
```

図 4.28　低速走行時の操舵テストベンチモデルの記述

```
 53:     );
 54:   INTERMEDIATE_SHAFT : entity WORK.EPS1_INTERMEDIATESHAFT(ARCH_EPS1_INTERMEDIATESHAFT)
 55:     port map ( INT_LO => PINION, INT_UP => ASSIST );
 56:   RACKPINION : entity WORK.EPS1_RACKPINION(ARCH_EPS1_RACKPINION)
 57:     generic map (
 58:       PINION_INERTIA => 0.00001,
 59:       PINION_PITCH_CIRCLE_RADIUS => 6.9E-3,
 60:       RACK_STROKE_M => -70.0E-3,
 61:       RACK_STROKE_P => 70.0E-3
 62:     )
 63:     port map ( PINION => PINION, RACK => RACK );
 64:   REDUCTION_GEAR : entity WORK.EPS1_REDUCTIONGEAR(ARCH_EPS1_REDUCTIONGEAR)
 65:     generic map ( GEAR_RATIO => 20.0, INERTIA => 0.0001 )
 66:     port map (
 67:       ASSIST => ASSIST,
 68:       ASSIST_TRQ => ASSIST_TRQ,
 69:       W_MOTOR => W_MOTOR
 70:     );
 71:   ACG : entity WORK.ACG_80A(STRUCT)
 72:     port map (
 73:       M_GND => ROTATIONAL_VELOCITY_REF,
 74:       E_GND => ELECTRICAL_REF,
 75:       E_IN => ALT_IN,
 76:       M_IN => ENGINE_ROT,
 77:       REG_VOLTAGE => \$1N344\
 78:     );
 79:   N_55B24 : entity WORK.N_55B24(STRUCT)
 80:     generic map ( SOC_0 => 95.0 )
 81:     port map ( NEG => ELECTRICAL_REF, POS => V_POS );
 82:   COLUMN_1 : entity WORK.EPS1_COLUMN(ARCH_EPS1_COLUMN)
 83:     port map (
 84:       COLUMN_LO => COLUMN,
 85:       COLUMN_TRQ => COLUMN_TRQ,
 86:       COLUMN_UP => STEERING
 87:     );
 88:   TORQ_SENSOR : entity WORK.EPS1_TORQSENSOR(ARCH_EPS1_TORQSENSOR)
 89:     port map (
 90:       TQ_SENS => TQ_SENS,
 91:       TS_LO => ASSIST,
 92:       TS_UP => COLUMN
 93:     );
 94:   U0 : entity FUNDAMENTALS_VDA.QDC_VDA(SPICE)
 95:     generic map ( DC => 14.01 )
 96:     port map ( Q_OUT => \$1N344\ );
 97:   CURRENT_SENSOR1 : entity FUNDAMENTALS_VDA.CURRENT2Q_SENSOR_VDA(SIMPLE)
 98:     port map (
 99:       EL_1 => ALT_IN,
100:       EL_2 => V_POS,
101:       Q_OUT => ALT_CURRENT
102:     );
103:   CURRENT_SENSOR2 : entity FUNDAMENTALS_VDA.CURRENT2Q_SENSOR_VDA(SIMPLE)
104:     port map (
105:       EL_1 => V_POS,
106:       EL_2 => V_P,
107:       Q_OUT => CURRENT
108:     );
109:   U1 : entity FUNDAMENTALS_VDA.QPULSE_VDA(SPICE)
110:     generic map (
111:       PER => 80.0,
112:       PW => 40.0,
113:       TF => 1.0,
114:       TR => 1.0,
115:       V1 => 0.0,
116:       V2 => 210.0
117:     )
118:     port map ( Q_OUT => \$1N385\ );
119:   U2 : entity FUNDAMENTALS_VDA.Q2ANGULAR_VELOCITY_VDA(SIMPLE)
120:     port map (
121:       Q_IN => \$1N385\,
122:       MRV_1 => ENGINE_ROT,
123:       MRV_2 => ROTATIONAL_VELOCITY_REF
124:     );
125:   U8 : entity FUNDAMENTALS_VDA.Q2ANGLE_VDA(SIMPLE)
```

図 4.28　低速走行時の操舵テストベンチモデルの記述(続き)

```
126:      port map (
127:        Q_IN => INPUT_RAD,
128:        MR_1 => STEERING,
129:        MR_2 => ROTATIONAL_REF
130:      );
131:    Q_MULT1 : entity FUNDAMENTALS_VDA.Q_MULT_VDA(BASIC)
132:      generic map ( GAIN => 3.14/180.0 )
133:      port map (
134:        Q_IN1 => INPUT_DEG,
135:        Q_IN2 => \$1N392\,
136:        Q_OUT => INPUT_RAD
137:      );
138:    U9 : entity FUNDAMENTALS_VDA.QDC_VDA(SPICE)
139:      generic map ( DC => 1.0 )
140:      port map ( Q_OUT => \$1N392\ );
141:    U11 : entity FUNDAMENTALS_VDA.Q2FORCE_MT_VDA(SIMPLE)
142:      generic map ( DEFAULT => 1.000000E+000 )
143:      port map ( Q_IN => \$1N427\, MT => RACK );
144:    Q_TRPF_VDA1 : entity FUNDAMENTALS_VDA.Q_TRPF_VDA(BASIC)
145:      generic map (
146:        SEPARATOR => ' ',
147:        TRFILE => "..\..\DATA\SPEED_P2_20S_VDA.DAT"
148:      )
149:      port map ( Q_OUT => SPEED );
150:    Q_TRPF_VDA2 : entity FUNDAMENTALS_VDA.Q_TRPF_VDA(BASIC)
151:      generic map (
152:        SEPARATOR => ' ',
153:        TRFILE => "..\..\DATA\STEERING_P2_20S_MODIFY_VDA.DAT"
154:      )
155:      port map ( Q_OUT => INPUT_DEG );
156:    Q_GAIN1 : entity WORK.Q_GAIN_JSAE(BEHAVIORAL)
157:      generic map ( K => -1.0 )
158:      port map (
159:        INPUT => RACK_LOAD,
160:        OUTPUT => \$1N427\
161:      );
162:    STEER_2WHEEL_NEW_VEHICLE_A : entity WORK.STEER_2WHEEL_NEW_VEHICLE_A(ARCH_STEER_2WHEEL_NEW_VE138: HICLE_A)
163:      port map (
164:        FLF => FYF,
165:        MUF => MUF,
166:        REAL_TIRE_ANG => REAL_TIRE_ANG,
167:        SPEED => SPEED
168:      );
169:    PARKING_LOAD_02_MODIFY_A : entity WORK.PARKING_LOAD_02_MODIFY_A(ARCH_PARKING_LOAD_02_MODIFY_144: A)
170:      port map (
171:        FL_F => FYF,
172:        K_TIRE => REAL_TIRE_ANG,
173:        RACK => RACK,
174:        RACK_LOAD => RACK_LOAD,
175:        SPEED_KMPH => SPEED
176:      );
177:    INERTIA_R1 : entity WORK.INERTIA_R_JSAE(IDEAL)
178:      generic map ( J => 0.02 )
179:      port map ( ROT1 => STEERING );
180:    FRICTION_STATIC_R : entity WORK.FRICTION_STATIC_R(IDEAL)
181:      generic map (
182:        D_VISCOUS_ROTATIONAL => 0.001,
183:        FRICTION_TORQUE_KINETIC => 0.05,
184:        FRICTION_TORQUE_STATIC => 0.05
185:      )
186:      port map ( ROT1 => ROTATIONAL_REF, ROT2 => STEERING );
187:
188: end architecture arch_EPS1_SYSTEM_DRIVE_2WHEEL;
```

図 4.28　低速走行時の操舵テストベンチモデルの記述(続き)

参考文献

(1)阿部，関末，重松，加藤，市原，自動車に関連する解析のための標準的モデル，平成27年電気学会全国大会講演論文集，4-S27-7，(2015)

第５章　記述モデルのシミュレーション処理

5.1　シミュレーション処理の流れの理解の必要性

自動車システムは多様な部品より構成されていて，次の３つの意味において混在性を特徴とするシステムであった[(1),(2)]．まず物理系と制御系が混在しており，前者は物理的な平衡方程式で記述される系であるが，後者は方向性の信号として記述される信号フローの系である．物理系内においても機械系や電気系部品のみならず，モータ等の回転系と電気系にまたがる部品や，それらに伴う熱系等様々な物理系が混在しているマルチドメイン系である．また制御系においてもアナログとデジタル部分が混在している．VHDL-AMS は各物理系の変数，制御系変数，デジタル信号等のいずれのタイプの特性記述にも対応可能であるように構成されている[(3)-(7)]．そのため，これら混在性がどのようにモデル内で記述されて，どのようにシミュレーション処理されていくのかを理解すると，それらの相互関係を考慮した系統的なモデル記述が可能となる．そのためには記述モデルに基づいてシステムの方程式がどのように立てられていくのか，すなわちどのように定式化されていくのかを理解する必要がある．この理解より，アクロス変数以外の追加変数，すなわちスルー変数，信号出力変数，自由変数の合計数と特性式数との一致の関係が明らかとなる．

VHDL-AMS は言語仕様であって，どのように定式化するかは規定されていない．そのため，いかなる定式化法を用いるかはシミュレータの具体的な構成法によるが，汎用的かつ柔軟な定式化法として，修正節点解析法もしくはタブロー法がよく用いられる[(8)-(14)]．本章では，接続情報によるモデル記述とシステム方程式との対応がより明確なタブロー法による定式化法について説明する．その前にまずシミュレータによるシミュレーションの主な流れについてから説明する．

5.2　シミュレーションの流れ

5.2.1　シミュレータの主な構成

一般的にシミュレーションの対象システムはアナログサブシステムとデジタルサブシステムよりなる．このうちアナログサブシステムは，モデル記述情報に基づいてシミュレータが次のような連立微分代数方程式としてシステム方程式を自動的に定式化する．

$$f(\boldsymbol{x}(t), \dot{\boldsymbol{x}}(t), t) = 0 \tag{5-1}$$

ただし t を時刻，変数を $\boldsymbol{x}$，$\dot{\boldsymbol{x}}$ をその時間微分値とする．

このシステム方程式は，いわゆるアナログソルバーにより数値解法処理されるが，その典型的な過程を**図 5.1** に示す[(10),(11)]．まずモデルの接続情報およびモデルの各パラメータ値をグラフィックツール等を用いて構成し，これよりネットリスト等と呼ばれるシステム記述リストを抽出する．これを基にタブロー法等の定式化法を用いて非線形連立微分代数方程式が構成される．これらは後退オイラー公式，台形公式，ギア公式等により微分積分演算が離散化され，非線形連立方程式に転化される．さらにニュートン・ラフソン法等の線形化法を適用して，連立一次方程式に転化される．従って，シミュレーションは，最終的には離散化された連立一次方程式の解法に帰着する．そして各時間ステップにおいて図の内側のループで示されるように，非線形の動作点が収束するまで反復過程が繰り返される．また図の外側ループで示すように，時間ステップが最終の計算時間に達するまで，繰り返しシステム方程式が解かれる．

以上のアナログサブシステムに対して，デジタルサブシステムは，システム方程式を解くのではなく，信号の変化すなわちイベントの変化のみを追及していくイベントドリブン方式により解かれる．両者が混在するときには，一方が他方もしくは相互に影響を与えるときには計算時間を同期させて動作点を確定するように反復修正が繰り返されるが，同期が必要でない限り両者別々に解くことができ，時間刻みも別々でよい．時間刻みの同期のさせ方で様々な工夫が行われている[(5)]．

以下に，離散化法，非線形方程式の解法，連立一次方程式の解法，デジタルサブシステムの処理法，アナログ−デジタル間の連携動作の各過程に関してより詳しく説明する．

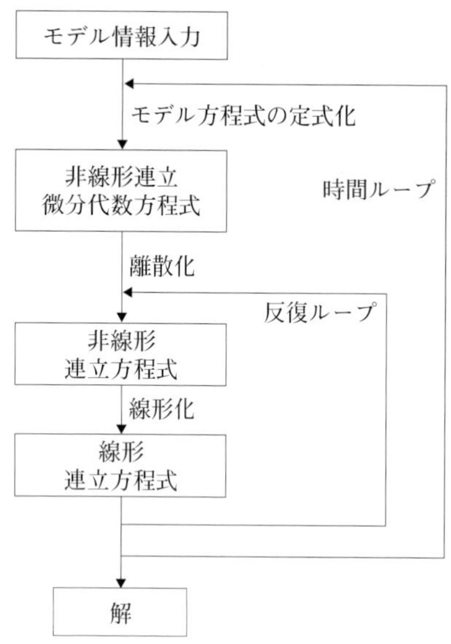

図 5.1　シミュレータの構成

5.2.2　離散化法

システム方程式は，微分積分演算を陰的に含む非線形連立微分代数方程式となる．これは，微分積分演算が数値積分公式により離散化されることにより，各時間ステップの非線形連立方程式に転化される．この際，多段の数値積分法が用いられることが多い．これには2種類があり，過去の被積分関数値に基づく多項式で計算ステップの値を補外的に積分する陽的(explicit)公式と，過去の被積分関数値を基に計算ステップの値を再帰的に含めて補間的に積分する陰的(implicit)公式がある．陽的解法ではA-B(Adams-Bashforth)法が，陰的解法ではA-M(Adams-Moulton)法がよく用いられる．このうちA-B法の1次のものが前進オイラー公式であり，A-M法の1次のものが後退オイラー公式であり，さらに2次のものが台形公式であり，これらがよく用いられる．1次のシンプルな微分方程式

$$\dot{x} = -\lambda x \tag{5-2}$$

を試験方程式(Test Equation)として，時間刻み幅 h により規格化した複素パラメータ値 $h\lambda$ に対して絶対安定となる領域は，積分次数が大きくなるほど狭くなるが，A-B法よりはA-M法がはるかに大きくなる[(10)-(15)]．A-M法では被積分関数値の補間に基づいたが，積分関数値の補間を基にしたものがギア法[(15), (16)]である．以上の方法のうち，後退オイラー，台形，ギア2次公式は半平面領域以上で絶対安定となるため，A安定と呼ばれる．特にギア公式は絶対安定領域が広いことを特長としている．またギア法とA-M法の1次は後退オイラー公式で一致する．

5.2.3　非線形連立方程式の解法

システム方程式は，離散化処理により非線形連立方程式と転化されたのち，さらにニュートン・ラフソン法等の適用により線形化され，最終的に線形化されたヤコビアンを係数とする連立一次方程式の解法に帰着する．非線形性はモデル特性の非線形性に由来し，この線形化の物理的意味を**図 5.2**(a)の非線形抵抗の例により示す．この抵抗の電流 i が電圧 v により $i=f(v)$ なる非線形特性であるとき，動作点 $(v^*,\ i^*)$ 近傍ではニュートン・ラフソン法により次式の接線で近似される．

$$\left.\begin{aligned} i - i^* &= \frac{\partial f}{\partial v}(v - v^*) = G(v - v^*) \\ i &= Gv + (i^* - Gv^*) \\ &= Gv + J \end{aligned}\right\} \tag{5-3}$$

ただし G はヤコビアンすなわち動作点での傾きであり，J は縦軸切片の電流値である．そのため線形近似された抵抗の等価回路は，**図 5.2**(b)に示された等価回路となる．

シミュレータはモデル記述された様々な非線形特性に対して自動微分等の数値処理により G，J に対応する値を計算し，ヤコビアンや右辺ベクトル(RHS)が形成される[(10), (11)]．

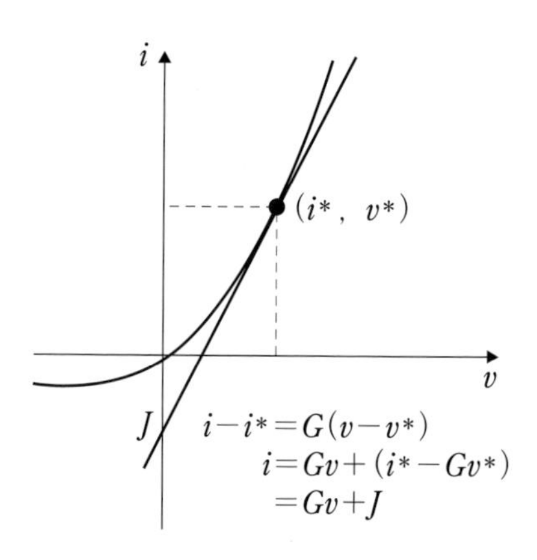

(a) ニュートン・ラフソン法による線形化原理

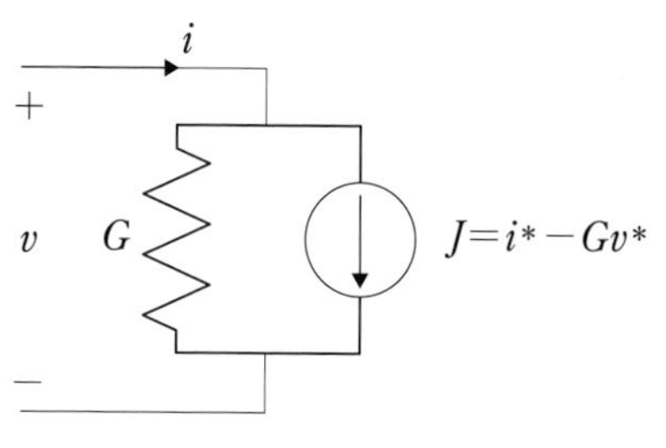

(b) 線形化等価回路

図 5.2　ニュートン・ラフソン法における非線形抵抗の線形化

5.2.4 連立一次方程式の解法

システム方程式の解法は，離散化と線形化の後，最終的には連立一次方程式の解法に帰着する．これには，直接法と反復法があるが，計算精度の高い直接法の方が一般的によく用いられる．直接法にはガウスの消去法や，LU 分解法等がある．

システム規模が大きくなると方程式の次数 n が増大し，ヤコビアンの記憶容量は n^2，計算の手間は n^3 に比例して大きくなり，その計算処理に工夫が必要となる．これに対してシステム方程式が大きくなっても，ヤコビアン行列中の非零要素数は一般的にはまばらもしくは疎(スパース)であるため，この性質を利用して効率的に解くスパース行列処理法が様々なシミュレータに組み込まれている．この技法は，非零要素のみの記憶による容量の節約と，不要な零演算の省略による計算の手間の削減を行っている．

スパース行列処理の際の注意点として，例えばシステムがスイッチ素子のようにヤコビアン要素の値がそのオンオフ等により急変するような場合には，数値的に悪条件とならないようにできるだけ大きい要素をピボット要素として適宜選択して処理を進めていく必要がある．もしこれに失敗すると，処理不可能な事態や誤差の拡大を招くことになる．

5.2.5 デジタルサブシステムのイベントドリブン処理

デジタルサブシステムは，H レベルか L レベルのいずれかをとるデジタル動作を表現するように解析される．これを**図 5.3** の論理回路の一部を抜き出した例により説明する．これは NOT 回路の後に NAND 回路が接続されている．各節点をそれぞれ n_1 より n_4 とし，n_1=H，n_2=H のときは n_3=L，n_4=H である．このとき n_1 のレベルが H より L に変化すれば n_3 が H に変化する．するとこの変化は n_4 に影響し L に変化する．このときもし n_2=L であれば n_4 は H のままである．

以上のことより，デジタルサブシステムのシミュレーション法は，あるゲート回路のいずれかの入力に変化が起きたときに，すなわちイベントが起きたときに，その出力の影響を先の回路に伝搬させていく処理を繰り返すものである．すなわち変化した出力がその次のゲート回路の入力となっている場合にはさらにその出力が変化するのかが判定され，その変化が影響のなくなるところまで将棋倒し式に繰り返される．このようなシミュレーション法はイベントドリブン方式と呼ばれ，システム方程式を解くのではなく，イベントの変化のみを追及していくアルゴリズムである．

実際のシミュレータではさらに各ゲート回路の遅延時間が考慮される．あるゲートの出力レベルが変化するときにそのレベルの変化とその時間がテーブル内に記憶される．ほかのゲートの変化もまたその変化する時間にそのテーブル内に時刻順にスケジューリングされる．そのため同時刻に複数のイベントのあるときもあれば，全くない時刻もある．このスケジューリングテーブルにしたがって対応ゲートの変化を追求していくことによりシミュレーションが行われる．

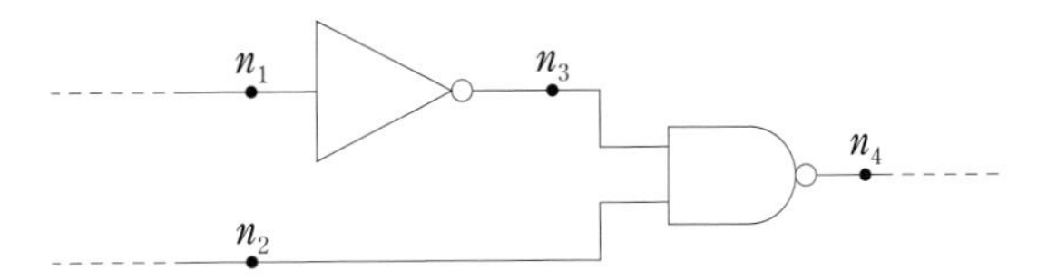

図 5.3 デジタルサブシステムのイベントドリブン処理

5.2.6 アナログ・デジタル間の連携動作

デジタル部分とアナログ部分では，それぞれ異なった時間刻みにより独立に解析される．その上で同期をとる必要が生じた場合のみ時間刻みがそろえられ，不連続の処理等，**図 5.4** に示すように両者間の連携が行われる．例えばゲート信号の変化によりスイッチが制御される場合や，アナログ電圧の変化によりデジタル信号が変化する場合があげられる．

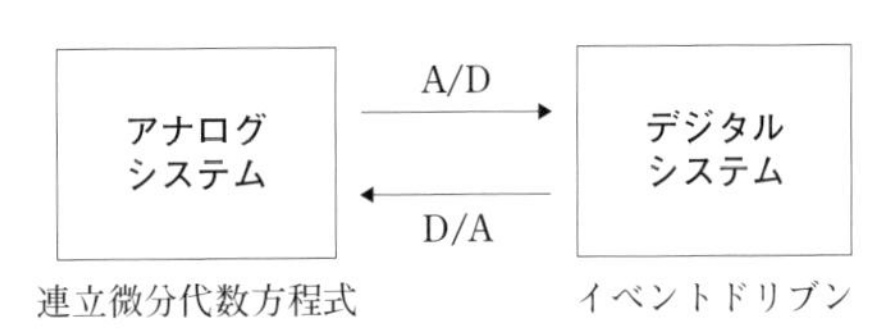

図 5.4 デジタル－アナログ間の連携

アナログからデジタルの A/D 過程では，例えば，quantity の q が E というスレショールドを超えるかどうかを TRUE/FALSE で判断する属性関数 q'ABOVE(E)を用いて以下の処理をする場合である．

```
s <= '1' when q'ABOVE(0.0) else '0' ;
```

これは q がゼロクロスして正の値になったときシグナル s を 1 に，そうでないときに 0 とする理想のコンパレータの動作であり，A/D 間の連携がとられる．

デジタルからアナログへの D/A 過程では break 文によりアナログ解を再計算することができる．例えば不連続な値をとるシグナル s を quantity の q に代入するため，q==s; を実行する際，s によるイベントが起きるたびに不連続処理を行うには break on s; と呼べばよい．他にも属性関数 ramp や slew によりシグナルの変化に基づいてイベントが起きる場合には，そのイベントが起こるたびに break 文なしで，不連続処理が行われる．このような言語仕様により一連のシミュレーション動作すなわちシミュレーション・サイクルが規定される[5]．

5.3 タブロー方程式による定式化

5.3.1 タブロー方程式による定式化

前節において，モデルに基づいて定式化された対象システムがシミュレータによりどのように数値的に処理されるのかについて示した．本節では，モデル記述に基づいてどのようにシステム方程式が立てられていくのか，すなわちどのように定式化されるのかについてみる．つまりモデル記述により対象システムの端子接続と特性式の情報が得られるが，これらの情報をシステム方程式中にどのように組み込んでいくのかについてみる．本節ではその際にタブロー法を定式化法として選び，モデル記述と定式化との対応関係について説明する．

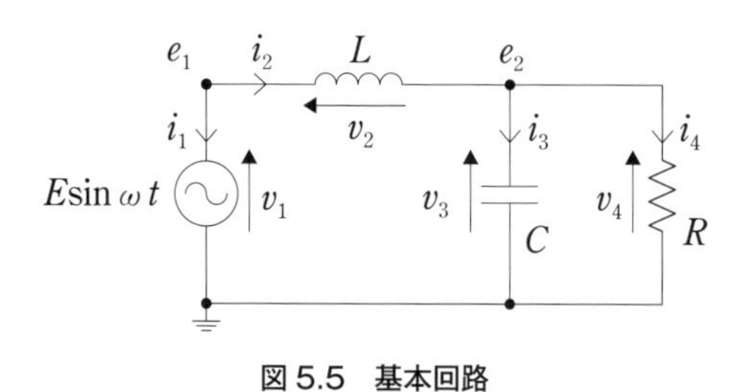

図 5.5 基本回路

まずタブロー法によるモデルの定式化法に関して，第 1 の例題として，**図 5.5** に示す LC フィルタ基本回路により説明する．節点電圧を e_1，e_2 とし，電圧源，LCR の 4 つの素子の各電圧電流をそれぞれ v_1，…，v_4，i_1，…，i_4 とする．このときグランド以外の 2 個の節点におけるキルヒホッフの電流則，すなわちスルー変数の電流の平衡関係は次式となる．

$$\left.\begin{aligned} i_1 + i_2 &= 0 \\ -i_2 + i_3 + i_4 &= 0 \end{aligned}\right\} \tag{5-4}$$

これを行列形式で表現すると以下となる．

$$\begin{bmatrix} 1 & 1 & & \\ & -1 & 1 & 1 \end{bmatrix} \begin{bmatrix} i_1 \\ i_2 \\ i_3 \\ i_4 \end{bmatrix} = \begin{bmatrix} 0 \\ 0 \end{bmatrix} \tag{5-5}$$

すなわち

$$\boldsymbol{A}_i \boldsymbol{i} \quad = \quad \boldsymbol{0} \tag{5-6}$$

ただし $\boldsymbol{i}$ は素子電流ベクトルであり，$\boldsymbol{A}_i$ は各モデルの端子の接続関係を表現した接続行列である．

またこのときアクロス変数である 4 個の電圧に関して，キルヒホッフの電圧則に対応するアクロス変数と節点変数の関係は次式となる．

$$\left.\begin{aligned} v_1 &= e_1 \\ v_2 &= e_1 - e_2 \\ v_3 &= e_2 \\ v_4 &= e_2 \end{aligned}\right\} \tag{5-7}$$

これを行列形式で表現すると以下となる．

$$\begin{bmatrix} v_1 \\ v_2 \\ v_3 \\ v_4 \end{bmatrix} = \begin{bmatrix} 1 & \\ 1 & -1 \\ & 1 \\ & 1 \end{bmatrix} \begin{bmatrix} e_1 \\ e_2 \end{bmatrix} \tag{5-8}$$

すなわち

$$\boldsymbol{v} \quad = \quad \boldsymbol{A}_v^T \boldsymbol{e} \tag{5-9}$$

ただし $\boldsymbol{v}$ は素子電圧ベクトルであり，$\boldsymbol{A}_v$ は各モデルの端子電圧の接続関係を表現した接続行列である．また T は行列の転置行列である．$\boldsymbol{A}_i$ と $\boldsymbol{A}_v$ とは各列間で対応する素子が同じ場合には等しい．

$$\boldsymbol{A}_i \quad = \quad \boldsymbol{A}_v \tag{5-10}$$

素子の 4 個の特性式は以下となる．

$$\left.\begin{aligned} v_1 &= E\sin\omega t \\ v_2 &= L\frac{d}{dt}i_2 \\ i_3 &= C\frac{d}{dt}v_3 \\ v_4 &= Ri_4 \end{aligned}\right\} \tag{5-11}$$

これらをまとめて行列形式の以下で表現する．

$$\boldsymbol{f}_i(\boldsymbol{v}, \boldsymbol{i}) \quad = \quad \boldsymbol{M}\boldsymbol{v} + \boldsymbol{N}\boldsymbol{i} \quad = \quad \boldsymbol{u} \tag{5-12}$$

n_e 個のグランド以外の節点に接続された n_i 個のブランチ型のモデルからシステムが構成されるとき，タブロー方程式は n_e 個のスルー変数の平衡式，n_i 個のアクロス変数の関係式，n_i 個の特性式よりなる $(n_e + n_i + n_i)$ 個の方程式を連立するものである．

$$\left.\begin{aligned} &\text{スルー変数平衡則} & \boldsymbol{A}_i \boldsymbol{i} &= \boldsymbol{0} \\ &\text{アクロス変数関係式} & -\boldsymbol{A}_v^T \boldsymbol{e} + \boldsymbol{v} &= \boldsymbol{0} \\ &\text{特性式} & \boldsymbol{f}_i(\boldsymbol{v}, \boldsymbol{i}) &= \boldsymbol{u} \end{aligned}\right\} \tag{5-13}$$

この特性式は各スルー変数に対応しているため，基本回路例のタブロー方程式は以下となる．ただし行列内空白は零要素である．

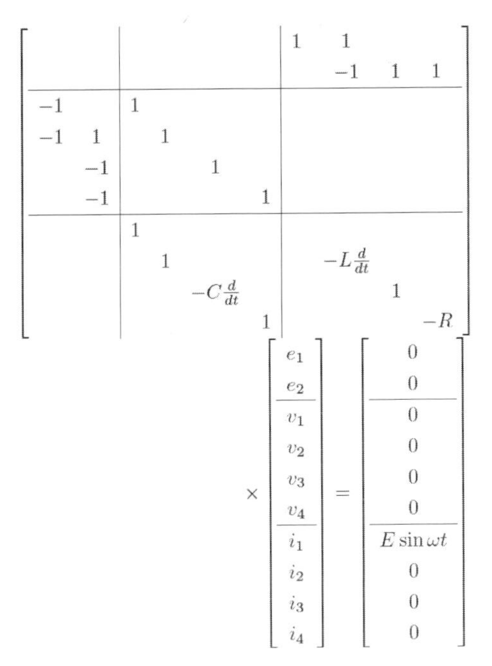

(5-14)

VHDL-AMSではアクロス変数やスルー変数のみならず，自由変数や信号変数も含めて記述するように一般化されている．そのためアクロス変数の基となるポテンシャル等の n_e 個の節点変数よりなるベクトルを $\boldsymbol{e}$，n_i 個のアクロス変数よりなるベクトルを $\boldsymbol{v}$，n_i 個のスルー変数よりなるベクトルを $\boldsymbol{i}$，n_p 個の自由変数よりなるベクトルを $\boldsymbol{p}$，n_q 個の信号出力変数よりなるベクトルを $\boldsymbol{q}$ とする．タブロー方程式は，n_e 個のスルー変数の平衡関係，n_i 個のアクロス変数と節点変数との関係，n_i 個のスルー変数，n_p 個の自由変数，n_q 個の信号出力変数に関係した特性式 f_i，f_p，f_q，すなわち $(n_e + n_i + n_i + n_p + n_q)$ 個の方程式を順に以下のように連立する．

$$\left.\begin{array}{lrl}
\text{スルー変数平衡則} & \boldsymbol{A_i i} & = \boldsymbol{0} \\
\text{アクロス変数関係式} & -\boldsymbol{A_v^T e} + \boldsymbol{v} & = \boldsymbol{0} \\
\text{スルー変数特性式} & \boldsymbol{f_i(v,i,p,q)} & = \boldsymbol{0} \\
\text{自由変数特性式} & \boldsymbol{f_p(v,i,p,q)} & = \boldsymbol{0} \\
\text{出力信号変数特性式} & \boldsymbol{f_q(v,i,p,q)} & = \boldsymbol{0}
\end{array}\right\} \tag{5-15}$$

5.3.2 DCモータの開ループ制御例の定式化

A. モデリング

前小節ではタブロー法によるシステム全体の定式化について述べた．しかし各モデルがその定式化のどの部分に寄与しているのかが明確にできるとよりわかりやすい．そのため本項ではVHDL-AMSによるモデル記述とこれに対応する定式化部分との対応関係をスタンプと呼ばれる定式化パターンを行列形式で示す．

タブロー法の定式化の第2の例題として，コンバータによるDCモータの開ループ制御を取り上げる．このシステムには電気系および回転系を含むマルチドメインな系であり，さらに信号を処理する制御系も含んでおり，上記対応関係を理解するための基本的な要素がそろっている．

コンバータによるDCモータの基本的な開ループ制御による駆動のモデル記述を**図5.6(a)**に示す例題を通して説明する．この例はコンバータのデューティー比を制御出力に与えて一定の制御直流電圧をDCモータに印加して駆動制御するものである．

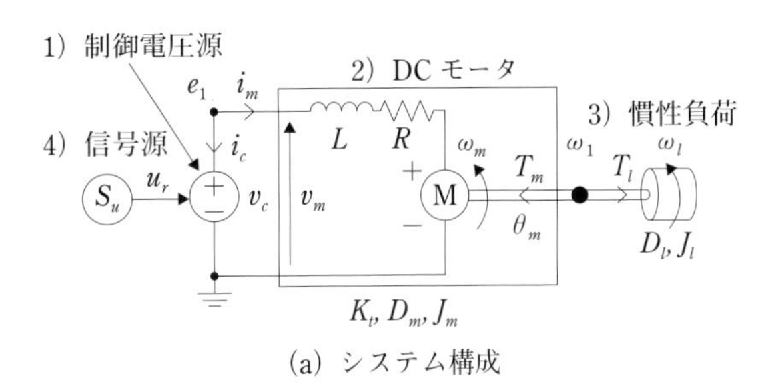

(a) システム構成

構成要素	モデル名
1) 制御電圧源モデル	cont_v
2) DC モーターモデル	DCMotor
3) 慣性負荷モデル	inertia
4) 信号源モデル	signal_source

(b) シミュレータによるモデル構成

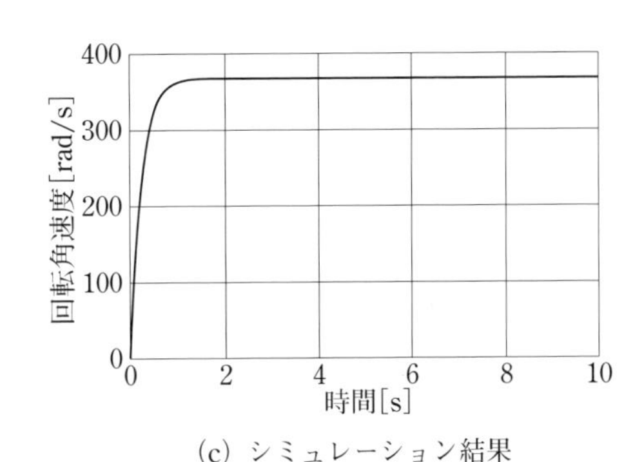

(c) シミュレーション結果

図5.6 DCモータの開ループ制御のシミュレーション

以下，その原理をコンポーネント毎に説明する．コンバータは，そのスイッチング動作を平均化し，簡単な制御電圧源により表現する．制御入力指定値を s_u $(0 \leq s_u \leq 1)$ とし，コンバータの電流を i_c とする．その出力 v_c は，直流電源の電圧値を E，接続節点の電位を e_1 として，以下となる．

```
 1: library IEEE;
 2: use IEEE.ELECTRICAL_SYSTEMS.all;
 3:
 4: entity cont_v is
 5:   generic (
 6:     E : REAL -- proportional constant
 7:           );
 8:   port (
 9:     terminal EL_p, EL_m : ELECTRICAL;
10:     quantity S_IN       : REAL -- control input
11:        );
12: end entity cont_v;
13:
14: architecture behav of cont_v is
15:
16:   quantity v across i through EL_p to EL_m;
17:
18: begin
19:
20:   v == S_IN * E ;
21:
22: end architecture behav;
```

(a)制御電圧源のモデル

```
 1: library IEEE;
 2: use IEEE.MECHANICAL_SYSTEMS.all;
 3: use IEEE.ELECTRICAL_SYSTEMS.all;
 4:
 5: entity DCMotor is
 6:   generic (
 7:     R  : RESISTANCE    ; -- winding resistance
 8:     Kt : REAL          ; -- torque constant
 9:     L  : INDUCTANCE    ; -- winding inductance
10:     J  : MOMENT_INERTIA;
                       -- value of moment of inertia
11:     D  : REAL        ; -- damping coefficient
12:     w0 : REAL        ; -- initial condition for w
13:     i0 : REAL        ; -- initial condition for i
14:     theta0 : REAL   -- initial condition for theta
15:           );
16:   port (
17:     terminal EL_p, EL_m : ELECTRICAL;
18:     terminal MRV_p      : ROTATIONAL_V
19:        );
20: end entity DCMotor;
21:
22: architecture behav of DCMotor is
23:
24:   quantity v across i through EL_p to EL_m;
25:   quantity w across torq through MRV_p to
     rotational_v_ref;
26:   quantity theta : REAL;
27:
28: begin
29:
30:   if domain = quiescent_domain use
31:     w     == w0;
32:     i     == i0;
33:     theta == theta0;
34:   else
35:     torq == -1.0 * Kt * i + J * w'dot + D * w;
36:     v     == Kt * w + i * R + L * i'dot;
37:     w     == theta'dot;
38:   end use;
39:
40: end architecture behav;
```

(b)DCモータのモデル

$$v_c = s_u E \tag{5-16}$$

その記述例を**図5.7**(a)に示す．まず最初の2行のlibraryにて，システムの定義ファイル，すなわちスルー変数やアクロス変数，グランド節点，誤差のトレランス等をパッケージングしたものを取り込む．次の4-12行でコンバータの最大電圧値Eや電気系ポート端子EL_p，EL_mや信号変数S_INをentityとして定義する．そして14-22行でアクロス変数とスルー変数v，iを定義し，このスルー変数iの定義に対応して制御電圧源の特性式を連立式記号==で記述している．

```
 1: library IEEE;
 2: use IEEE.MECHANICAL_SYSTEMS.all;
 3:
 4: entity inertia is
 5:   generic (
 6:     J : MOMENT_INERTIA;
                      -- value of moment of inertia
 7:     D : REAL     -- damping coefficient
 8:           );
 9:   port (
10:     terminal MRV_p : ROTATIONAL_V
11:        );
12: end entity inertia;
13:
14:--------------------------------------------
15: -- Ideal architecture
16: -- Tload = J*dw/dt
17:--------------------------------------------
18:
19: architecture behav of inertia is
20:
21:   quantity w across torq through MRV_p to
     rotational_v_ref;
22:
23: begin
24:
25:   torq == J * w'dot + D * w ;
26:
27: end architecture behav;
```

(c)慣性負荷のモデル

```
 1: entity signal_source is
 2:   generic (
 3:     value : REAL -- source value
 4:           );
 5:   port (
 6:     quantity S_OUT : out REAL
 7:        );
 8: end entity signal_source;
 9:
10: architecture behav of signal_source is
11:
12: begin
13:
14:   S_OUT == value ;
15:
16: end architecture behav;
```

(d)信号源のモデル

図5.7　VHDL-AMSによるモデル記述例

DC モータは印加端子電圧 v_m に基づいて，モータの抵抗 R およびインダクタ L に流れる電流 i_m を生成して，トルク T_m を発生する電気－機械回転系にわたる連成系である．モータの回転速度を ω_m，接続節点の回転数を ω_1，回転角を θ_m，逆起電力係数すなわちトルク係数を K_t，慣性モーメントを J_m，摩擦係数を D_m とする．モータの端子電圧 v_m，出力トルク T_m，回転角 θ_m は以下となる．

$$\left.\begin{array}{lcc} v_m & = & K_t\omega_m + Ri_m + L\dfrac{d}{dt}i_m \\ T_m & = & -K_t i_m + D_m\omega_m + J_m\dfrac{d}{dt}\omega_m \\ \dfrac{d}{dt}\theta_m & = & \omega_m \end{array}\right\} \quad (5\text{-}17)$$

DC モータの記述例を**図 5.7(b)**に示す．各定数の定義の後，電気系のポート EL_p，EL_m および回転系のポート MRV_p を定義している．その後に電気系および回転系における上記の特性式を記述する．特性式は電気系ではスルー変数 i の定義に対応して 1 個，機械系ではスルー変数 torq の定義に対応して 1 個，さらに自由変数 theta の定義に対応して 1 個で，総計 3 個となる．この場合，自由変数の使い方の例として回転角 θ_m の微分が回転速度の ω_m となる関係を記述している．また domain=quiescent_domain の成り立つ場合に w，i，theta にそれぞれの初期値設定をしている．

負荷にかかるトルク T_l は，その回転角速度 ω_l，慣性モーメントを J_l，摩擦係数を D_l として以下となり，その記述例を**図 5.7(c)**に示す．

$$T_l = D_l\omega_l + J_l\frac{d}{dt}\omega_l \quad (5\text{-}18)$$

最後に速度基準信号を生成する信号源は，入力指令値 u_r を信号源 s_u として出力する．

$$s_u = u_r \quad (5\text{-}19)$$

その記述例を**図 5.7(d)**に示す．制御信号のポートは，その入出力を in/out で定義するが，s_u は出力信号であるので，ポートで out と定義している．この out ポートの定義に対して S_OUT の特性式が記述されている．

以上より 4 個のスルー変数 i_c，i_m，T_m，T_l，1 個の自由変数 θ_m，1 個の信号出力変数 s_u に関係したモデル特性式を用いて，DC モータの速度制御の 4 + 1 + 1 = 6 個の特性式の記述が必要である．

以上のモデル記述に基づいて，**図 5.6(b)**に示すようにモデルを接続してシミュレーションすると，**図 5.6(c)**に示すように約 1 秒の過渡状態の後，約 370rad/s の一定回転数が得られる．

B. タブロー方程式による定式化

タブロー法でのシステム全体の方程式は，キルヒホッフの電流則に対応するスルー変数の平衡関係，キルヒホッフの電圧則に対応する 4 個のアクロス変数と節点変数との関係，および上述のモデルの特性式よりなる．

まずグランド以外の 1 個の電気節点および 1 個の機械節点の合計 2 個の節点におけるスルー変数の平衡関係は次式となる．

$$\left.\begin{array}{lcl} i_c + i_m & = & 0 \\ T_m + T_l & = & 0 \end{array}\right\} \quad (5\text{-}20)$$

キルヒホッフの電圧則に対応する 2 個の電気系アクロス変数 v_c，v_m と 2 個の機械系アクロス変数 ω_m，ω_l の合計 4 個のアクロス変数と 2 個の節点変数 e_1，ω_1 との関係は次式となる．

$$\left.\begin{array}{lcl} v_c & = & e_1 \\ v_m & = & e_1 \\ \omega_m & = & \omega_1 \\ \omega_l & = & \omega_1 \end{array}\right\} \quad (5\text{-}21)$$

したがって接続行列 A_i，A_v 間で対応する端子は等しいのでそれらの値は次式となる．

$$\boldsymbol{A}_i = \boldsymbol{A}_v = \begin{bmatrix} 1 & 1 & & \\ & & 1 & 1 \end{bmatrix} \quad (5\text{-}22)$$

さらに 4 個のスルー変数 i_c，i_m，T_m，T_l，1 個の自由変数 θ_m，1 個の信号出力変数 s_u に関係した以下の 6 個のモデル特性式を連立する．

$$\left.\begin{array}{lcl} v_c - s_u E & = & 0 \\ v_m - K_t\omega_m - (R + L\dfrac{d}{dt})i_m & = & 0 \\ T_m + K_t i_m - (D_m + J_m\dfrac{d}{dt})\omega_m & = & 0 \\ T_l - (D_l + J_l\dfrac{d}{dt})\omega_l & = & 0 \end{array}\right\} \quad (5\text{-}23)$$

$$\frac{d}{dt}\theta_m \;-\; \omega_m = 0 \quad (5\text{-}24)$$

$$s_u = u_r \quad (5\text{-}25)$$

従って DC モータの速度制御システム全体では，(2 + 4 + 4 + 1 + 1) = 12 変数よりなる全タブロー方程式となり，これを行列形式で記述すると次式となる．

VHDL-AMS により対象システムをモデリングした場合，スルー変数の平衡関係やアクロス変数と節点変数との関係はシミュレータがポートや quantity の接続情報に基づいて自動的に定式化してくれる．そのためユーザはモデルの作成，つまりモデルの特性を示す連立式の記述に特に傾注すればよい．

$$
\left[\begin{array}{cc|cccc|cccc|c|c}
 & & & & & & 1 & 1 & & & & \\
 & & & & & & & & 1 & 1 & & \\
\hline
-1 & & 1 & & & & & & & & & \\
-1 & & & 1 & & & & & & & & \\
 & -1 & & & 1 & & & & & & & \\
 & -1 & & & & 1 & & & & & & \\
\hline
 & & 1 & & & & & & & & & -E \\
 & & & 1 & -K_t & & & -(R+L\frac{d}{dt}) & & & & \\
 & & & & -(D_m+J_m\frac{d}{dt}) & & & K_t & 1 & & & \\
 & & & & & -(D_l+J_l\frac{d}{dt}) & & & & 1 & & \\
\hline
 & & & & -1 & & & & & & \frac{d}{dt} & \\
\hline
 & & & & & & & & & & & 1
\end{array}\right]
\left[\begin{array}{c}
e_1 \\ \omega_1 \\ \hline v_c \\ v_m \\ \omega_m \\ \omega_l \\ \hline i_c \\ i_m \\ T_m \\ T_l \\ \hline \theta_m \\ \hline s_u
\end{array}\right]
=
\left[\begin{array}{c}
0 \\ 0 \\ \hline 0 \\ 0 \\ 0 \\ 0 \\ \hline 0 \\ 0 \\ 0 \\ 0 \\ \hline 0 \\ \hline u_r
\end{array}\right]
\tag{5-26}
$$

C. モデルのスタンプ

タブロー法により定式化されたシステム方程式は，式(5.26)に示したように，各モデルの同方程式への寄与が積層されて構成されている．逆にシステム方程式は，モデル毎の定式化への寄与に関する行列要素パターンとして分解することができ，これはスタンプと呼ばれ，定式化にともなう処理を簡潔に表現することができる．

例えば，制御電圧源のスタンプを**図 5.8**(a)に示す．上より 2 行が電気系端子 EL_p と EL_m におけるスルー変数(TH)の平衡則であり，TH：EL_p および TH：EL_m と表記する．3 行目がアクロス変数(AC)と節点変数の関係式であるので，AC：EL_p-m と表記する．4 行目が電流 i に対応した制御電圧源の特性式(CE)であり，CE：i と表記する．以下のスタンプにおいて同様の表記法を用いる．また各アクロス，スルー，信号変数等の添え字は，モデル接続により一般化されているため，省略もしくは一般化している．例題ではたまたま EL_m がグランドであり，$e_m = 0$ であったため，このスタンプの -1,1 要素が式(5.26)には表れてこないが，スタンプ表現としてはモデル記述に対応して表現される．上 3 行は，モデルの entity

	e_p	e_m	v	i	s	RHS
TH：EL_p				1		
TH：EL_m				−1		
AC：EL_p-m	−1	1	1			
CE：i			1		−E	0

(a) 制御電圧源

	e_p	e_m	ω_p	v	ω	i	T	θ	RHS
TH : EL_p						1			
TH : EL_m						−1			
TH : MRV_p							1		
AC : EL_p-m	−1	1		1					
AC : MRV_p			−1		1				
CE : i				1	$-K_t$	$-(R+L\frac{d}{dt})$			0
CE : T					$-(D_m+J_m\frac{d}{dt})$	K_t	1		0
CE : θ					−1			$\frac{d}{dt}$	0

(b) DC モータ

	ω_p	ω	T	RHS
TH：MRV_p			1	
AC：MRV_p	−1	1		
CE：T		$-(D_l+J_l\frac{d}{dt})$	1	0

(c) 負荷

	s	RHS
CE : s	1	u_r

(d) 信号源

図 5.8 DC モータ制御システムのシミュレーション

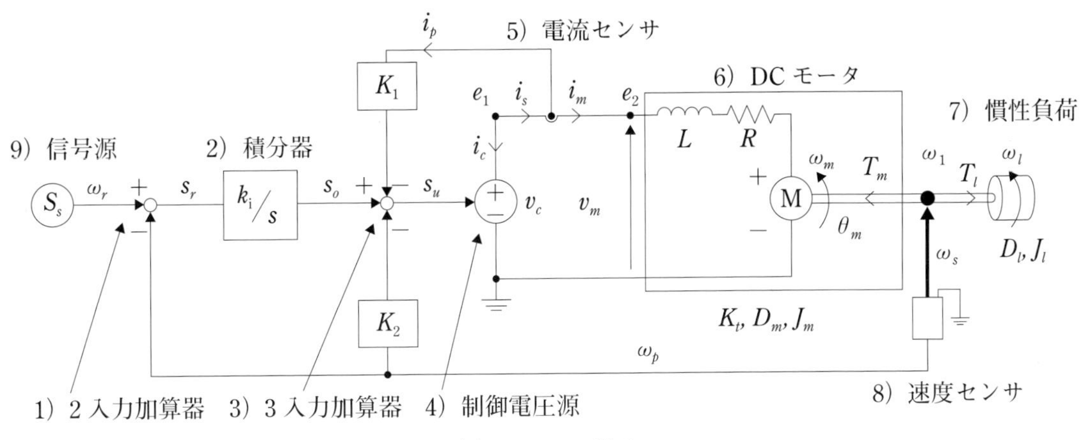

(a) システム構成

構成要素	モデル名
1) 2 入力加算器モデル	sum_2
2) 積分器モデル	integrator
3) 3 入力加算器モデル	sum_3
4) 制御電圧源モデル	cont_v
5) 電流センサモデル	i_sensor
6) DC モーターモデル	DCMotor
7) 慣性負荷モデル	inertia
8) 速度センサモデル	w_sensor
9) 信号源モデル	signal_source

(b) シミュレータモデル

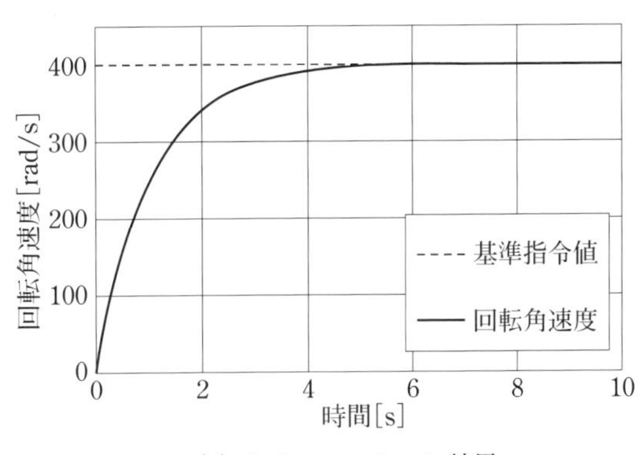

(c) シミュレーション結果

図 5.9 DC モータ制御システムのシミュレーション

文による端子情報により自動的に定式化される．4 行目の特性式はユーザが記述した特性の連立式より抽出される．

次に DC モータのスタンプを**図 5.8**(b)に示す．上より 2 行が電気系端子 EL_p と EL_m におけるスルー変数の平衡則 TH : EL_p および TH : EL_m である．3 行目が回転系端子 MRV_p におけるスルー変数の TH : MRV_p である．このモデルでは回転系の他端子は回転系のグランドに接続を前提としているため，スタンプには表現されない．4,5 行目が電気系および回転系のアクロス変数と節点変数の関係式 AC : EL_p-m および AC : MRV_p である．下 3 行がそれぞれ i, T, θ に対応した端子電圧，出力トルク，回転数の特性式である．同様に負荷のスタンプを**図 5.8**(c)に示す．

最後の信号源のスタンプを**図 5.8**(d)に示す．ユーザは entity 文によってモデルの端子情報をあたえる必要はあるが，変数は信号 s であるため物理的平衡則や節点間関係式は不要であり，連立式により与えられた特性式 CE : s のみが定式化される．

5.3.3 DC モータの閉ループ速度制御例の定式化

A. モデリングとスタンプ

タブロー法による第 3 の例題として，第 2 の基本例題を発展させて，**図 5.9**(a)に示す DC モータのフィードバック速度制御系を取り上げる．その制御原理は，負荷の回転速度を DC モータのトルクの調整により一定の基準指令値 400rad/s に制御するものである．すなわち負荷の回転速度を検出してこれを基準指令速度と比較し，積分補償と状態フィードバック制御によりコンバータ電圧を調整して，出力トルクが負荷の回転速度を一定に保つように制御される．そのシミュレータでのモデル構成を**図 5.9**(b)に，またその制御応答例を**図 5.9**(c)示す．約 5 秒で基準指令値 400rad/s に制御されている．

以下，その原理をコンポーネント毎に説明する．

コンバータはそのスイッチング動作を平均化し，簡単な制御電圧源により表現する．制御入力指令値を s_u $(0 \leq s_u \leq 1)$ とし，コンバータの電流を i_c とする．そ

```
 1: library IEEE;
 2: use IEEE.ELECTRICAL_SYSTEMS.all;
 3:
 4: entity i_sensor is
 5:   generic (
 6:     K : REAL :=1.0 -- coefficient 1
 7:           );
 8:   port (
 9:     terminal EL_p, EL_m : ELECTRICAL;
10:     quantity S_OUT      : out REAL
11:         );
12: end entity i_sensor;
13:
14: architecture behav of i_sensor is
15:
16:   quantity v across i through EL_p to EL_m;
17:
18: begin
19:   v       == 0.0  ;
20:   S_OUT   == K * i ;
21:
22: end architecture behav;
```

(a)電流センサ

```
 1: library IEEE;
 2: use IEEE.MECHANICAL_SYSTEMS.all;
 3:
 4: entity w_sensor is
 5:   generic (
 6:     K : REAL :=1.0 -- coefficient 1
 7:           );
 8:   port (
 9:     terminal MRV_p, MRV_m : ROTATIONAL_V;
10:     quantity S_OUT        : out REAL
11:         );
12: end entity w_sensor ;
13:
14: architecture behav of w_sensor is
15:
16:   quantity w across MRV_p to MRV_m;
17:
18: begin
19:
20:   S_OUT == K * w ;
21:
22: end architecture behav;
```

(b)速度センサ

```
 1: entity sum2 is
 2:   generic (
 3:     K1 : REAL :=1.0 ;-- coefficient 1
 4:     K2 : REAL :=1.0  -- coefficient 2
 5:           );
 6:   port (
 7:     quantity S_IN_1, S_IN_2 : in  REAL;
 8:     quantity S_OUT          : out  REAL
 9:         );
10: end entity sum2 ;
11:
12: architecture behav of sum2 is
13:
14: begin
15:
16:   S_OUT == K1 * S_IN_1 + K2 * S_IN_2 ;
17:
18: end architecture behav;
```

(c)2入力加算器

```
 1: entity integrator is
 2:   generic (
 3:     K     : REAL;       -- coefficient value K/s
 4:     out0 : REAL:=0.0  -- initial condition for w
 5:           );
 6:   port (
 7:     quantity S_IN    : in  REAL;
 8:     quantity S_OUT   : out  REAL
 9:         );
10: end entity integrator;
11:
12: architecture behav of integrator is
13:
14: begin
15:
16:   if domain = quiescent_domain use
17:     S_OUT == out0 ;
18:   else
19:     K * S_IN == S_OUT'dot ;
20:   end use;
21:
22: end architecture behav;
```

(d)積分器

図 5.10　VHDL-AMS によるモデル記述例

の出力 v_c は，直流電源の電圧値を E，接続節点の電位を e_1 として，以下となる．

$$v_c = s_u E \tag{5-27}$$

DC モータおよび負荷は開ループ制御例と同じものを用いる．

電流センサは，その端子電圧 v_s が 0V であり，流れる電流 i_s を検出して信号 i_p として出力する．

$$\left.\begin{array}{lcl} v_s & = & 0 \\ i_p & = & i_s \end{array}\right\} \tag{5-28}$$

このモデル記述例を**図 5.10**(a)に示すが，9 行目で電気端子 EL_p，EL_m の定義の後，10 行目で出力信号端子 S_OUT を定義している．特性式はスルー変数の電流 i と S_OUT の信号出力とに対応して上のセンサ特性の 2 式が 19-20 行目で記述されている．定数 K はセンサのスケーリングのために用意されている．このモデルのスタンプは**図 5.11**(a)となる．最初の 2 行がセンサの接続節点でのスルー変数の平衡則であり，3 行目がアクロス変数と節点変数の関係式である．最後の 2 行が電流 i_s と検出信号 i_p に対応したセンサ特性式である．

速度センサは，回転速度 ω_s を検出して信号 ω_p として出力する．

$$\omega_p = \omega_s \tag{5-29}$$

このモデル記述例を**図 5.10**(b)示すが，電流センサと同様に 9 行目で回転系端子 MRV_p，MRV_m の定義の後，10 行目で出力信号端子 S_OUT を定義している．特性式はこの S_OUT の信号出力に対応して上

	e_p	e_m	v_s	i_s	i_p	RHS
TH : EL_p				1		
TH : EL_m				−1		
AC : EL_p-m	−1	1	1			
CE : i_s			1			0
CE : i_p				−1	1	0

(a) 電流センサ

	ω	ω_s	ω_p	RHS
MRV_p-m	−1	1		
CE : ω_p		$-K$	1	0

(b) 速度センサ

	s_1	s_2	s_o	RHS
CE : s_o	$-K_1$	$-K_2$	1	0

(c) 加算器

	s_i	s_i	RHS
CE : s_o	$-K_i$	$\frac{d}{dt}$	0

(d) 積分器

図 5.11　応用例題に追加のモデルのスタンプ

のセンサ特性が 20 行目で記述されている．このモデルのスタンプは**図 5.11**(b)となる．1 行目がセンサのアクロス変数と節点変数の関係式，2 行目が検出信号 ω_p に対応したセンサ特性式である．このモデルではアクロス変数 ω を検出するので，スルー変数の平衡則は不要である．

速度基準信号を生成する信号源は，指令値 ω_r を信号源 s_s として出力する．

$$s_s = \omega_r \tag{5-30}$$

速度基準信号 s_s のセンサによる検出値 ω_p との比較は，2 入力の加算器の係数を 1，−1 として構成し，その比較結果 s_r を出力する．

$$s_r = s_s - \omega_p \tag{5-31}$$

このモデル記述例を**図 5.10**(c)示すが，7 行目で入力信号 S_IN_1，S_IN_2 の定義の後，8 行目で出力信号端子 S_OUT を定義している．特性式はこの S_OUT の信号出力に対応して上のセンサ特性が 16 行目で記述されている．すなわち速度基準信号 s_s のセンサによる検出値 ω_p との比較は，2 入力の加算器の係数を $K_1 = 1$，$K_2 = -1$ として構成し，その比較結果 s_r を出力している．このモデルのスタンプを**図 5.11**(c)に示すが，加算器は信号のみを処理するので，スルー変数やアクロス変数間の関係式に対応するものは必要なく，出力信号 s_o に対応した特性式 CE : s_o のみが必要で，入力信号 s_1，s_2 をそれぞれ $K_1 = 1$，$K_2 = -1$ 倍した値を加算する．

状態フィードバックを考慮して入力 s_u の計算は 3 入力の加算器を用いる．検出電流 i_p および回転速度 ω_p，積分補償値 s_o の状態フィードバック係数を K_1，K_2，−1 とすると，これが各加算器の係数となり入力 s_u は次式となる．

$$s_u = -K_1 i_p - K_2 \omega_p + s_o \tag{5-32}$$

積分器による補償出力 s_o は，その入力を $s_i = s_r$，係数を K_i として以下となる．

$$\frac{d}{dt} s_o = K_i s_r \tag{5-33}$$

このモデル記述例を**図 5.10**(d)示すが，7 行目で入力信号 S_IN_1 の定義の後，8 行目で出力信号端子 S_OUT を定義している．特性式はこの S_OUT の信号出力に対応して上の積分器の特性が 19 行目で記述されている．ただし 16-17 行目で，domain = quiescent_domain で S_OUT の初期値 out0 を与えている．このモデルのスタンプを**図 5.11**(d)に示す．これも信号のみを処理するので，スルー変数やアクロス変数間の関係式に対応するものは必要なく，出力信号 s_o に対応した特性式 CE : s_o のみが必要で，出力信号 s_o の微分と入力信号の K 倍した値とが等しいという関係式を与えている．

B. タブロー方程式による定式化

キルヒホッフの電流則に対応するスルー変数の 3 節点における平衡関係は次式となる．

$$\left.\begin{aligned} i_c + i_s &= 0 \\ -i_s + i_m &= 0 \\ T_m + T_l &= 0 \end{aligned}\right\} \tag{5-34}$$

キルヒホッフの電圧則に対応する 6 個のアクロス変数と 3 個の節点変数との関係は次式となる．

$$\left.\begin{aligned} v_c &= e_1 \\ v_m &= e_2 \\ \omega_m &= \omega_1 \\ \omega_l &= \omega_1 \\ \omega_s &= \omega_1 \\ v_s &= e_1 - e_2 \end{aligned}\right\} \tag{5-35}$$

そのため接続行列 A_i，A_v は次式となる．

$$\boldsymbol{A}_i = \begin{bmatrix} 1 & & & & 1 \\ & 1 & & & -1 \\ & & 1 & 1 & \end{bmatrix} \tag{5-36}$$

$$\boldsymbol{A}_v = \begin{bmatrix} 1 & & & & & 1 \\ & 1 & & & & -1 \\ & & 1 & 1 & 1 & \end{bmatrix} \tag{5-37}$$

接続行列 A_i に比べて A_v の記述が 1 列多い理由は，モデル記述においてアクロス変数とスルー変数がセットで記述される場合が多いが，速度センサでの記述において，アクロス変数 ω_s のみが定義されて，スルー変数の定義が不要なことによる．

さらに5個のスルー変数i_c，i_m，T_m．T_l，i_s，1個の自由変数θ_mに関係したモデル特性式は以下となる．

$$\left.\begin{aligned} v_c - s_u E &= 0 \\ v_m - K_t\omega_m - (R + L\frac{d}{dt})i_m &= 0 \\ T_m + K_t i_m - (D_m + J_m\frac{d}{dt})\omega_m &= 0 \\ T_l - (D_l + J_l\frac{d}{dt})\omega_l &= 0 \\ v_s &= 0 \\ \frac{d}{dt}\theta_m - \omega_m &= 0 \end{aligned}\right\} \quad (5\text{-}38)$$

6個の信号出力変数i_p，ω_p，s_s，s_r，s_u，s_oに関係したモデル特性式は以下となる．

$$\left.\begin{aligned} i_p - i_s &= 0 \\ \omega_p - \omega_s &= 0 \\ s_s &= \omega_r \\ s_r - s_s + \omega_p &= 0 \\ s_u - s_o + K_1 i_p + K_2\omega_p &= 0 \\ \frac{d}{dt}s_o - K_i s_r &= 0 \end{aligned}\right\} \quad (5\text{-}39)$$

従って，DCモータの速度制御の(3 + 6 + 5 + 1 + 6) = 21変数よりなるタブロー方程式が導出できる．

DCモーターモデルの制御角θ_mをモデル内の自由変数でなく，外部に制御信号として出力するようにモデルを変更すると，自由変数がなくなり，代わりに信号出力変数が7個となるので 変数の数は21のままとなる．

タブロー方程式のスルー変数の平衡方程式およびアクロス変数と節点変数の関係式は，シミュレータが各モデル要素の接続情報に基づいて，接続行列を構成して定式化するため，ユーザはモデルに接続情報を記述するだけでよい．

そのためユーザのモデル記述は，f_i，f_p，f_qにおけるモデルの特性記述が中心となる．この特性式の連立数はスルー変数，自由変数，および信号出力変数の合計数に対応する．

5.4 定式化のための特性式の注意点

5.4.1 必要な特性式の数

各部品のモデル記述に基づいて，スタンプレベルの定式化がされ，それらが積層されて対象システムがタブロー法等によるシステムの非線形代数微分方程式に定式化される．そのうちの物理的平衡則や節点間関係式はentity宣言によってモデルの端子情報に基づいて自動的に構成されるため，ユーザにとってモデル作成の最大の鍵は連立式の記述である．特に必要な連立式と定義変数との数の対応が重要である．

連立式は，一般的にモデル対象の特性式に対応する．例えば物理系ではスルー変数の定義により連立変数が増加するため，これに対する特性式が必要となる．信号系では，出力信号の定義が連立変数の増加に対応するため，その定義毎に特性式が必要となる．自由変数

```
 1: library IEEE;
 2: use IEEE.ELECTRICALSYSTEMS.all;
 3:
 4: entity vsource is
 5:   generic (
 6:     E:REAL
 7:           );
 8:   port (
 9:     terminal ELp,Elm : ELECTRICAL
10:         );
11: end entity vsource;
12:
13: artitecture behav of vsource is
14:
15:   quantity v across i through EL_p to EL_m;
16:
17: begin
18:
19:   v == E
20:
21: end archtecture behav;
```

(a)電圧源モデル

	e_p	e_m	v	i	RHS
TH: EL_p				1	
TH: EL_m				−1	
AC: EL_p-m	−1	1	1		
CE: i			1		E

(b)電圧源のスタンプ

```
 1: libraryIEEE;
 2: useIEEE.ELECTRICALSYSTEMS.all;
 3:
 4: entity diode is
 5:   generic(
 6:     R_on : REAL :=1.0e-3;
 7:     R_off: REAL :=1.0e6
 8:           );
 9:   port(
10:     terminal ELp,ELm :ELECTRICAL
11:        );
12: end entity diode;
13:
14: artitecture behav of resistor is
15:
16:   quantity v across i through EL_p to EL_m;
17:
18: begin
19:   if v'above(0.0)use
20:     v == i * R_on;
21:   else
22:     v == i * R_off;
23:
24: end archtecture behav;
```

(c)ダイオードのオンオフモデル

図5.12 特性式の注意点の例

ではその定義が連立変数の増加に対応するため，その定義毎に特性式が必要となる．以上よりシステムをモデリングした場合，連立特性式の連立数が，(スルー変数の数＋出力信号変数の数＋追加の自由変数の数)と一致することが必要である．

5.4.2 電圧源

電圧源のモデル記述例を**図 5.12**(a)に示す．その特性の連立式は v==E で，この中にアクロス変数の電流 i の表現は不要となる．しかし 15 行目の quantity 宣言の中の i through は必要で，この記述がないとエラーとなる．

その理由は，特性式はアクロス変数等の追加の変数に対応していて，逆に特性式を記述するためには対応する追加変数の定義が必要で，今の場合，i through という宣言が必要となることによる．

これは，タブロー法による定式化レベルを**図 5.12**(b)に示したスタンプでみるとより明らかとなる．つまり，電圧源の特性式の記述には電流 i は出てこないが，スルー変数の平衡則を表現するためには i が必要になってくる．そのため，シミュレータは i through と宣言された際に変数として i を追加してスルー変数の平衡則を表現し，その追加の際に特性式を加えて変数と式の数をそろえている．

5.4.3 オンオフ抵抗によるダイオード

ダイオードをオンオフの折れ線モデルで表現した記述例を**図 5.12**(c)に示す．16 行目のアクロス変数の電流 i の定義により，1 個の特性式の記述が可能となる．そしてオンの場合は 20 行目の v==i*R_on でオフの場合は 22 行目の v==i*R_off で表現されている．この場合は見かけ上は 2 つの式により表現されているが，エラーとはならない．

その理由は，特性式の記述はそれらの成立がオンオフという排他的な条件により分かれ，そのうちの 1 つしか同時には成立しないことによる．

これをタブロー法による定式化レベルで考える．シミュレータは i through と宣言された際に，変数として i を追加してスルー変数の平衡則を表現し，オンかオフの場合に応じてそれぞれの特性式を 1 個加えられて変数と式の数をそろえることができることによる．

5.4.4 素子の値の丸め誤差対策の例

修正節点方程式ではスタンプの作り方によっては，**図 5.13** の例のように素子の値の範囲が広い場合には丸め誤差の発生が生じる場合がある．問題そのものが悪条件でない場合には，これは連立一次方程式の解法の際のピボットに依存した問題と考えられる．そのため悪条件を作らないように連立一次方程式の処理順を変えるため，必要に応じてタブロー法のように変数を増やしてやると，この問題は回避できる．文献(17)の例では抵抗の素子電圧を方程式に組み込まない場合には，$v_2 = 0.671 \times 10^8$ であるが，タブロー法で定式化法して組み込むと $v_1 = 10^{-8}$，$v_2 = 10^8$ となる．

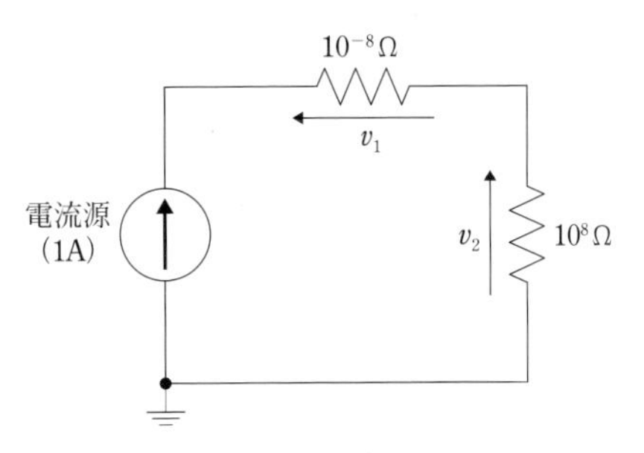

図 5.13 素子の値の丸め誤差の例題

5.5 シミュレーション処理を考慮したモデル記述

よいシミュレーションを行うためには，シミュレーションの流れを理解して，適切なモデルを作成する必要がある．そのため本章ではまず初めにシミュレーションの流れについて示した．シミュレーションはモデルのアナログ記述部分とデジタル記述部分に基づいて，デジタル－アナログカーネル間が連携される．VHDL でのデジタル記述部分は，デジタル信号がイベント計算処理されるのみであるので，本章ではアナログ回路記述の言語理解のために，VHDL-AMS とタブロー法よる定式化法との対応関係について中心に示した．すなわち VHDL-AMS により自動車システムをモデリングした場合，定義連立式数そのものの数が，(スルー変数の数＋信号出力変数の数＋自由変数の数)と一致する．このことを考慮して簡潔にモデル特性の記述を行い，システムを構成することが効率のよいモデリングにつながる．

ただし VHDL-AMS はこの規格のモデル記述の言語仕様を規定しているだけであって，シミュレータの中身すなわち数値積分アルゴリズムや定式化法の詳細に関してはなんら規定していない．そのため本章で示した原理はあくまで例であって，同じモデル記述であってもシミュレータにより違う結果が出る可能性がある．そのためシミュレータを選ぶ際には，それがどのような定式化をしてどのような計算原理でシステム方程式を解いているのかを理解する必要がある．

参考文献

（1） T. Kato, K. Tsuji, and S. Shimada : Requirements to models of automotive system development for future model-based design, 7th IFAC Symposium on Advances in Automotive Control, (2013)

（2） K. Tsuji and T. Kato : The VHDL-AMS hv full vehicle simulation model for the concept planning of power performance and fuel economy estimation results, 7th IFAC Symposium on Advances in Automotive Control, (2013)

（3） *VHDL Language Reference Manual*, IEEE Standard, pp.1076-1987（最新のものは 1076-2008）

（4） *VHDL Analog and Mixed-Signal Extensions*, IEEE Standard 1076.1-1999, IEC 61691-6（最新のものは 2009）

（5） E. Christen and K. Bakalar; VHDL-AMS - A hardware description language for analog and mixed-signal applications, IEEE Trans. Circuit and Systems II: Analog and Digital Signal Processing, Vol.46, No.10, pp.1263-1272, (1999)

（6） P.J. Ashenden, G.D. Peterson, and D.A. Teegarden : *The System Designer's Guide to VHDL-AMS*, Morgan Kaufmann Publishers, (2003)

（7） FAT-AK30（Working Group: Simulation of Mixed Systems with VHDL-AMS);
http://fat-ak30.eas.iis.fraunhofer.de /index_en.html

（8） G.D. Hachtel, R. Brayton, and F.G. Gustavson : The sparse tableau approach to network analysis and design, IEEE Trans. Circuit Theory, Vol.CT-18, pp.101-113, (1971)

（9） C. H. Ho, A. E. Ruehli, and P. A. Brennan : The Modified nodal approach to network analysis, IEEE Trans. Circuit and Systems, CAS-22, pp.504-509, (1975)

(10) L. O. Chua and P. M. Lin; *Computer Aided Analysis of Electronic Circuits : Algorithms and Computational Techniques*, Prentice-Hall, (1975)

(11) J. Vlach and K. Singhal ; *Computer Method for Circuit Analysis and Design* Van Nostrand Reinhold, (1983)

(12) A.E. Ruehli(ed.); *Circuit Analysis, Simulation and Design*, North-Holland Publishing Company, (1986)

(13) 加藤 利次：電力変換システムのシミュレーションにおける汎用的定式化法，電気学会論文誌 D, Vol.123, pp.1523-1529 (2003)

(14) 加藤 利次：自動微分による回路シミュレータの汎用化法，電気学会論文誌 D, Vol.124, pp.404-410 (2004)

(15) C.W. Gear: *Numerical Initial Value Problems in Ordinary Differential Equations*, Prentice-Hall, (1971).

(16) R. K. Brayton, F. G. Gustavson, and G. D. Hachtel: A new efficient algorithm for solving differential-algebraic systems using implicit backward differentiation formulas, *Proc. the IEEE*, Vol.60, No.1, pp.98-108, (1972)

(17) Angelo Brambilla, Amedeo Premoli, and Giancarlo Storti-Gajani : Recasting Modified Nodal Analysis to Improve Reliability in Numerical Circuit Simulation, IEEE Trans. on. Circuits and Systems.I: Regular Papers, Vol.52, No.3, 2005.

付録1　VDA-AK30 コピーライトについて

今回利用したいくつかのモデルはVDA-AK30より提供されているライブラリを修正して活用している.スペースの関係より各モデルソースからは除外したコピーライトについて下記に添付する.

付録2　流通モデルを階層化するためのTIPS

A2.1　ソースコードの改変の必要性

本書に掲載されているVHDL-AMSソースコードは言語仕様にはもちろん忠実に則っており，また，記述慣習もいろいろ流儀があるなか概ね標準的である．しかしながら，本来の予約語が用意された際の意図された使用方法とは異なった(もちろん，言語仕様には適っているが)使われ方をされている箇所が多々あり，VHDL-AMSをサポートするどのツールでもそのまま稼動するというものでは残念ながらない．特にスケマティックベースのツールにおいて顕著な結果となる．しかしながら，その流儀スタイルの構造は一貫しているので，本付録において一例を取り上げ，どのようにソースコードを改変したらより標準的でスケマティックフレンドリーなソースに変更することができるかを解説する．特に階層化コードに変更したい場合に有用であろう．読者におかれては，必要に応じて対応するソースコードをここで述べる方法に則って変更することを推奨したい．ポータビリティを確保する一助となれば幸いである．なお，本付録において2パターンの変更箇所を述べるが，1つ目のものは本活動の途中でソースの見直しがあり，一貫して変更が実施された結果，このパターンが解消された．これはこれで良かったのであるが，もう1つのパターンを解決し，かつその際に階層化をも意図する場合には元のパターンがなくなったことにより階層化に必要な情報が欠落することになったため，階層化を機械的に実施することができなくなったことを付記しておく．

A2.2　要変更箇所の内容

本書の中で用いられているモデルに近い，最終版のひとつ前の版のDriverModelというモデルから，アクセルとクラッチの部分だけを抜き出して再構成したものを例題として本節で取り上げ，変更が必要な箇所の内容を述べ，次節でその解決法を述べる．

図A.1にオリジナルのVHDL-AMSのソースコードを示す．この中で階層化に際して問題のある箇所を太字とアンダーラインで強調表記する．
これらはは大きく2つのタイプに分けられる．

タイプ1：
port mapにおいて，formalなquantityへの数値や数式の直接代入．

タイプ2：
コンカレント文を用いた2つのquantityの等値式．

```
 1: -------------------------------------------
 2: -- 2. Driver Model :
 3: --
 4: ---------------------------------------------
 5: library IEEE;
 6: use IEEE.all;
 7: library fundamentals_vda;
 8: library fundamentals_jsae ;
 9: ---------------------------------------------
10: entity DriverModel is
11:   port (
12:     quantity Q_in_clutch : in REAL := 0.0;
                          -- Clutch signal [0/1]
13:     quantity Q_in_vehicle : in REAL := 0.0;
                          -- Vehicle speed [m/s]
14:     quantity Q_in_tgt_vehicle : in REAL := 0.0 ;
                          -- Target speed [km/h]
15:     quantity Q_out_ctrl_cluch : out REAL;
                          -- Clutch stroke [0/1]
16:     quantity Q_out_accel : out REAL
                          -- Throttle Stroke [%]
17:   );
18: end entity DriverModel;
19: -----------------------------------
20: architecture struct of DriverModel is
21:   quantity Q_clutch : REAL ;
22:   quantity Q_Speed_mps : REAL := 0.0;
23:   quantity Q_7 : REAL := 0.0;
24:   quantity Q_9 : REAL := 0.0;
25:   quantity Q_11 : REAL := 0.0;
26:   quantity Q_12 : REAL := 0.0;
27:   quantity Q_13 : REAL := 0.0;
28: begin
29:
30:
31:   -- (2) clutch Position
32:   ---
33:   comp_jsae1 : entity
           fundamentals_jsae.comp_jsae(behav)
34:     port map (input=>Q_in_clutch,
             val=>Q_clutch,thres=>0.5,
             vhi=>1.0, vlo=>0.0);
35:
36:   Q_out_ctrl_cluch == Q_clutch ;
37:
38:
39:   -- (4) Accel Control
40:   ---
41:   q_mult_vda4 : entity
           fundamentals_vda.q_mult_vda(basic)
42:     port map (q_in1=>Q_in_tgt_vehicle,
             q_out=>Q_Speed_mps,
             q_in2=>1.0/3.6) ;
43:
44:   q_feedback_vda1 : entity
        fundamentals_vda.q_feedback_vda(basic)
45:     port map (q_in2=>Q_in_vehicle,
             q_in1=>Q_Speed_mps, q_out=>Q_13);
46:
47:   comp_jsae5 : entity
           fundamentals_jsae.comp_jsae(behav)
48:     port map (input=>Q_in_tgt_vehicle,
             thres=>40.0, vhi=>120.0,
             vlo=>80.0, val=>Q_12);
49:
50:   q_mult_vda1 : entity
           fundamentals_vda.q_mult_vda(basic)
51:     port map (q_in2=>Q_12, q_in1=>Q_13,
```

```
              q_out=>Q_11);
52:
53:   q_limiter_vda2 : entity
           fundamentals_vda.q_limiter_vda(basic)
54:     generic map (qmax=>100.0, qmin=>0.0)
55:     port map (q_in=>Q_11, q_out=>Q_9);
56:
57:   qswitch_jsae4 : entit
                  fundamentals_jsae.qswitch_
                      jsae(arch_qswitch_jsae)
58:     port map (ctrl=>Q_clutch, qint=>Q_9,
              qinf=>0.0,qout=>Q_7);
59:
60:   q_firstorder_vda1 : entity
                 fundamentals_vda.
                 q_firstorder_vda(basic)
61:     generic map (t=>0.5, k=>10.0 )
62:     port map (q_in=>Q_7, q_out=>Q_out_accel);
63:
64:
65: end architecture struct;
```

図 A.1　本書のオリジナルのソースコード

これらは言語構造上は許されているが，階層表現におけるツール間の互換性を損なうことがある．階層表現の場合は一段低い階層との結合の表現は generic map と port map を用いた構造モデルとなるべきである．port map は階層間での port の接続を記述するためのものであるから，quantity ポートであっても quantity 型の formal port を quantity 型の actual port に対応付けるべきである．数値に対応付けるのは，その数値で表される大きさの強度を逐次出し続ける時間依存の変数，もしくは周波数依存の変数というものを即時に簡易定義しているに過ぎず，ポート情報の階層間での伝達という基本的構造を無視する拡張的使用方法となっている．これがタイプ 1 の問題点である．

また，ネットリストベースのツールの場合，端子間の等値により，その結合したネットに同一のネット名を即時に与えるようになっているため，端子に別々の名前を与えたままにして後から等値だとすることはできない．タイプ 2 はこれに関わる．

いずれの場合も，階層スケマティック設計に対して障害となる．階層内部をブラックボックスにしたままシミュレーションを実行するのであれば全く問題がないが，モデルの拡張性や可搬性に関しては，ソースコードベースのモデリングはスケマティックベースのモデリングに大きく劣る．

A2.3　標準化回復の方法

そこで，本例題のように，階層構造をもった階層モデリングに非常に近い構造となっているモデルを渡された場合に，これをスケマティックベースでシンボルを用いたエディットが可能なモデルに変換する方法を提示する．

(1) まず，タイプ 1 について述べる．タイプ 1 をスケマティックベースで許しているツールの場合，端子数が可変である．例えば，入力 quantity ピンが 5 本あったとし，そのうち，3 個の quantity が簡易に数値で等値されている場合，上位階層から見るとそのブロックの入力 quantity 端子は 2 本しかないように見える．このようなダイナミックなシンボル(群)に対応していないツールではとにかく 5 本の quantity ピンがあるブロックであれば，いかなる場合でも 5 本の quantity ピンを階層上位に伝達するようにしなければならない．これに対応するには，一例として VDA のライブラリを用いて以下のようにすればよい．

下記のソース(図 A.1 の中の一部)を例にとる．

```
1: comp_jsae1 : entity
        FUNDAMENTALS_JSAE.comp_jsae(behav)
2:    port map (input=>Q_in_clutch, val=>Q_clutch,
             thres=>0.5, vhi=>1.0, vlo=>0.0);
```

図 A.2　タイプ 1 の例

3 箇所の数値代入をまず，使用されていない新しい 3 個の quantity に置き換える．例えばこの順番に qc1_th，qc1_hi，qc1_lo とする．さらに以下に述べる 2 つのことを追加する．即ち，[1] これらの quantity の定義と，[2] それらの各々を数値に対応させるブロック(quantity 出力端子を 1 個だけもつブロック)の呼び出し，である．

まず，[1] は他の quantity と同様に，architecture 本体の先頭部分に以下のように追加する．

```
1: quantity qc1_lo : REAL ;
2: quantity qc1_hi : REAL ;
3: quantity qc1_th : REAL ;
```

図 A.3　タイプ 1 に対応した quantity 宣言

定義の順番は任意である．

[2] のブロック呼び出しは，元のソースコードにおいて数値代入をしていた箇所の個数(ここでは 3 個)分だけ実施する．これも順番は任意である．記述する場所も任意であるが，できるだけ，元のブロックの近くに置いておく方が可読性が増すので望ましい．全体を記述すると**図 A.4** のようになる．

ここで強調表記した部分が，quantity に数値を対応させる部分である．ここで，数値が，generic map 内で用いられていることに注意してほしい．そもそも数値は generic(パラメータ空間)で用いるべきであり，このようなブロックがライブラリで用意してあるのは都合がよい．

```
1:    qdc_vda1 : entity
              FUNDAMENTALS_VDA.qdc_vda(spice)
2:     generic map (
3:       acmag => 0.0,
4:       dc => 0.0,
5:       acphase => 0.0)
6:     port map (
7:       q_out => qc1_lo);
8:
9:    qdc_vda2 : entity
              FUNDAMENTALS_VDA.qdc_vda(spice)
10:    generic map (
11:      acmag => 0.0,
12:      dc => 1.0,
13:      acphase => 0.0)
14:    port map (
15:      q_out => qc1_hi);
16:
17:   qdc_vda3 : entity
              FUNDAMENTALS_VDA.qdc_vda(spice)
18:    generic map (
19:      acmag => 0.0,
20:      dc => 5.000000e-001,
21:      acphase => 0.0)
22:    port map (
23:      q_out => qc1_th);
24:
25:   comp_jsae1 : entity
              FUNDAMENTALS_JSAE.comp_jsae(behav)
26:    port map (
      input=>Q_in_clutch, val=>Q_
      clutch,thres=>qc1_th,
      vhi=>qc1_hi, vlo=>qc1_lo) ;
```

図 A.4　タイプ1に対応したブロック呼び出し

ここまでを図を用いてまとめると，元のソースコードは図 A.5 のように見え，入力端子未接続エラーとなる．

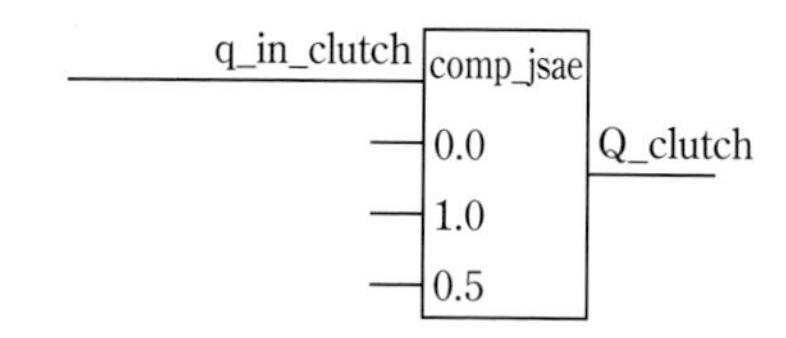

図 A.5　タイプ 1 の問題点のスケマティック表現

これを図 A.6 のように解決する．

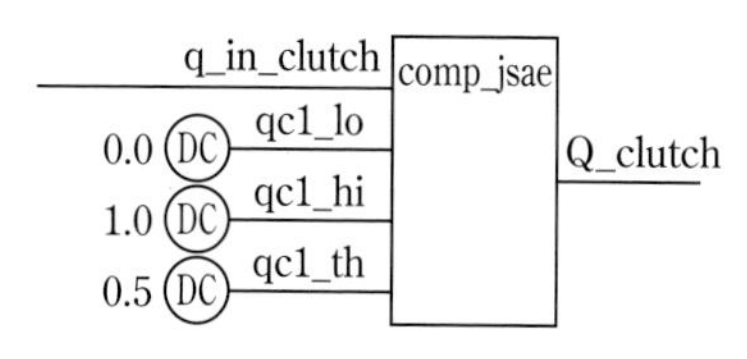

図 A.6　タイプ 1 の解決策

本書ソースの最終版では，このタイプ 1 の型の部分をすべて quantity に置き換えて，かつ，さらに必要に応じてタイプ 2 を用いた行の組み合わせに置き換えてあるので，実際には，階層化を実施するには，タイプ 2 の記述が混入していることに対応するのみでよいことになる．この部分については次の(2)の中で改めて述べる．

(2)次にタイプ 2 を解決する．本例題(図 A.1)では図 A.7 以下の一行のみがこのタイプである．

```
1: Q_out_ctrl_cluch == Q_clutch ;
```

図 A.7　タイプ2の例

これは等値式であるが，この場合，明らかに右辺から左辺への代入式とみなしても構わない．従って，図 A.8 のように処理する．

```
1: q_proportional_vda1 : entity FUNDAMENTALS_VDA.
q_proportional_vda(basic)
2:  generic map (
3:     k => 1.0)
4:  port map (
5:     q_out => Q_out_ctrl_cluch,
6:     q_in => Q_clutch);
```

図 A.8　タイプ2への対応策

実際には(1)で述べたように，最終版ではタイプ 1 をすべて必要に応じてタイプ 2 に変更してあるので，それなりの相当数の箇所にタイプ 2 の使用箇所が存在し，タイプ 1 をいきなり階層化可能な構造にした(1)の例のように，機械的にいかない部分がある．これについてアクセル制御の部分を用いて，やや詳しく述べる．

```
1: -- (4) Accel Control
2: ---
3: q_mult_vda4 : entity FUNDAMENTALS_VDA.
q_mult_vda(basic)
4: port map (q_in1=>Q_in_tgt_vehicle,
q_out=>Q_Speed_mps, q_in2=>1.0/3.6) ;
```

図 A.9　タイプ 2 への変換前のタイプ 1 型の箇所

この部分は元々は上図のようになっていたが，最終版ではタイプ 1 をタイプ 2 に変換しているために，実際には，図 A.10 ように変更されている．

```
1: Q_Speed_mps == Q_in_tgt_vehicle / 3.6 ;
```

図 A.10　タイプ1からの変換後のタイプ2の例

難しさは，このモデルを受け取った人には，元のタイプ 1 の記述の形が知らされないということである．元の形として Q_in_tgt_vehicle と 1/3.6 を 2 入力とし，Q_Speed_mps を出力とする乗算器を用いようと思いついた人は元の形に戻れるが，Q_in_tgt_vehicle を単一入力，Q_Speed_mps を単一出力とする増幅率 1/3.6 の増幅器を用いようと思いついた人は元の形とは別の回路構成を実現することになり，解決策は一通りではない．

前者の場合の解決例と，後者の場合の解決例を以下にこの順番で記述する．

まず，前者の場合は以下のとおりである．

```
1:   qdc_vda_q_mult_vda4_q_in2 : entity
FUNDAMENTALS_VDA.qdc_vda(spice)
2:      generic map (
3:         acmag => 0.0,
4:         dc => 1.000/3.600,
5:         acphase => 0.0)
6:      port map (
7:         q_out => q_mult_vda4_q_in2);
8:   q_mult_vda4 : entity
FUNDAMENTALS_VDA.q_mult_vda(basic)
9:      generic map (
10:        gain => 1.0)
11:     port map (
12:        q_out => Q_Speed_mps,
13:        q_in1 => q_in_tgt_vehicle,
14:        q_in2 => q_mult_vda4_q_in2);
```

図 A.11　乗算器を用いた解決策

後者の場合は以下のとおりである．

```
1: q_proportional_vda2 : entity FUNDAMENTALS_VDA.
q_proportional_vda(basic)
2:  generic map (
3:     k => 1.0/3.6)
4:  port map (
5:     q_out => Q_Speed_mps,
6:     q_in => q_in_tgt_vehicle);
```

図 A.12　増幅器を用いた解決策

一見，後者の方が短くスマートである．増幅率1.0/3.6は，[km/h] と [m/s] の間の単位変換であるので未来永劫変更がないとすればこの方がよいが，例えば [miles/h] と [m/s] の単位変換値に自動で置き換えたいという拡張性を持たせる必要があるのであれば，端子から入力できる形式の前者の方がよろしかろう．ここでは，前者を選択することにするが，本書の最終版のソースは，階層設計のための変更の観点で見ると一意ではないことをもう一度述べる．

以上のようにして改変したソースコードを元にして，スケマティックを作成し，さらにこのスケマティックをソースとして自動生成されたVHDL-AMSコードを以下に示す．ただし，見やすいように一部マニュアルで記述順を変更してある．また，元の記述と改行位置などを除いて本質的に同じ部分は元のコードと置き換え見やすくしてみた．また，本来，VHDL-AMSの基本的な予約語(Basic Identifier)では大文字と小文字の区別はない(IEEE Std 1076.1-1999内のSection 13.3.1 Basic Identifiers)のであるが，本書の書式スタイル(IEC 61691-6 文書内での用例の書式スタイルに準拠)に従った修正を加えてある．

```
1: -------------------------------------------
2: -- 2. Driver Model :
3: --
4: -------------------------------------------
5: library FUNDAMENTALS_JSAE;
6: library FUNDAMENTALS_VDA;
7: -------------------------------------------
8: entity DriverModel is
9:   port (
10:     quantity Q_in_clutch : in REAL := 0.0;
-- Clutch signal [0/1]
11:     quantity Q_in_vehicle : in REAL := 0.0;
-- Vehicle speed [m/s]
12:     quantity Q_in_tgt_vehicle : in REAL := 0.0 ;
-- Target speed [km/h]
13:     quantity Q_out_ctrl_cluch : out REAL;
-- Clutch stroke [0/1]
14:     quantity Q_out_accel : out REAL
-- Throttle Stroke [%]
15:     );
16: end entity DriverModel;
17: ------------------------------------
18: architecture struct of DriverModel is
19:   quantity Q_clutch : REAL ;
20:   quantity Q_Speed_mps : REAL := 0.0;
21:   quantity Q_7 : REAL := 0.0;
22:   quantity Q_9 : REAL := 0.0;
23:   quantity Q_11 : REAL := 0.0;
24:   quantity Q_12 : REAL := 0.0;
25:   quantity Q_13 : REAL := 0.0;
26:   quantity comp_jsae5_vlo : REAL ;
27:   quantity comp_jsae5_vhi : REAL ;
28:   quantity comp_jsae5_th : REAL ;
29:   quantity q_mult_vda4_q_in2 : REAL ;
30:   quantity qsw_jsae4_qinf : REAL ;
31:   quantity comp_jsae1_vhi : REAL ;
32:   quantity comp_jsae1_vlo : REAL ;
33:   quantity comp_jsae1_th : REAL ;
34: begin
35:
36:   -- (2) clutch Position
37:   ---
38:   qdc_vda_comp_jsae1_th : entity
FUNDAMENTALS_VDA.qdc_vda(spice)
39:     generic map (dc => 5.000000e-001,
40:                  acmag => 0.0, acphase => 0.0)
41:     port map (q_out => comp_jsae1_th);
42:
43:   qdc_vda_comp_jsae1_vhi : entity
FUNDAMENTALS_VDA.qdc_vda(spice)
44:     generic map (dc => 1.0,
45:                  acmag => 0.0, acphase => 0.0)
46:     port map (q_out => comp_jsae1_vhi);
47:
48:   qdc_vda_comp_jsae1_vlo : entity
FUNDAMENTALS_VDA.qdc_vda(spice)
49:     generic map (dc => 0.0,
50:                  acmag => 0.0, acphase => 0.0)
51:     port map (q_out => comp_jsae1_vlo);
52:
53:   comp_jsae1 : entity
FUNDAMENTALS_JSAE.comp_jsae(behav)
54:     port map (input => q_in_clutch,
55:               vlo => comp_jsae1_vlo,
56:               vhi => comp_jsae1_vhi,
57:               thres => comp_jsae1_th,
58:               val => Q_clutch);
59:
60:   q_proportional_vda_q_clutch : entity
FUNDAMENTALS_VDA.qproportional_vda(basic)
61:     generic map ( k => 1.0)
62:     port map (q_out => Q_out_ctrl_cluch,
63:               q_in => Q_clutch);
64:
```

```
65:   -- (4) Accel Control
66:   ---
67:   qdc_vda_q_mult_vda4_q_in2 : entity FUNDAMENTALS_
VDA.qdc_vda(spice)
68:      generic map (dc => 1.000/3.600,
69:                   acmag => 0.0, acphase => 0.0)
70:      port map (q_out => q_mult_vda4_q_in2);
71:
72:   q_mult_vda4 : entity FUNDAMENTALS_VDA.q_mult_
vda(basic)
73:      generic map ( gain => 1.0)
74:      port map (q_out => Q_Speed_mps,
75:               q_in1 => q_in_tgt_vehicle,
76:               q_in2 => q_mult_vda4_q_in2);
77:
78:   q_feedback_vda1 : entity FUNDAMENTALS_VDA.q_
feedback_vda(basic)
79:      port map (q_in2=>Q_in_vehicle, q_in1=>Q_Speed_
mps, q_out=>Q_13);
80:
81:   qdc_vda_comp_jsae5_th : entity FUNDAMENTALS_VDA.
qdc_vda(spice)
82:      generic map (dc => 40.0,
83:                   acmag => 0.0, acphase => 0.0)
84:      port map (q_out => comp_jsae5_th);
85:
86:   qdc_vda_comp_jsae5_vhi : entity FUNDAMENTALS_VDA.
qdc_vda(spice)
87:      generic map (dc => 120.0,
88:                   acmag => 0.0, acphase => 0.0)
89:      port map (q_out => comp_jsae5_vhi);
90:
91:   qdc_vda_comp_jsae5_vlo : entity FUNDAMENTALS_VDA.
qdc_vda(spice)
92:      generic map (dc => 80.0,
93:                   acmag => 0.0, acphase => 0.0)
94:      port map (q_out => comp_jsae5_vlo);
95:
96:   comp_jsae5 : entity FUNDAMENTALS_JSAE.comp_
jsae(behav)
97:      port map (input => q_in_tgt_vehicle,
98:               vlo => comp_jsae5_vlo,
99:               vhi => comp_jsae5_vhi,
100:              thres => comp_jsae5_th,
101:              val => Q_12);
102:
103:  q_mult_vda1 : entity FUNDAMENTALS_VDA.q_mult_
vda(basic)
104:     port map (q_in2=>Q_12, q_in1=>Q_13, q_out=>Q_11);
105:
106:  q_limiter_vda2 : entity FUNDAMENTALS_VDA.q_limiter_
vda(basic)
107:     generic map (qmax=>100.0, qmin=>0.0)
108:     port map (q_in=>Q_11, q_out=>Q_9);
109:
110:  qdc_vda_qsw_jsae4_qinf : entity FUNDAMENTALS_VDA.
qdc_vda(spice)
111:     generic map (dc => 0.0,
112:                  acmag => 0.0, acphase => 0.0)
113:     port map (q_out => qsw_jsae4_qinf);
114:
115:  qswitch_jsae4 : entity FUNDAMENTALS_JSAE.qswitch_
jsae(arch_qswitch_jsae)
116:     port map (ctrl => Q_clutch,
117:               qout => Q_7,
118:               qinf => qsw_jsae4_qinf,
119:               qint => Q_9);
120:
121:  q_firstorder_vda1 : entity FUNDAMENTALS_VDA.q_
firstorder_vda(basic)
122:     generic map (t=>0.5, k=>10.0 )
123:     port map (q_in=>Q_7, q_out=>Q_out_accel);
124:
125: end struct;
```

図 A.13　解決後のスケマティックから生成されたコード

強調表記している部分が変更がなされた部分に相当する．この方法によって作成することができたスケマティックを次に示す．

このような方法を本書の他の部分にも適用することによってより標準化の進んだ階層設計可能な VHDL-AMS ソースコードを作成することができる．一助となれば幸いである．

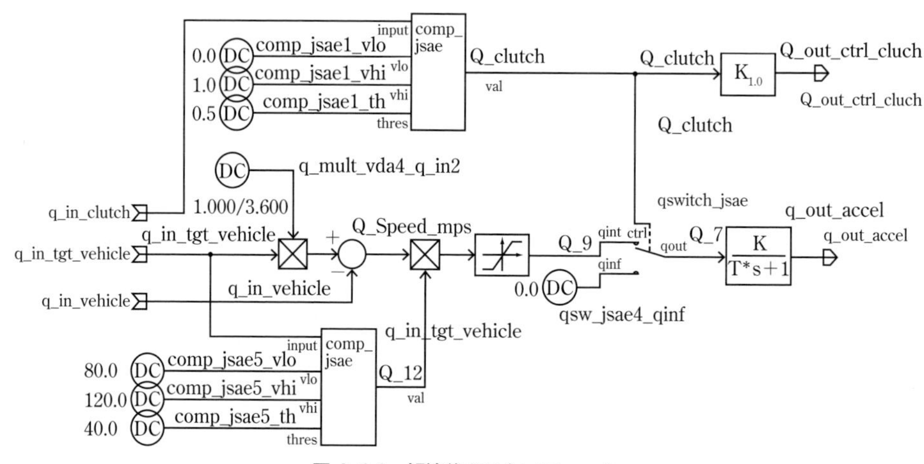

図 A.14　解決後のスケマティック

付録３　VHDL-AMS モデル作成 QA

A3.1　はじめに

本章では，これから VHDL-AMS 言語を利用して解析モデルを作成する技術者に対して，注意点などを記述例を示し，解説していく．

A3.2　VHDL-AMS 予約語の注意点

VHDL-AMS 言語で予約されている文字列は，ポート名やパラメータ名には，使用できないので注意が必要である．特に in や out や inout などをポート名などに使用していないか注意が必要である．各社のシミュレータによって，これらの制限を明示的に知らせてくれるものもあるが，注意されない場合もあるため，モデル流通させる場合の互換性の問題となる場合がある．

A3.3　アナログ記述式の数

quantity（through,free）の宣言合計数と，== で記述される数式の数は一致が必須である．アナログ動作記述式は，予め quantity 宣言で宣言された数を一致させる必要がある．ただし，ここでいう quantity 宣言数とは，through 変数が含まれている quantity 数とアナログ変数定義として利用された free quantity 数の合計数を示す．2.4.6 項「バネマス運動系」にてこのソルバビリティの概念について言及している．

A3.4　'ABOVE の利用目安

VHDL-AMS には，アナログ変数を比較する方法として，四則演算子としての，"<" ,">" で数値比較する方法と，'ABOVE を利用した方法の２種類がある．'ABOVE は，必ず通過点においてイベントを発生させることができるため，通過タイミングを正確に表現できるが，"<", ">" で比較した場合，アナログソルバーで刻まれたタイムステップに影響される可能性があり必ずしも正確な通過タイミングで評価されるとは限らないため注意が必要である．

また，'ABOVE で比較するアナログ変数は，他のブロックのモデルの収束性にも影響を及ぼす可能性があるため，回路全体として非収束を誘発する原因となることもあるため注意が必要である．terminal 属性から生成される quantity アナログ変数は，'ABOVE で処理した方が良い．

A3.5　変数の初期値

変数の宣言では，初期値になにも設定されていない各ツールごとに特有の初期値を持つ場合があり，初期動作のシミュレーションが一致しないことがある．またそれらが原因により収束が遅くなったり，非収束になる場合もある．極力，初期値設定可能な変数は初期値を設定したモデル生成が望ましい．

A3.6　様々なモデリング

A3.6.1　周波数変調に対応した正弦波

VHDL-AMS に限らず，正弦波やパルス波など周期的な波形を生成する部品において，その定義によってはシミュレーション中に周波数を変更することができない．その理由と対策について紹介する．

最もシンプルな正弦波信号源を記載すると**図 A.15** のようになる．ここで周波数パラメータ freq が port quantity 宣言されているため，シミュレーション中に freq を変更することができる．18 行目にて角速度 omg=2πf として 19 行目で sin(ωt+ ϕ_0) 相当の定義をしている（ϕ_0 は初期位相）．一見正しいように思われるが，このモデルから得られる結果 q_out は正しい正弦波ではない．

```
 1: library IEEE ;
 2: use IEEE.MATH_REAL.all ;
 3:
 4: entity SINE is
 5:   generic (
 6:     phase : REAL := 0.0 -- Initial phase [deg]
 7:   ) ;
 8:   port (
 9:     quantity ampl : in REAL := 326.0 ;
-- Amplitude [-]
10:     quantity freq : in REAL := 50.0 ;
-- Frequency [Hz]
11:     quantity q_out : out REAL -- output ;
12:     ) ;
13: end entity SINE ;
14: architecture beh of SINE is
15:   constant phaser : REAL :=
phase * math_2_pi / 360.0 ;
16:   quantity omg : REAL := 0.0 ;
17: begin
18:   omg == freq * math_2_pi ;
19:   q_out == ampl * sin(omg*now + phaser) ;
20: end architecture beh ;
```

図 A.15　周波数固定の正弦波定義

正しいモデルを**図 A.16** に示す．

ここでは sin( ) 関数に直接 sin(ωt) を利用するので

はなく，20 行目にて位相 phi を omg の積分とし，その上で 21 行目にて $\sin(\phi + \phi_0)$ として定義している点に留意して頂きたい．これにより周波数が変化した際の位相の変化が正しく表現され，正しい周波数変調正弦波が得られる．

```
 1: library IEEE ;
 2: use IEEE.MATH_REAL.all ;
 3:
 4: entity vSINE is
 5:   generic (
 6:     phase : REAL := 0.0 -- Initial phase [deg]
 7:     ) ;
 8:   port (
 9:     quantity ampl : in REAL := 326.0 ;
-- Amplitude [-]
10:     quantity freq : in REAL := 50.0 ;
 -- Frequency [Hz]
11:     quantity q_out : out REAL -- output ;
12:     ) ;
13: end entity vSINE ;
14: architecture beh of vSINE is
15:   constant phaser : REAL :=
phase * math_2_pi / 360.0 ;
16:   quantity omg : REAL := 0.0 ;
17:   quantity phi : REAL := 0.0 ;
18: begin
19:   omg == freq * math_2_pi ;
20:   phi == omg'INTEG ;
21:   q_out == ampl * sin(phi + phaser) ;
22: end architecture beh ;
```

図 A.16　周波数可変の正弦波定義

図 A.17 に 50ms にて周波数 50Hz から 100Hz に変化させた場合の双方のモデル出力を示す．$\sin(\omega t)$ 定義の場合位相が急変していることが確認できる．このモデルは位相が丁度 0，即ち 1 周期毎の更新だけが可能であり，任意の時刻で周波数を更新できないモデル定義であることが判る．

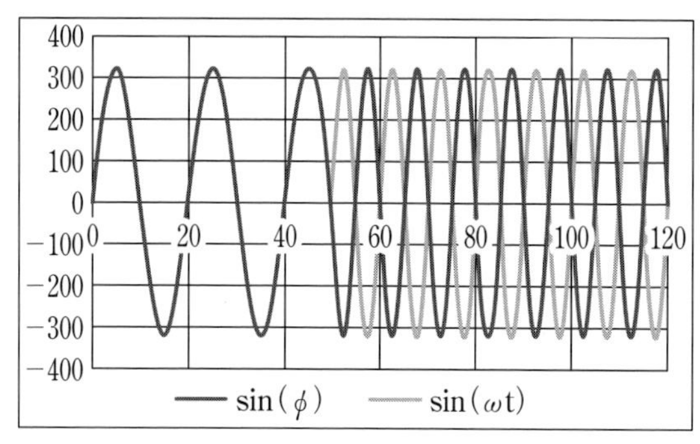

図 A.17　正弦波モデルの挙動の違い

A3.6.2　リセット機能付き積分器

2 章で紹介してきた基本モデルにおいて，積分器に信号のリセット機能が必要となる場面がある．積分のリセットに対応したモデル例を次に示す．

制御入力信号 ctrl に 1 が入力されている間，入力信号 input は積分されず y0 を返す．制御入力信号 ctrl が 0 であれば，積分を継続するモデルである．Q'INTEG は物理量 Q を常に積分し続けるものであるため，3.2.13 項「バッテリ」での電流積分による充電状態 SOC 定義式でも利用しているように被積分変数の状態を切り替えるか，本モデル例のように出力変数 'DOT= 被積分変数の関係式にて記述する．

図 A.19 に示すように，制御信号 ctrl=1 の時刻に積分結果がリセットされていることが確認できる．

```
 1: entity INTG_RST is
 2:
 3:   port (
 4:     quantity y0 : in REAL := 0.0 ; --initial(reset)
value
 5:     quantity input : in REAL ; -- input signal
 6:     quantity ctrl : in REAL := 1.0 ; -- reset signal
(-1/1)
 7:     quantity ki : in REAL := 1.0 ; -- gain
 8:     quantity val : out REAL := 0.0 --integrated output
 9:     ) ;
10:
11: end entity INTG_RST ;
12:
13: architecture BEH of INTG_RST is
14:   signal sw : BOOLEAN := false ;
15: begin
16:
17:   sw <= ctrl'ABOVE(0.0) ;
18:
19:   if(sw and (ctrl > 0.0)) use
20:     val == y0 ;
21:   else
22:     val'DOT == KI*input ;
23:   end use ;
24:
25:   break on sw ;
26:
27: end architecture BEH ;
```

図 A.18　リセット機能付き積分器定義

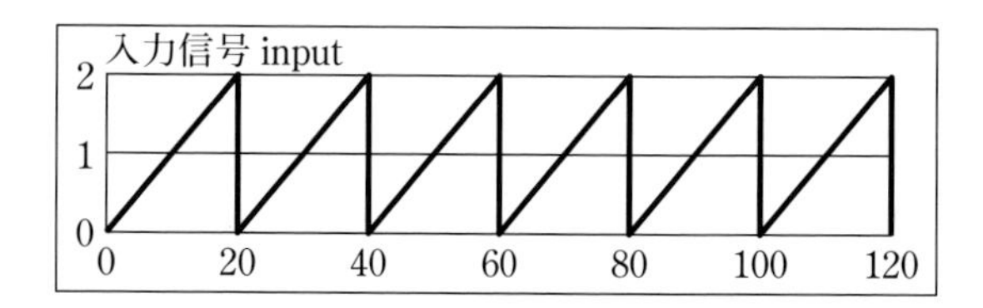

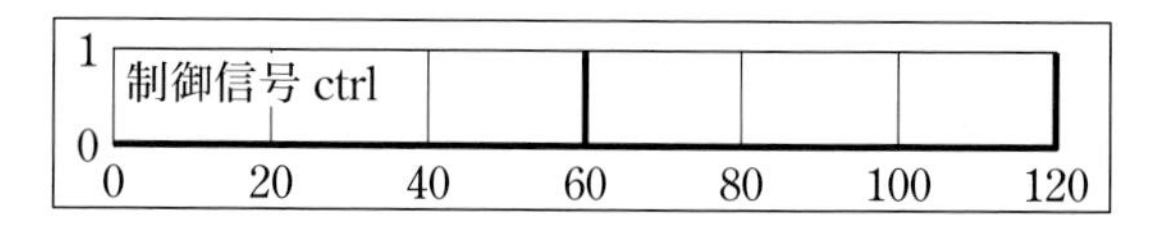

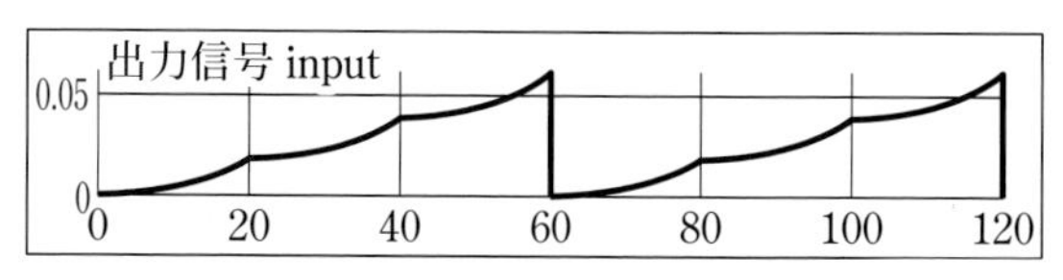

図 A.19　リセット付き積分器の動作

A3.6.3　特性値を直接変更するスイッチ切り替え

ある時刻で電気抵抗や熱抵抗，ダンパなどの特性値を大きく変更することでスイッチのオンとオフを模擬するモデルを作成することもできるが，これは好ましくない．

通常，シミュレーションツールには非線形抵抗としてオン抵抗とオフ抵抗を制御信号により切り替えるようなスイッチモデルが実装されている．これらのモデルは非線形収束計算や内部計算されるマトリクスの処理など，ツール独自の機能を駆使して安定した計算ができるように処理されている．一方，**図 A.20** に示すようにある時刻で1ステップで強制的に特性値を大きく変更させる場合，これらの処理が適用できず，系が発散するなどの問題が生じやすくなる．

また，特性値をシミュレーション中に導出している場合，すなわち特性値の時間変化 dR/dt が大きい場合にも発散の可能性が高まる．これらの場合，非常に細かな時間刻みを設定することで回避できる現象であるが，VHDL-AMS には物理量の変化量(傾き)を制限する Q'SLEW(立上がり dQ/dt，立下り dQ/dt)属性が用意されている．これを用いて不安定となるスティフな挙動を制限することも有効である．なお，基本的に時間依存での特性値の変更は極力避けるべきである．

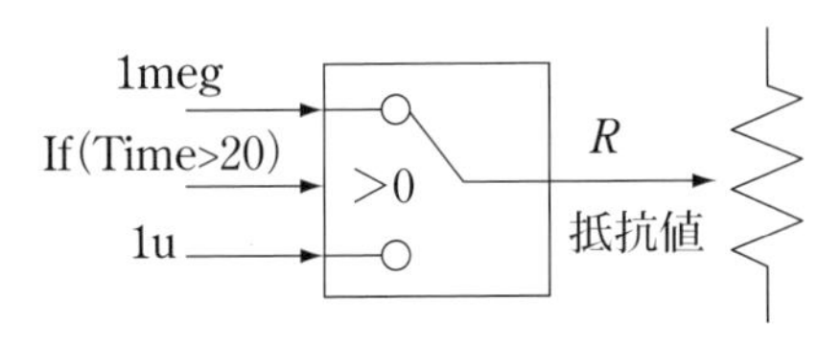

図 A.20　特性値を直接変更する例

A3.7　アナログシミュレーションにおける時間刻み

ミクスドシグナルシミュレーションではデジタル部で発生したイベントによりアナログ部でもその時刻に強制的にシミュレーション時刻が刻まれる．これらのイベントによる割り込みが入らない限り，アナログシミュレーションでは計算のパフォーマンスを上げるためにできるだけ大きなタイムステップを刻もうとするが，計算精度とのトレードオフによって具体的なタイムステップを自己決定する．キャパシタやインダクタのように時間的に値が変化する素子があれば一般的に時間変化がいたるところで起きるので，これをモニタすれば次のタイムステップの適切な大きさを算出できる．

時間刻みの決め方は概ね上述のとおりであるが，少しトリックがある．時間変化をモニタすればよい，と述べたが，ではどれくらい細かくモニタするか？　もし，充分細かい刻み幅でモニタするとなると，これは細かいタイムステップを設定したことと等価になる．つまり，モニタの頻度も物理系の変化の激しさや緩慢さにあわせて可変にする必要が実用上存在する．モニタ用の時間刻みと物理系の変化の急峻さや緩慢さが同期してしまうと思わぬ結果となる．以下に述べるのはそのような事例である．

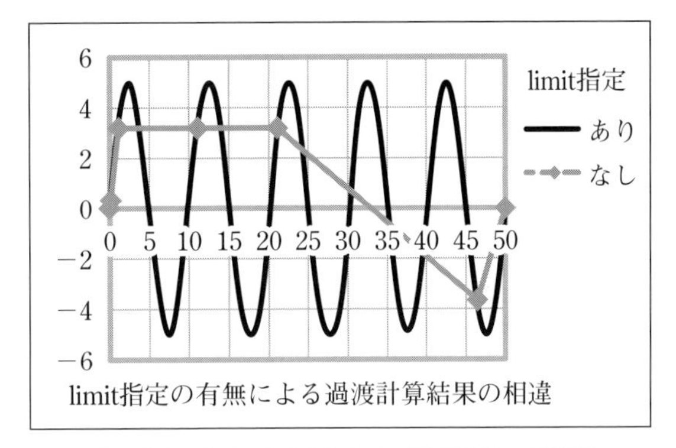

図 A.21　limit 文の有無による時間刻みへの影響

2.4.3 項「パワーアンプ」の事例では正弦波電源のモデル記述内に limit 文を1行追加すべきということを短く述べただけであった．ここでは，この理由を述べる．

上図は limit 文の1行がない元の電源モデルと，この1行を追加した電源モデルを用いた場合の2ケースについて，パワーアンプの過渡特性をシミュレーションしたものである．波形は出力ではなく入力の正弦波電源の波形である．

limit 文がない場合，シミュレーション結果が著しく損なわれていることが容易にわかる．**図 A.21** で，“◆”の形のマーカー点で表している点が，実際に採用された時間刻みの点である．最初の2点の情報から直線的に立ち上がる曲線であると予想したシステムは一挙に10倍ほど大きな時間ステップを3つ目の時間刻みの点として試行した．大きすぎる場合は収束過程において引き戻され，最終的には適切な時間刻みとして刻み幅自身も収束するはずであったが，関数モジュールの参照値(vsin の評価値)が運悪くほぼ1周期後のほぼ同レベルの電圧値を算出したので，シミュレータはこれをフラットな波形と勘違いし，一定の立ち上がり時間のある矩形波のように処理し，そこに収束してしまっているのである．シミュレータとしては限られた情報だけに依存した，正しい計算をしている(入力が不充分なので結果は間違っている)．これを避けるには，振動の周波の根源を作り出している電源(ここでは vsin.vhd)のソース内に limit 文を入れ，電圧値の変化がある一定以上にならないように時間ステップの刻み幅に制限を加える機構を追加するとよい．このlimit文は処理系に依存しないVHDL-AMS言語上で用意されている機構である．

実際の，ある程度大規模でかつ時間微分や時間積分を含むモデルで記述される素子(キャパシタやインダクタ，あるいはトランジスタのような非線形性の強い素子)を多く含む回路ではこのようなことは実は起こりにくい．しかし，上記の例ではキャパシタが1個だけ導入されているものの，ハイパスフィルタのような挙動をするため，電圧の時間変化が回路に与える影響が小さい構成になっている．また，出力部にあるトランスも理想モデルを用いているため電流の時間変化が相殺して電圧値の変化としては急峻にならないような構成となっている．これらの理由により，時間刻みを小さくしなければならないという情報をシステムに発生させない構成となっていることがこのような一見不可解な計算をしてしまっている原因である．

そこで，トランスが理想からややはずれ，磁束の漏れが多少起電力を発生するような構成にして同様のシミュレーションを実施してみる．具体的には，小さい値のインダクタを一次コイル側に直列に挿入する．インダクタンス値としては，10μH，10mH，および10Hを仮定した．各々の計算結果を**図A.22**に示す．

L=10μHの場合は，**図A.21**のlimit文がない場合と同様の結果である．Lを大きくすると次第に時間ステップを細かくしなければならないという要請が大きくなり，Lがあるスレッショルドより大きくなると正弦波の変化の緩慢な部分も含めて正しく計算するようになることがわかる．

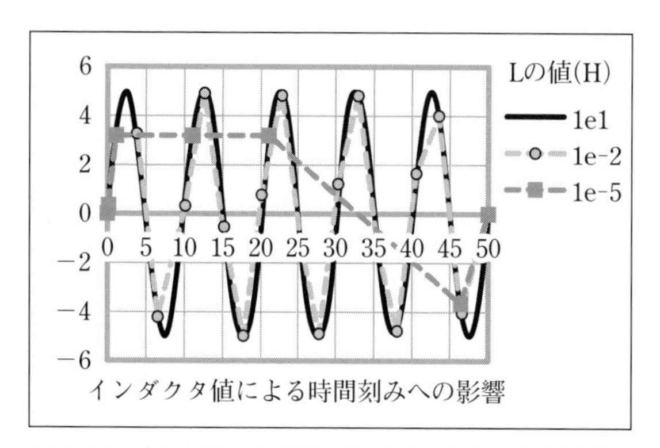

図A.22　トランス1次側磁束漏れ量の大小による時間刻みへの影響

大規模なアナログ回路ではこのような状況が高い確率で自然に実現していることが多いため，アナログシミュレーションの，ここで述べた要請の存在を，つい忘れがちになる．特に，既存の回路から一部を抜き出して使用しようとする場合に上記の，自然に成立していた要請が崩れたことに気づかず，シミュレーション結果に頭を悩ませることとなる．電池と理想スイッチと抵抗網だけでできた回路でも初期条件の選び方によっては同様の奇妙な計算結果になることがある．あらかじめ，アナログシミュレーションの時間刻みの決まり方に関する予備知識があれば戸惑わずに済む．一助になれば幸いである．

A3.8　procedural構文について

VHDL-AMSでは，複雑な動作記述をいくつかに分けて関数化することにより可読性を上げ，再利用しやすくするための記述スタイルがいくつか利用できる．サブプログラム形式であるfunctionやprocedureなどは，特定の引数を伴い，汎用の関数式として使用したり，デジタル信号処理などで利用できる．VHDL-AMS言語規格としてprocedural構文記述が登録されているが，どのような場合に利用すべきものか明確になっていないため，本項で説明する．

procedural構文は，順次処理の形式で記述されたコンディション記述(IF-THEN文やFOR-LOOP文)などを同時計算処理として扱いたい場合に利用できる．しかし，それらの記述には，必ずしもprocedural構文が必要ではなく等価的にIF-USE文などで記述できるため，各社の解析ツールによっては，proceduralが利用できないケースもある．

```
 1: library Disciplines;
 2: use Disciplines.Electromagnetic_System.all;
 3: entity weighted_summer is
 4:   generic (beta, gamma: real_vector);
 5:   port (terminal inp, inm: electrical_vector;
 6:         terminal o: electrical);
 7: end entity weighted_summer;
 8:
 9: architecture proc of weighted_summer is
10:   quantity vp across inp; quantity vm across inm;
11:   quantity vo across io through o;
12: begin
13:   procedural is
14:     variable bvs, gvs: real := 0.0;
15:   begin
16:     for i in beta' range loop
17:       bvs := bvs + beta(i) * vp(i);
18:     end loop;
19:     for i in gamma' range loop
20:       gvs := gvs + gamma(i) * vm(i);
21:     end loop;
22:     vo := bvs - gvs;
23:   end procedural;
24: end architecture proc;
```

図A.23　procedural構文を用いた重み付き加算器モデル

図A.23のモデルを等価的にproceduralを用いずに記述すると**図A.24**のようになる．

```
1: architecture func of weighted_summer is
2:   quantity vp across inp;
3:   quantity vm across inm;
4:   quantity vo across io through o;
```

```
 5:
 6:   function proc_eq return real is
 7:     variable bvs, gvs : real := 0.0;
 8:     variable vo : real;
 9:   begin
10:     for i in beta' range loop
11:       bvs := bvs + beta(i) * vp(i);
12:     end loop;
13:     for i in gamma' range loop
14:       gvs := gvs + gamma(i) * vm(i);
15:     end loop;
16:     vo := bvs - gvs;
17:     return vo;
18:   end function proc_eq;
19:
20: begin
21:   vo == proc_eq;
22: end architecture func;
```

図 A.24　procedural 構文を用いずに等価的に記述した例

procedural 構文は等価的に別の記述で表現することができ，主に既存のデジタル向けモデル式がある場合，それらの記述式を同時計算処理で利用したいときに対応が可能な記述であると言える．

付録4　予約語

予約語	日本語対訳	機能説明
abs	絶対値演算	絶対値をもとめる数値演算子
access	アクセス	さまざまなデータ型で使用でき，その値は動的に割り当てられたほかの型のオブジェクトへのポインタ
across(VHDLAMS)	アクロス量 / アクロス変数	電気系では，電圧を表し，機構系では，速度 (velocity) や角速度 (angular velocity) を表します．Quantity 宣言とともに使用
after		信号代入文の遅延情報を付加するために使用します．after がない場合は，デフォルトの遅延値 (1 シミュレーション デルタ) が使用
alias	エイリアス	既存のオブジェクトのすべてもしくは一部の代替名を宣言
all		接頭辞で示されたパッケージまたはライブラリに含まれるすべての宣言を示す接尾辞
and		ビット型およびブール型の 1 次元配列の論理演算子
architecture	アーキテクチャ	回路本体の記述を含む文
array	配列	すべての値が同じデータ型である複合型．たとえば，文字列はデータ型文字の配列
assert		設定条件内に収まっている評価する条件を示す文．エラー メッセージの表示と共によく使用
attribute	属性	タイプ，サブタイプ，プロシージャ，関数，信号，変数，定数，エンティティ，アーキテクチャ，コンフィギュレーション，パッケージ，コンポーネント，文ラベルのいずれかに属するアイテムの特性を指定．attribute 宣言では，属性名とその型を宣言します．attribute は，属性に名前を付け，その属性に値を割り当てます．タイプ，配列，信号には，定義済みの属性がある．
begin		process 文または architecture 本体の，宣言部分ではなく文の部分の開始を示します．
block		デザインの分割に使用する同時処理文
body	ボデー	package と共に使用．package body には，関数，プロシージャ，対応するパッケージ宣言にあるディファード定数の完全な定数宣言が含まれます．package body の名前は，参照する package 宣言のものと同じです．
break(VHDLAMS)	ブレイク文	信号の不連続性からくる非収束を解決するために，タイムステップを発生させます．ある条件式で発生したりできます
buffer		エンティティ モデル内でポートを読み出しまたはアップデート可能にするモード．バッファ ポートは，複数のソースを持つことはできず，別のバッファ ポートまたはソースが 1 つ以下の信号にのみ接続可能
bus		ハードウェア バスを表す信号．信号へのすべてのドライバの接続が解除された場合は，すべてのドライバがオフのレゾリューション関数を呼び出すことにより信号の値が決定されます．以前の値はすべて失われます．バス信号は，ポートまたはローカルに宣言された信号にすることができます．
case		論理式の値に基づいて実行する文を選択する条件制御文
component	コンポーネント	下位エンティティを配置するために最上位エンティティで使用する宣言
configuration	コンフィギュレーション	特定のコンポーネント インスタンスを特定のデザイン エンティティに関連付け，エンティティ宣言を特定のアーキテクチャに関連付けます．
constant	定数	データ オブジェクトのクラス．指定の型の信号値を保持．値を指定しない場合は型宣言のみの定数であり，package 宣言内でのみ使用できます．
disconnect		ガード付き信号の接続解除時間を指定
downto		範囲の方向を指定．
else		if 文のオプションの節です．if 文および elsif 文が false である場合の代替文を指定．
elsif		if 文内の節で，if 文が false の場合の代替条件を指定．
end		文，サブプログラム，ライブラリ ユニット宣言の最後を示します．
entity	エンティティ	デザインの入力および出力定義を指定．
exit		最も内側のループまたはラベルが指定されたループから抜け出します．
file		データ型のカテゴリで，VHDL デザインがホスト環境と通信できるようにします．file type は file type 定義で宣言し，file は file 宣言で宣言します．
for		generate や loop 文など，ロジックの複製を指定の回数繰り返します．ブロック，コンポーネント，コンフィギュレーションの指定，またはタイムアウト節での時間の指定にも使用されます．
function		値を算出するために使用するサブプログラムです．値を返す return 文で終了します．サブプログラム仕様で指定．
generate		1 つまたは複数の同時処理文を複製します．for または if フォーマットを使用可能

generic	ジェネリック	サブコンポーネントに外部パラメータを渡す際に使用．ポートを宣言できる同じ構文で宣言可能． generic は，オブジェクト クラスの定数です． generic の宣言にはデフォルト値を含むこともできます．このデフォルト値は，generic マップに実際の値がない場合に使用されます．
group(VHDLAMS)		ユーザ定義のアトリビュートを設定，まとめる際に使用．例えば以下のように使用． group signal_pair is (signal, signal);
guarded		同時処理信号代入文のオプションです． 代入文を含む block 文のガード条件が true の場合にのみ信号代入文が実行されます．
if		条件文． true または false であるかを評価する条件を示します．
impure	インピュア	サブプログラム仕様内の関数のオプションです． この予約語を使用すると，関数外で宣言された変数および信号をその関数内で使用できるようになります．そのため，関数を同じパラメータ値で複数回呼び出した場合に異なる値が返される場合があります．
in		ポートの読み出しのみを可能にするポート モードです． モードを指定しない場合は，in に設定されます．
inertial	慣性遅延	信号代入文で遅延特性を指定するオプションです． 慣性遅延は，スイッチ回路の特性で，回路のスイッチ時間より短いパルスは送信されません．パルス棄却制限が指定されている場合は，この制限より短いパルスは送信されません．
inout		エンティティ モデル内で双方向ポートを読み出し，またはアップデート可能にするポート モードです．
is		宣言の識別部分を定義部分と同一と定義します．
label		エンティティ クラスで，ユーザー定義属性の属性仕様で指定します．
library		デザイン ユニット内で参照可能なデザイン ライブラリの論理名を可視化する文脈節です． 下記の library 節は，すべてのデザイン ユニットで自動的に設定されます． library std, work
limit(VHDLAMS)		宣言された Quantity 量の分解能を指定します．例えば以下のように quantity v across I through pos to neg; limit v :voltage with 1.0E-6;
linkage		inout と類似したポート モードで，VHDL ポートと VHDL 以外のポートを接続するために使用
literal	記述属性	エンティティ クラスで，ユーザー定義属性の属性仕様で指定
loop		順次処理文のセットを繰り返し実行
map		port または generic と共に使用し，ブロック内のポート名 (ローカル) とブロック外の名前 (外部) を関連付けます． ポート モードは，port map に含めないでおくか，open に接続することにより，未接続にできます． どちらの場合も，対応するポート宣言にデフォルト値を含める必要があります．
mod		剰余を求める数値演算子． 剰余は，整数型であらかじめ定義されています．オペランドと結果は同じ型です． mod 演算子の結果は，2 番目のオペランドと同じ符合となり，整数 n に対して次のように定義されます． a mod b = a-b*n
nand		ビット型およびブール型の 1 次元配列の論理演算子です． and の否定です
nature(VHDLAMS)	ネイチャ	電気系，機構系，流体系などの複数の動作領域を宣言する際に使用．電気系は，electrical, 機構系は，translational や rotational が存在します．
new		特定の型のオブジェクトを動的に作成できるようにするアロケータです． 動的に作成されたオブジェクトは，access 型でアクセスします．
next		指定のループの現在の実行を途中で終了し，ループの次の実行を開始します．
noise(VHDLAMS)		ノイズ解析のための電源宣言のために使用．Source quantity で使用
nor		ビット型およびブール型の 1 次元配列の論理演算子です． or の否定をとります．
not		ビット型およびブール型用の単項演算子です．反転値を示します
null		動作を実行しない順次処理文です．次の文に処理が進みます．
of		識別子をエンティティ名にリンクするために使用する予約語で，file 型定義で型マークを指定するのに使用します．
on		wait 文のセンシティビティ節内でセンシティビティ リストを指定するために使用します．
open		エンティティの状態で，関連付けが指定されておらず，保留されていることを示します．
or		ビット型およびブール型の 1 次元配列の論理演算子です．
others		case 文の最後の分岐として使用する場合，when 文で指定されていないすべての値を指定します． 配列型の信号または変数代入文の右辺としても使用できます．これにより，その他の場合には割り当てられない配列要素に値が割り当てられます．

out		ポートのアップデートのみを可能にするポート モードです． 読み出すことはできません．
package	パッケージ	共有定義 (通常は型定義) を作成するためのオプションのライブラリ ユニットです． デザインのほかの部分でパッケージを使用できるようにするには，use 文を使用する必要があります．
port	ポート	エンティティが外部にあるほかのモデルと通信するための外部ピン
postponed		同時処理信号代入文または process 文のオプション
procedual(VHDLAMS)		sequential style (conditions や loops) を Simultaneous ステートメントとして扱いたい場合に使用．Procedure や function のような subprogram ではありません．Architecture の body 自体に設定します
procedure		大型のビヘイビア記述を分割するのに使用するサブプログラムです． 0 個以上の値を返します．
process		デザインの階層レベルを表します． process_statement_part に含まれる文は，同時にではなく上から順に逐次的に実行されます． プロセスに sensitivity_list が含まれる場合は，sensitivity_list に含まれる信号の 1 つ以上でイベントが発生した場合にのみ process_statement_part が実行されます． シミュレーションでは，シミュレーションが初期化されるとすべてのプロセスの process_statement_part が実行されます．
pure		サブプログラム仕様内の関数のオプションです． 関数外で宣言された信号または変数を使用できないようにします． impure と指定しない関数は，すべて pure に設定されます．
quantity(VHDLAMS)	アナログ量 / アナログ変数	アナログ量をあらわす変数を宣言するときに使用．タイプとして以下の 3 つに分けられます． Free Quantity：アナログ量を伝播する中間ノード的な目的として使用 Branch Quantity：回路的にな接続を宣言するために使用．across , thorugh quantity のどちらか 1 つは最低限必要 Source Quantity：周波数解析，ノイズ解析での電源を与える目的として使用
range		配列型宣言のサブタイプを指定する際に使用するパラメータ
record		値の集合が同じ型または異なる型である複合データ型
reference(VHDLAMS)		各々の nature において，基準となるものを宣言します．例えば，電気系であれば，グランドが相当します．通常は discpline に設定されています
register		ラッチをモデリングする信号です． 信号のすべてのドライバが接続解除されている場合，以前の値が保持されます．
reject		信号代入文で遅延特性を指定するオプションです． 遅延が inertial に指定されている信号代入文では，パルス棄却制限があります． 遅延特性が inertial に指定されており，reject の後に時間式がある場合は，この時間式がパルス棄却制限を指定します． その他の場合は，パルス棄却制限は最初の波形エレメントに関連付けられている時間式で指定されます．
rem		剰余を求める数値演算子です． 剰余は，整数型であらかじめ定義されています．オペランドと結果は同じ型です． rem 演算子の結果は，1 番目のオペランドと同じ符合となり，次のように定義されます． a rem b = a-(a/b)*b
report		レポート メッセージを生成する文
return		サブプログラムを終了する文で，呼び出し側のオブジェクトに制御を戻します．すべての関数には，return 文を含める必要があります．return 文の論理式の値は，呼び出し側のプログラムに返されます． プロシージャでは，オブジェクト モード out および inout はその値を呼び出し側プログラムに返します．
rol		左に回転するシフト演算子です． シフト演算子は，要素がビット型またはブール型である 1 次元配列型に対して定義されます． rol の引数は，回転する配列と回転量
ror		右に回転するシフト演算子です． シフト演算子は，要素がビット型またはブール型である 1 次元配列型に対して定義されます． ror の引数は，回転する配列と回転量
select		選択した信号代入文のターゲット信号に，その値に応じて異なる値を代入する論理式
severity	警告レベル	テキストのレベルを設定する予約語で，note，warning，error，failure に設定可能
shared		エンティティ，アーキテクチャ，ジェネレートのみで宣言可能な変数です． 宣言部分にローカルである 3 つのサブプログラム / プロセスすべてによりアクセス可能
signal		離散的な値の信号を表します． 信号代入文で割り当て，信号宣言で宣言します．信号代入には，常にいくらかの遅延があり，遅延特性が指定されていない場合は，信号代入文が実行されてから 1 デルタ遅延後に信号が代入されます． プロセス内の順次処理文のブロックの一部として信号代入を実行する場合に重要となります．

sla		算術左シフトを実行するシフト演算子です． シフト演算子は，要素がビット型またはブール型である1次元配列型に対して定義されます． sla の引数は，シフトする配列とシフト量です． 最左端のビット値が充填されます．
sll		論理左シフトを実行するシフト演算子です． シフト演算子は，要素がビット型またはブール型である1次元配列型に対して定義されます． sll の引数は，シフトする配列とシフト量です．0が充填されます．
spectrum(VHDLAMS)		周波数解析のための電源宣言のために使用．Source quantity で使用
sra		算術右シフトを実行するシフト演算子です． シフト演算子は，要素がビット型またはブール型である1次元配列型に対して定義されます． sra の引数は，シフトする配列とシフト量です． 最右端のビット値が充填されます．
srl		論理右シフトを実行するシフト演算子です． シフト演算子は，要素がビット型またはブール型である1次元配列型に対して定義されます． srl の引数は，シフトする配列とシフト量です．0が充填されます．
subnature(VHDLAMS)	サブネイチャ	それぞれの nature に付随する sub 型宣言として使用 例えば，electrical のサブ型宣言として設定したい場合は，以下のように宣言します． subnature coarse_electrical is electrical tolerance "coarse_voltage" across "coarse_current" thorugh;
subtype	サブタイプ	基底タイプと制約を定義する宣言です． 制約は，基底タイプの値のサブセットを指定します． オブジェクトが基底タイプであり，制約を満たす場合，オブジェクトはサブタイプに属します．
terminal(VHDLAMS)	端子	外部ピン属性として使用され，electrical，thermal などキルヒホッフの法則（KVL/KCL）が成立する物理的系で指定します
then		if または elsif 文が true の場合に実行する文を指定
through(VHDLAMS)	スルー量 / スルー変数	電気系では，電流を表し，機構系では，モーメント（force）やトルクを表します．Quantity 宣言とともに使用
to		範囲の方向を指定
tolerance(VHDLAMS)	許容誤差，許容範囲	type や nature などの許容誤差精度を指定する際に使用
transport		信号代入文で遅延機構を指定するオプションです． transport 遅延は，伝送ラインなどハードウェア デバイスの特性であり，ほぼ無限の周波数応答を示します．どれだけ短くても，すべてのパルスが送信されます．
type	タイプ	データ型です． 各データ型には，値のセットとそれに関連する演算のセットがあります． ユーザー定義のデータ型は，type 宣言で作成します． 定義済みのデータ型は，スカラ型，複合型，アクセス型，ファイル型に分類されます． これらに加え，IEEE 標準規格 1164 で確立された，定義されていないデータ型があります．符号なしおよび符号付きのオーバーロードされた数値演算子および変換演算子は，パッケージ numeric_std で定義されます．
unaffected		動作を実行しない同時処理文です．実行は，次の文に進みます．
units		エンティティ クラスで，ユーザー定義属性の属性仕様で指定します． 物理型定義文にも使用します．
until		wait 文の条件節の一部です．
use		パッケージの内容をエンティティまたはアーキテクチャで使用できるようにします．
variable	可変数	process 文内の変数宣言です．変数代入文で割り当てます． 変数はエラボレーション時に作成され，シミュレーション中値が保持されます． 変数代入は，遅延なしに実行されます． この事実は，プロセス内の順次処理文のブロックの一部として変数代入を実行する場合に重要となります．
wait		プロセスの評価を保留します． 次の3つの形式があります． wait on sensitivity_list; wait until boolean_expression; wait for time_expression; これらの形式を組み合わせると，次のようになります． wait on sensitivity_list until boolean_expression for time_expression;
when		case 文で条件論理の選択肢を示します．
while		loop 文で処理を繰り返すために使用します． 選択された波形での条件論理にも使用
with		選択した信号代入文の select 文を開始
xnor		ビット型およびブール型の1次元配列の論理演算子です． 排他的論理 nor です．
xor		ビット型およびブール型の1次元配列の論理演算子です． 排他的論理 or です．

索引

英 字 索 引

自動車システムのモデルベース開発入門

定価（本体価格 3,000 円＋税）

2017 年 5 月 10 日　初版第 1 版
2020 年 3 月 10 日　初版第 2 版

企画・編集　国際標準記述によるモデル開発・流通検討委員会

発 行 者　大下　守人

発 行 所　公益社団法人自動車技術会
東京都千代田区五番町 10 番 2 号
〒 102-0076
電話 03-3262-8211　FAX 03-3261-2204

印 刷 所　大日本印刷株式会社

ISBN 978-4-904056-76-9

Printed in Japan